Best Design
The bestselling guide to AutoCAD

按摩包房平面布置图

办公桌

脚踏

单人床

按摩床

八仙桌

古典桌子

接待台1

办公椅

接待台

家庭影院

壁灯

室内家具布置图

餐厅桌椅

办公座椅主视图

电脑桌椅

床和床头柜1

地毯

装饰盘

床和床头柜

U0282830

餐桌和椅子

床

雨伞

小便器

方凳立面图

沙发1

隔断办公桌

给居室平面图标注尺寸

豪华包房平面布置图

更衣柜

玫瑰椅

居室家具布置平面图

会议桌

盥洗盆

古典梳妆台

客房组合柜

行李架

沙发茶几

双人床和地毯

酒瓶

会议桌椅

西式沙发

双人床1

四人餐桌

太师椅

居室家具布置平面图

简易椅子

电视机

脚手架

小水桶

写字台

马桶

几案

饮水机

沙发

茶壶

石桌

石凳

手柄

茶几

书柜

靠背椅

双人床

公园长椅

回形窗

花篮

办公椅

台灯

办公桌

小闹钟

清华社"视频大讲堂"大系

CAD/CAM/CAE技术视频大讲堂

AutoCAD 2020 中文版家具设计从入门到精通

CAD/CAM/CAE 技术联盟　编著

清华大学出版社

北　京

内 容 简 介

《AutoCAD 2020 中文版家具设计从入门到精通》结合各种家具设计实例讲述了利用 AutoCAD 进行家具设计的基本方法和技巧。全书讲解细致完善，共分 3 篇 12 章。其中第 1 篇为基础知识篇（第 1～5 章），讲述家具设计基本理论、AutoCAD 2020 入门、二维绘图命令、二维编辑命令和辅助工具的使用；第 2 篇为典型家具设计篇（第 6～10 章），讲述椅凳类家具、床类家具、桌台类家具、储存类家具和古典家具的设计实例；第 3 篇为三维家具设计篇（第 11～12 章），讲述家具三维造型的绘制和编辑方法。另附 1 篇线上扩展学习内容，讲述家具设计在室内设计工程中的具体应用。本书各章之间紧密联系，前后呼应，形成一个整体。

另外，本书还配备了极为丰富的学习资源，具体内容如下。

1. 71 集高清同步微课视频，可像看电影一样轻松学习，然后对照书中实例进行练习。

2. 50 个经典中小型实例，用实例学习上手更快，更专业。

3. 29 个实践练习，学以致用，动手会做才是硬道理。

4. 附赠 6 套大型图纸设计方案及其配套的长达 10 小时的视频讲解，可以增强实战能力，拓宽视野。

5. AutoCAD 应用技巧大全、疑难问题汇总、经典练习题、常用图块集、快捷命令速查手册、快捷键速查手册、常用工具按钮速查手册等，能极大地方便学习，提高学习和工作效率。

6. 全书实例的源文件和素材，方便按照书中实例操作时直接调用。

本书适合入门级读者学习使用，也适合有一定基础的读者做参考，还可用作职业培训、职业教育的教材。

图书在版编目（CIP）数据

AutoCAD 2020 中文版家具设计从入门到精通/CAD/CAM/CAE 技术联盟编著. —北京：清华大学出版社，2020.4
（2023.9 重印）

（清华社"视频大讲堂"大系 CAD/CAM/CAE 技术视频大讲堂）

ISBN 978-7-302-54490-6

Ⅰ.①A…　Ⅱ.①C…　Ⅲ.①家具－计算机辅助设计－AutoCAD 软件　Ⅳ.①TS664.01-39

中国版本图书馆 CIP 数据核字（2019）第 266006 号

责任编辑：贾小红
封面设计：李志伟
版式设计：文森时代
责任校对：马军令
责任印制：杨　艳

出版发行：清华大学出版社
　　　　网　　　址：http://www.tup.com.cn，http://www.wqbook.com
　　　　地　　　址：北京清华大学学研大厦 A 座　　　　　邮　　编：100084
　　　　社 总 机：010-83470000　　　　　　　　　　　邮　　购：010-62786544
　　　　投稿与读者服务：010-62776969，c-service@tup.tsinghua.edu.cn
　　　　质量反馈：010-62772015，zhiliang@tup.tsinghua.edu.cn
印 装 者：北京鑫海金澳胶印有限公司
经　　销：全国新华书店
开　　本：203mm×260mm　　印　张：26.25　　插　页：2　　字　数：678 千字
版　　次：2020 年 4 月第 1 版　　　　　　　　　　　印　　次：2023 年 9 月第 2 次印刷
定　　价：89.80 元

产品编号：084565-02

前 言

Foreword

中国家具的历史非常悠久，夏、商、周时期已经开始有了箱、柜、屏风等家具。家具设计是用图形（或模型）和文字说明等方法，表达家具的造型、功能、尺度与尺寸、色彩、材料和结构。家具设计既是一门艺术，又是一门应用科学，主要包括造型设计、结构设计及工艺设计 3 个方面。设计的整个过程包括收集资料、构思、绘制草图、评价、试样、再评价和绘制生产图。

AutoCAD 不仅具有强大的二维平面绘图功能，而且具有出色的、灵活可靠的三维建模功能，是进行家具设计最为有力的工具之一。使用 AutoCAD 进行家具设计，不仅可以利用人机交互界面实时进行修改，快速地把各方意见反映到设计中去，而且可以查看修改后的效果，从多个角度任意进行观察，大大提高了工作效率。

一、本书特色

鉴于 AutoCAD 强大的功能和深厚的工程应用底蕴，我们力图开发一套全方位介绍 AutoCAD 在各个工程行业应用实际情况的书籍。具体就每本书而言，我们不求将 AutoCAD 的知识点全面讲解清楚，而是针对本专业或本行业需要，利用 AutoCAD 大体知识脉络作为线索，以实例作为"抓手"，帮助读者掌握利用 AutoCAD 进行本行业工程设计的基本技能和技巧。

二、本书特点

☑ 专业性强

家具设计是一种传统的、经验性很强的行业，在现代家具设计产业中，为了克服家具设计的随意性，国家制定和发布了相关标准。本书在编写过程中所采用的实例的尺寸严格遵守这些标准，以培养读者遵守规范的习惯。

☑ 涵盖面广

本书在有限的篇幅内讲述了 AutoCAD 各种常用功能及其在家具设计中的实际应用，内容涵盖家具设计基本理论、AutoCAD 绘图基础知识以及椅凳类、床类、桌台类、储存类等不同类型家具设计的知识和技巧，另外还介绍了常见家具三维造型的绘制和编辑方法，最后通过住宅室内平面图中家具的配置，综合介绍了 AutoCAD 2020 在家具设计中的具体应用和绘制技巧。

☑ 实例典型

书中不仅有透彻的讲解，还有非常典型的工程实例。这些实例都来自家具设计工程实践，典型、实用，通过作者精心提炼和改编，不仅能够保证读者学会知识点，更重要的是能帮助读者掌握实际的操作技能，找到一条学习 AutoCAD 家具设计的捷径。

☑ 突出技能提升

本书结合典型的家具设计实例详细讲解 AutoCAD 2020 家具设计知识要点以及各种典型家具设计方案的设计思想和思路分析，让读者在学习案例的过程中潜移默化地掌握 AutoCAD 2020 软件操作技巧，同时培养工程设计实践能力。

三、本书的配套资源

本书提供了极为丰富的学习配套资源，可扫描封底的"文泉云盘"二维码，获取下载方式，以便读者朋友在最短的时间内学会并掌握这门技术。

1．配套教学视频

针对本书实例专门制作了 71 集同步教学视频，读者可以扫描书中的二维码观看视频，像看电影一样轻松愉悦地学习本书内容，然后对照课本加以实践和练习，可以大大提高学习效率。

2．AutoCAD 应用技巧、疑难解答等资源

（1）AutoCAD 应用技巧大全：汇集了 AutoCAD 绘图的各类技巧，对提高作图效率很有帮助。

（2）AutoCAD 疑难问题汇总：疑难解答的汇总，对入门者来讲非常有用，可以扫清学习障碍，少走弯路。

（3）AutoCAD 经典练习题：额外精选了不同类型的练习题，读者朋友只要认真去练，到一定程度就可以实现从量变到质变的飞跃。

（4）AutoCAD 常用图块集：在实际工作中，积累大量的图块可以拿来就用，或者改改就可以用，对于提高作图效率很有帮助。

（5）AutoCAD 快捷命令速查手册：汇集了 AutoCAD 常用快捷键命令，熟记可以提高作图效率。

（6）AutoCAD 快捷键速查手册：汇集了 AutoCAD 常用快捷键，绘图高手通常会直接用快捷键进行操作。

（7）AutoCAD 常用工具按钮速查手册：熟练掌握 AutoCAD 工具按钮的使用方法也是提高作图效率的途径之一。

3．6 套不同领域的大型设计图集及其配套的视频讲解

为了帮助读者拓宽视野，本书配套资源赠送了 6 套设计图纸集、图纸源文件，以及长达 10 个小时的视频讲解。

4．全书实例的源文件和素材

本书配套资源中包含实例和练习实例的源文件和素材，读者可以安装 AutoCAD 2020 软件后，打开并使用它们。

5．线上扩展学习内容

本书附赠 1 篇线上扩展学习内容，为家具设计综合应用实例，包括住宅室内平面图、办公室室内装饰等内容，学有余力的读者可以扫描封底的"文泉云盘"二维码获取学习资源。

四、关于本书的服务

1．"AutoCAD 2020 简体中文版"安装软件的获取

按照本书中的实例进行操作练习，以及使用 AutoCAD 2020 进行绘图，需要事先在计算机上安装 AutoCAD 2020 软件。读者可以登录官方网站联系购买"AutoCAD 2020 简体中文版"的正版安装软件，或者使用其试用版。

2．关于本书的技术问题或有关本书信息的发布

读者朋友遇到有关本书的技术问题，可以扫描封底"文泉云盘"二维码查看是否已发布相关勘误/解疑文档，如果没有，可在页面下方寻找作者联系方式，我们将及时回复。

3. 关于手机在线学习

扫描书后刮刮卡（需刮开涂层）二维码，即可获取书中二维码的读取权限，再扫描书中二维码，可在手机中观看对应教学视频。充分利用碎片化时间，随时随地提升。需要强调的是，书中给出的是实例的重点步骤，详细操作过程还需读者通过视频来学习并领会。

五、关于作者

本书由 CAD/CAM/CAE 技术联盟组织编写。CAD/CAM/CAE 技术联盟是一个集 CAD/CAM/CAE 技术研讨、工程开发、培训咨询和图书创作于一体的工程技术人员协作联盟，包含众多专职和兼职 CAD/CAM/CAE 工程技术专家。

CAD/CAM/CAE技术联盟负责人由 Autodesk 中国认证考试中心首席专家担任，全面负责 Autodesk 中国官方认证考试大纲制定、题库建设、技术咨询和师资力量培训工作，成员精通 Autodesk 系列软件。其创作的很多教材成为国内具有引导性的旗帜作品，在国内相关专业方向图书创作领域具有举足轻重的地位。

六、致谢

在本书的写作过程中，编辑贾小红女士给予了很大的帮助和支持，提出了很多中肯的建议，在此表示感谢。同时，还要感谢清华大学出版社的所有编审人员为本书的出版所付出的辛勤劳动。本书的成功出版是大家共同努力的结果，谢谢所有给予支持和帮助的人。

编　者

2020 年 4 月

目　录

Contents

第1篇　基础知识篇

第2篇 典型家具设计篇

第 3 篇　三维家具设计篇

AutoCAD 疑难问题汇总

（本目录对应的内容在配套资源中）

AutoCAD 应用技巧大全

（本目录对应的内容在配套资源中）

Note

基础知识篇

本篇主要介绍利用 AutoCAD 进行家具设计的一些基础知识，包括 AutoCAD 基本知识和家具设计理论等内容。还介绍了 AutoCAD 应用于家具设计的一些基本功能，为后面的具体设计做准备。

第 *1* 章

家具设计基本理论

　　家具是人们生活中极为常见且必不可少的器具，家具设计经历了一个由经验指导随意设计的手工制作到今天的严格按照相关理论和标准进行工业化、标准化生产的过程。

　　为了对后面的家具设计实践进行必要的理论指导，本章简要介绍家具设计的基本理论和设计标准。

- ☑ 家具设计概述
- ☑ 图纸幅面及格式
- ☑ 标题栏、比例、字体、图线
- ☑ 剖面符号
- ☑ 尺寸注法

任务驱动&项目案例

1.1　家具设计概述

家具是家用器具的总称，其形式多样、种类繁多，是人类物质文明和日常生活不可或缺的重要组成部分。

家具的产生和发展有着悠久的历史，并随时间的推移不断更新完善。家具在方便人们生活的基础上也承载着不同地域、不同时代的人们不同的审美情趣，具有丰富的文化内涵。家具的设计材料丰富，结构形式多样，下面对其所涉及的一些基本知识进行简要介绍。

1.1.1　家具的分类

家具形式多样，下面按不同的方法对其进行简要的分类。

1. 按使用的材料

按使用材料的不同，家具可以分为以下几种。

- ☑ 木制家具
- ☑ 钢制家具
- ☑ 藤制家具
- ☑ 竹制家具
- ☑ 合成材料家具

2. 按基本功能

按基本功能的不同，家具可以分为以下几种。

- ☑ 支承类家具
- ☑ 储存类家具
- ☑ 辅助人体活动类家具

3. 按结构形式

按结构形式的不同，家具可以分为以下几种。

- ☑ 椅凳类家具
- ☑ 桌案类家具
- ☑ 橱柜类家具
- ☑ 床榻类家具
- ☑ 其他类家具

4. 按使用场所

按使用场所的不同，家具可以分为以下几种。

- ☑ 办公家具
- ☑ 实验室家具
- ☑ 医院家具
- ☑ 商业服务家具
- ☑ 会场、剧院家具

☑ 交通工具家具

☑ 民用家具

☑ 学校家具

5. 按放置形式

按放置形式的不同，家具可以分为以下几种。

☑ 自由式家具

☑ 镶嵌式家具

☑ 悬挂式家具

6. 按外观特征

按外观特征的不同，家具可以分为以下几种。

☑ 仿古家具

☑ 现代家具

7. 按地域特征

不同地域、不同民族的人群，由于其生活的环境和文化习惯的不同，生产出的家具也具有不同的特色，可以粗略地分为以下几种。

☑ 南方家具

☑ 北方家具

☑ 汉族家具

☑ 少数民族家具

☑ 中式家具

☑ 西式家具

8. 按结构特征

按结构特征的不同，家具可以分为以下几种。

☑ 装配式家具

☑ 通用部件式家具

☑ 组合式家具

☑ 支架式家具

☑ 折叠式家具

☑ 多用家具

☑ 曲木家具

☑ 壳体式家具

☑ 板式家具

☑ 简易卡装家具

1.1.2 家具的尺度

家具的尺度是保证家具实现功能效果的最适宜的尺寸，是家具功能设计的具体体现。例如，餐桌较高而餐椅不配套，就会令人坐得不舒服；写字桌过高而椅子过低，就会使人形成趴伏的姿势，缩短了视距，久而久之容易造成脊椎弯曲变形和眼睛近视。为此，日常使用的家具一定要合乎标准。

1．家具尺度确定的原理和依据

不同的家具有不同的功能特性，但不管是什么家具，都是为人的生活或工作服务的，所以其特性必须最大可能地满足人们的需要。家具功能尺寸的确定必须符合人体工效学的基本原理，首先必须保证家具尺寸与人体尺度或人体动作尺度相一致。例如，某大学学生食堂提供的整体式餐桌椅的桌面高度只有 70cm，而学生坐下后胸部的高度达到了 90cm，学校提供的是钢制大餐盘，无法用单手托起，这样学生就必须把餐盘放在桌上弯着腰低头吃饭，感觉非常不舒服，这就是一个家具不符合人体尺度的典型例子。从这里可以看出，这套整体式餐桌椅设计得非常失败。

据研究，不同性别或不同地区的人的上身长度均相差不大，身高的不同主要在于腿长的差异，因此男性的下身长和横向活动尺寸比女性大。所以在决定家具尺度时应考虑男女身体的不同特点，力求使每件家具最大限度地适合不同地区的男女人体尺度的需要。例如，有的人盲目崇拜欧式家具，殊不知，欧式家具是按欧洲人的人体尺度设计的，欧洲人的尺度一般比亚洲人略大，花费了大量的金钱购买这样的家具，实际使用效果却并不好。

我国中等身材的成年人（长江三角洲地区）人体各部分的基本尺寸如图 1-1 所示，不同地区成年人人体各部分平均尺寸如表 1-1 所示。

图 1-1 人体尺寸图

注：本图为中等身材人体地区（长江三角洲）的成人人体各部位的平均尺寸。人体站立时的高度加上鞋和头发厚度的尺寸：男性为 1710，女性为 1600（所注尺寸均以 mm 为单位）。

表 1-1 不同地区成年人人体各部分平均尺寸表　　　　　　　　　单位：mm

编 号	部 位	较高身材地域（冀、鲁、辽）		中等身材地域（长江三角洲）		较矮身材地域（四川）	
		男	女	男	女	男	女
A	人体高度	1690	1580	1670	1560	1630	1530
B	肩宽度	420	387	415	397	414	386
C	肩峰到头顶高度	293	285	291	282	285	269
D	正立时眼的高度	1573	1474	1547	1443	1512	1420
E	正坐时眼的高度	1203	1140	1181	1110	1144	1078
F	胸部前后径	200	200	201	203	205	220
G	上臂长度	308	291	310	293	307	289
H	前臂长度	238	220	238	220	245	220
I	手长度	196	184	192	178	190	178

续表

编 号	部 位	较高身材地域（冀、鲁、辽）		中等身材地域（长江三角洲）		较矮身材地域（四川）	
		男	女	男	女	男	女
J	肩峰高度	1397	1295	1379	1278	1345	1261
K	上身高度	600	561	586	546	565	524
L	臀部宽度	307	307	309	319	311	320
M	肚脐高度	992	948	983	925	980	920
N	指尖至地面高度	633	612	616	590	606	575
O	上腿长度	415	395	409	379	403	378
P	下腿长度	397	373	392	369	391	365
Q	脚高度	68	63	68	67	67	65
R	坐高	893	846	877	825	850	793
S	腓骨头的高度	414	390	407	382	402	382
T	大腿平均长度	450	435	445	425	443	422
U	肘下尺寸	243	240	239	230	220	216

2. 椅凳类家具尺度的确定

（1）座高

座高是指座板前沿高。座高是桌椅尺寸中的设计基准，由座高决定靠背高度、扶手高度以及桌面高度等一系列尺寸，所以座高是一个关键尺寸。

座高的确定与人体小腿的高度有着密切的关系。按照人体工效学原理，座高应小于人体坐姿时小腿腘窝到地面的高度（实测腓骨头到地面的高度）。这样可以保证大腿前部不至于紧压椅面，否则会因大腿受压而影响下肢血液循环。同时，决定座高还得考虑鞋跟的高度，所以座高可以按照下式确定：

座高=腓骨头至地面高＋鞋跟厚－适当间隙

鞋跟厚一般取 25～35mm，大腿前部下面与座前高之间的适当间隙可取 10～20mm，这样可以保证小腿有一定的活动余地，如图 1-2 所示。

图 1-2　座高的确定

1—鞋跟厚　2—座前高　3—小腿高　4—小腿活动余地

国家标准规定，椅凳类家具的座面高度有 400mm、420mm 和 440mm 这 3 个规格。

（2）靠背高

椅子的靠背能使人的身体保持一定的姿态，而且分担部分人体重量。靠背的高度一般在肩胛骨以下为宜，这样可以使背部肌肉得到适当的休息，同时也便于上肢活动。对于工作椅，为了方便上肢活动，靠背以低于腰椎骨上沿为宜。对于专用于休息的椅子，靠背应加高至颈部或头部，以供人躺靠。

为了维持稳定的坐姿，缓和背部和颈部肌肉的紧张状态，常在腰椎的弯曲部分增加一个腰垫。实验证明，对大多数人而言，腰垫的高度以 250mm 为佳。

（3）座深

座面的深度对人体的舒适感影响也很大，座面深度通常根据人体大腿水平长度（腘窝至臀部后端的距离）来确定。基本原则是座面深度应小于坐姿时大腿水平长，否则会导致小腿内侧受到压迫或靠背失去作用。所以座面深度应为人体处于坐姿时，大腿水平长度的平均值减去椅座前沿到腘窝之间大约 60mm 的空隙，如图 1-3 所示。

图 1-3　座深过长的不良效果及合理座深的确定

1—小腿内侧受压　2—靠背失去作用　3—座深　4—大腿水平长

对于普通椅子来说，在通常就座的情况下，由于腰椎到盘骨之间接近垂直状态，其座深可以浅一点；对于倾斜度较大的专供休息用的靠椅和躺椅来说，就座时人体腰椎至盘骨也呈倾斜状态，故座深要加深一些。为了使肌肉得到放松，有时也可以将座面与靠背连成一个曲面。

（4）座面斜度与靠背倾角

座面呈水平或靠背呈垂直状态的椅子，坐和倚靠都不舒服，所以椅子的座面应有一定的后倾角（座面与水平面之间的夹角 α），靠背表面也应适当后倾（椅背与水平面之间的夹角 β 一般大于 90°），如图 1-4 所示。这样便可以使身体稍向后倾，将体重移至背的下半部与大腿部分，从而把身体全部托住，以免身体向前滑动，致使背的下半部失去稳定和支持，造成背部肌肉紧张，产生疲劳。α 和 β 这两个角度互为关联，角 β 的大小主要取决于椅子的使用功能和要求。

（5）扶手的高和宽

休息椅和部分工作椅还应设有扶手，其作用是减轻两臂和背部的疲劳，有助于上肢肌肉的休息。扶手的高度应与人体坐骨节点到自然垂下的肘部下端的垂直距离相近。过高，双肩不能自然下垂；过低，两肘不能自然落在扶手上，两种情况都容易使两肘肌肉活动度增加，使肘部产生疲劳。按照我国人体骨骼比例的实际情况，座面到扶手上表面的垂直距离以 200～500mm 为宜，同时扶手前端还应稍高一些。随着座面与靠背倾角的变化，扶手的倾斜角度一般为 ±10°～±20°。

为了减少肌肉的活动度，两扶手内侧的间距在 420～440mm 较为理想。直扶手前端之间的间隙还应比后端间隙稍宽，一般是两扶手分别向外侧张开 10° 左右。同时还必须考虑人体穿着冬衣的宽度而加上一定的间隙，间隙通常为 48mm 左右，再宽则会产生肩部疲劳现象。扶手的内宽确定后，实际上也就将椅子的总宽、座面宽和靠背宽确定了，如图 1-5 所示。

图 1-4　座面斜度与靠背倾角

图 1-5　扶手的高和内宽

1—扶手内宽　2—座宽　3—扶手高

（6）其他因素

椅凳设计除了上述功能尺寸外，还应考虑座板的表面形状和软椅的材料及其搭配。

椅子的座板形状应以略弯曲或平直为宜，而不宜过弯。因为平直平面的压力分布比过于弯曲座面的压力分布要合理。

要获得舒适的效果，软椅用材及材料的搭配也是一个不可忽视的问题。工作用椅不宜过软，以半软或稍硬些为好。休息用椅软垫弹性的搭配也要合理。为了获得合理的体压分布，有利于肌肉的松弛和便于起坐动作，应该使靠背比座板软一些。在靠背的做法上，腰部宜硬些，背部则要软一些。设计时应以弹性体下沉后稳定下来的外部形态作为尺寸计算的依据。

对于沙发类尺寸，国标规定单人沙发座前宽不应小于 480mm，小于这个尺寸，人即使能勉强坐进去，也会感觉狭窄。座面的深度应为 480～600mm，过深则小腿无法自然下垂，腿肚将受到压迫；过浅，就会感觉坐不住。座面的高度应为 360～420mm，过高就像坐在椅子上，感觉不舒服；过低，坐下去再站起来就会感觉困难。

3. 桌台类家具功能尺寸的确定

（1）桌面高度

因为桌面高（H_2）与座面高（H_1）关系密切，所以桌面高常用桌椅高差（H_3）来衡量，如图 1-6 所示，$H_3=H_2-H_1$。这一尺寸对于写字、阅读、听讲兼做笔记等作业的人员来说是非常重要的。它应使坐者长期保持正确的坐姿，即躯体正直，前倾角不大于 30°，肩部放松，肘弯近 90°，且能保持 35～40cm 的视距。合理的桌椅高差应等于人坐姿时上体高（H_4）的 1/3，所以桌面高（H_2）应按下式计算：

$$H_2 = H_1 + H_3 = H_1 + \frac{1}{3}H_4$$

我国人体坐立时，上体高的平均值约为 873mm，桌椅高差（H_3）约为 290mm，即桌面高（H_2）应为 700mm，这与国际标准中推荐的尺寸相同。

桌椅过高或过低，都会使坐骨与曲肘不能处于合适的位置，形成肩部高耸或下垂，从而造成起坐不便，影响视力和健康。据日本学者研究，过高的桌子（如 740mm）易导致办公人员的肌肉疲劳，而身体各部的疲劳百分比，女人又比男人高两倍左右，显然女人更不适应过高的桌椅。长期使用过高的桌面还会造成脊柱侧弯、视力下降。对于长年伏案工作的中老年人，甚至会导致颈椎肥大等。

对于桌椅类的高度，国家已有标准规定。其中，桌类家具高度尺寸标准有 700mm、720mm、740mm 和 760mm 这 4 个规格。

（2）桌面宽度和深度

桌子的宽度和深度是根据人的视野、手臂的活动范围以及桌上放置物品的类型和方式来确定的。手臂的活动范围如图 1-7 所示。

图 1-6　桌椅高度的关系

图 1-7　手臂的伸展范围与桌面宽度

（3）容膝和脚踏空间

正确的桌椅高度应该能使人在坐着时保持两个基本垂直。一是当两脚平放在地面时，大腿与小腿能够基本垂直。这时，座面前沿不能对大腿下平面形成压迫。二是当两臂自然下垂时，上臂与小臂基本垂直，这时桌面高度应该刚好与小臂下平面接触。这样就可以使人保持正确的坐姿和书写姿势。如果桌椅高度搭配得不合理，会直接影响人的坐姿，不利于使用者的健康。对容膝空间的尺寸要求是必须保证下腿直立，膝盖不受约束并略有空隙。既要限制桌面的高度，又要保证有充分的容膝空间，那么膝盖以上、桌面以下的尺寸就是有限的，其间抽屉的高度必须合适。也就是说，不能根据抽屉功能的要求决定其尺寸，而只能根据有限空间的范围决定抽屉的高度，所以此抽屉普遍较薄，甚至取消该抽屉。容膝空间的高度也是以座面高为基准点，以座面高至抽斗底的垂直距离（H_5）来表示（见图1-6），要求 H_5 限制在 160～170mm，不得更小。

脚踏空间主要是身体活动时，腿能自由放置的空间，并无严格规定，一般高（H_6）为 100mm，深为 100mm 即可（见图1-6）。

国家标准规定了桌椅配套使用标准尺寸，桌椅高度差应控制在 280～320mm 范围内。写字桌台面下的空间高不小于 580mm，空间宽度不小于 520mm，这是为了保证人在使用时两腿能有足够的活动空间。

4. 床功能尺度的确定

（1）床的长度

床的长度应以较高的人体作为标准较为适宜，因为对于较矮的人，从生理学的角度来看，床长一点是毫无影响的。但过长也不适宜，一是浪费材料，二是占地面积大，所以床的长度必须适宜。决定床长的主要因素有：① 人体卧姿，应以仰卧为准，因为仰卧时的人体比侧卧时要长；② 人体高度（H），应在人体平均身高的基准上再增加5%，即相当于较高人体的身高；③ 人体身高早晚变化尺度（C），据观测，人体在一天中早上最高，傍晚时略缩减 10～20mm，C 可适当放大，取 20～30mm；④ 头部放枕头的尺度（A），取 75mm；脚端折被长度（B），亦取 75mm。所以床内长的计算公式如下：

$$L=(1+0.05)H+C+A+B$$

（2）床的宽度

床的宽度同人们睡眠的关系最为密切，确定床宽要考虑保持人体良好的睡姿、翻身的动作和熟睡程度等生理和心理因素，同时也得考虑与床上用品（如床单等）的规格尺寸相配合。床宽的决定常以仰卧姿态为标准，以床宽（b）为仰卧时肩宽（W）的 2.5～3 倍为宜，即

$$单人床宽（b）=（2.5～3）W$$

增加的 1.5～2 倍肩宽，主要用于睡觉时翻身活动所需要的宽度以及放置床上用品的余量。据观测，正常情况下一般人睡在 900mm 宽的床上每晚翻身次数为 20～30 次，有利于进入熟睡；当睡在 500mm 宽的窄床上时，翻身次数则会显著减少。初入睡时，担心掉下来，翻身次数要减少 30%，从而大大影响熟睡程度，在火车上睡过卧铺的人都有这种体会。所以单人床的床宽应不小于 700mm，最好是 900mm。双人床的宽度不等于两个单人床的宽度，但也不应小于 1200mm，最好是 1350mm 或 1500mm。

（3）床高

床屉面的高度可参照凳椅座面高的确定原理和具体尺寸，既可睡又可坐，但也要考虑为穿衣穿鞋、就寝起床等活动创造便利条件。对于双层床还必须考虑两层之间的净高不小于 900～1000mm，否则将影响睡下铺的人的正常活动，同时也是考虑到床面弹簧可能的下垂深度。

5. 储存类家具功能尺度的确定

储存类家具主要是指各种橱、柜、箱、架等。对这类家具的一般功能要求是能很好地存放物品、存放数量最充分，存在方式最合理，方便人们的存取，满足使用要求，有利于提高使用效率，占地面积小，又能充分利用室内空间，还要容易搬动，有利于清洁卫生。为了实现上述目的，储存类家具设计时应注意如下几点。

首先需要明确的是，橱柜类家具是以内部储存空间的尺寸作为功能尺寸。以所存放的物品为原型，先确定内部尺寸，再由里向外推算出产品的外形尺寸。

在确定储存类家具的功能尺寸以前，还必须确定相应物品的存放方式。如对于衣柜，首先必须确定衣服是折叠平摆还是用衣架悬挂。又如对书刊文献，特别是线装书，还要考虑是平放还是竖放，在此基础上方可决定储存类家具内部平面和空间尺寸。

有些物品是斜置的，如期刊陈列架或鞋柜。这时要有要求倾斜的程度和物品规格尺寸方可定出搁板的平面尺寸和主体的外形尺寸。

储存类家具的设计还必须满足不同物品的存放条件和使用要求。如食物的储存，在没有电冰箱的条件下，一般人家都是用碗柜、菜柜储存生、熟菜食，这类产品要求通风条件好，防止食物发馊变质，所以对于此类家具一般是装窗纱而不是装玻璃。又如电视柜除了具备散热条件外，还必须符合电视机的使用条件，使其便于观看和调整。对于家庭用的电视柜，其高度应符合一定的条件，即电视柜屏幕中心至地板表面的垂直距离等于人坐着时的平均视高，即 1181mm，然后根据电视机的规格尺寸决定电视机搁板的高度。合理的视距范围可以避免视力下降。

柜类产品主要尺度的确定方法如下。

（1）高度

原则上柜类产品的高度应按人体高度来确定，一般控制最高层应在两手便于到达的高度和两眼合理的视线范围之内。对于不同类的柜子，则有不同的要求。如墙面柜（固定于墙面的大壁柜）高度通常是与室内墙高一致。对于悬挂柜，其下底的高度应比人略高，以便人们在下面有足够的活动空间，如悬挂柜下面还有其他家具陈设，其高度可适当降低，以方便使用。对于一般不固定的柜类产品，最大高度控制在 1.8m 左右。如果要利用柜子上表面放置生活用品，如茶杯、热水瓶等，则其最大高度不得大于 1.2~1.3m，否则不方便使用。拉门、拉手、抽屉等零部件的高度也要与人体尺度一致。

对于挂衣柜类的高度，国家标准规定，挂衣杆上沿至柜顶板的距离为 40~60mm，大了浪费空间，小了则放不进挂衣架；挂衣杆下沿至柜底板的距离，挂长大衣不应小于 1350mm，挂短外衣不应小于 850mm。

（2）宽度

柜宽是根据存储物品的种类、大小、数量和布置方式决定的。内部宽度决定后，再加上两旁板及中间搁板的厚度，便是产品的外形宽度。对于荷重较大的物品柜，如电视机柜、书柜等，还需根据搁板断面的形状和尺寸、材料的力学性能、载荷的大小等限制其宽度。

（3）深度

柜子的深度主要由搁板的深度而定，搁板的深度又按存放物品的规格形式而定。如果一个柜子内有多种深度规格的搁板，则应按最大规格的深度决定，并使门与搁板之间略有间隙。同时还应考虑柜门反面是否挂放物品，如伞、镜框、领结等，以便适当增加深度。

从使用要求出发，柜深最大不得超过 600~800mm，否则存取物品不便，柜内光线也差。如果搁板过深或部分搁板深度大于其他搁板，在存放条件允许的前提下，可将搁板设计成具有一定的倾斜度，达到在有限的深度范围内，既满足存放尺寸较大的物品的需要，又符合视线要求。

衣柜的深度主要考虑人的肩宽因素，一般为 600mm，不应小于 500mm，否则就只有斜挂才能关上柜门。对书柜类也有标准，国标规定搁板的层间高度不应小于 220mm。小于该尺寸，就放不进 32 开本的普通书籍。考虑到摆放杂志、影集等规格较大的物品，搁板层间高一般选择 300～350mm。

（4）搁板的高度

搁板的高度是根据人体的身高，以及处于某一姿态时手可能到达的高度位置来确定的。例如，人站立时可以到达的高度，男子为 2100mm，女子为 2000mm；站立时工作方便的高度，男子为 850mm，女子为 800mm；站立时手能到达的最低限度，男子为 650mm，女子为 600mm。

1.1.3　家具结构类型及连接方式

家具结构如人体骨筋系统那样，要承受外力并将外力和自重通过一定的结构形式传递到地面。因此家具结构必须是传力合理、坚固耐用，又经济省材，它的形式由材料和家具造型决定。一个优秀的家具设计，必须是功能、造型和合理构造的完美统一，现将常见的家具结构类型分述如下。

1．框架结构

框架结构是木制家具中的主要结构形式，它以榫结合为连接方式，类似中国古建筑木构架梁柱结构那样，传递荷载清晰合理。中国传统家具的结构全都是框架结构，并以榫（如图 1-8 所示）结合连接为主要特征。

2．板式结构

家具由板状部件连接构成，并由板状部件承受荷载及传递荷重。在这种结构中出于简化的结构和加工工艺，且有利于机械化和自动化生产而被广泛应用。

板式家具的结构应分为板部件本身的结构和板部件之间的连接结构，如图 1-9 所示。

图 1-8　榫结构　　　　　图 1-9　板结构

（1）板式结构

板式家具的主要部件都以板的形式出现。因此，板的制作是主要生产工艺，对板部件的基本要求，首先是能承受一定的荷重，板部件要有一定的厚度，同时在装置各种板件连接件时不影响板部件自身的强度，其次为保证家具的连接质量和美观性，要求板部件平整、不变形，板边光洁。

目前板部件大多采用人造板制作，一般板厚为 18～25mm，如细木工板、中密度纤维板、复面空心板等。不同的板材，板边需由相宜的封边材料封边，如塑料封边、薄木封边、榫接封边、金属嵌条封边等。

（2）板的连接结构

板部件之间的连接，依靠紧固件或连接件，采用固定或拆装的连接方式，板件之间的连接必须具有足够的强度而使家具不产生摇摆、变形，从而保证门、抽屉等的正常开启使用。

3. 拆装结构

家具各零部件之间的结合采用连接件来完成，并根据运输的便利和某种功能的需要，家具可进行多次拆卸和安装，在框架结构和板式结构的家具中多有拆装结构形式存在，特别以板式家具为多。

为了保证拆装式家具的拆装灵活性和牢固性，要求部件加工和连接件加工十分精确，并且具有足够的锚固强度，其连接的方式主要有以下 3 种。

（1）框角连接件；

（2）插接连接件；

（3）插挂连接件。

4. 折叠式家具

折叠式家具常见于桌、椅、床类。主要特点是家具折叠后占用的空间小，便于贮藏，另外也便于运输、携带，适用于经常需要变换使用功能的场所，如餐厅、会场等，也适用于小面积住宅，以节约使用空间。

（1）折叠式家具

有金属制和木制的折叠家具，其关键是结构部件之结合点是可转动的结合或螺栓结合。

折叠结构一般都有两条和多条折动连接线，在每条折叠线上可设置多个折叠点，但必须使一件家具中一根折叠线中折叠点之间的距离之和与另一折叠线中折叠点距离之和相等，这样才能使家具折得动，合得拢，如图 1-10 所示。

（2）叠积式家具

叠积式家具从家具自身来说与普通家具结构没有多大区别，但它在自身叠积中必须考虑整体结构形式。一般家具不太可能采用叠积方式贮存的，只有在设计时考虑了叠积结构才能使家具叠积存放。通过叠积，节约了占地面积，也方便了搬运。叠积式家具以柜架和轻便座椅为多，椅子造型设计一般是梯形，椅腿部分空间为下大上小，椅子下部不允许有连接的杆件。

（3）调节式家具

设计纯功能性的折叠家具的某些部件，以达到人体使用的最佳状态，这是调节式家具的特点，是人们结合人体工学而研制的新型家具。许多零部件利用可变动的五金件和机械操作原理变动其位置和高度，如椅座的高低调节、椅背的上下与倾斜度的调节、床面的折起等，如图 1-11 所示。

图 1-10　折叠式家具

图 1-11　可调节座椅

5. 薄壳结构

随着塑料、玻璃钢、多层薄木胶合等新材料和新工艺的迅速发展，出现了热压或热塑的薄壁成型结构。它按人体坐姿模式制成座面和椅背连体的薄壳结构，固定于支架上，构成各类椅子，也可用塑料连支架与椅座、椅背面一起压铸成型。这类家具的主要特点是质轻，便于搬动，甚至可做成叠积结构，适于贮藏。另外由于是模压成型，造型生动流畅，色彩夺目，是创造室内环境的有效造型因素。

6. 充气结构

充气家具是把具有一定形状的橡塑胶气囊加以充气形成，它有一定的承载能力，便于携带与贮藏，主要适用于旅游之用，可制作各种轻便的沙发椅、旅行用桌等。

7. 整体注塑结构

以塑料为原料，在定型的模具中进行发泡处理，脱模后成为具有承托人体和支撑结构合二为一的整体型家具。一般表面需用织物包衬，造型雕塑感强，它可以设计成配套的组合部件块，以进行各种组合，适用于不同的使用方式。

1.1.4　常用家具部件构造

1. 框架式构造

典型的中国传统家具结构。以横方材为骨架或中间装板，以槽榫来连接，称为框架式构造。

特点：经济结实、轻巧，但是不可再次拆装。

不足之处：框架式家具对材料和工艺的要求较高，对于机械化、自动化生产有较大的困难，如图 1-12 所示。

2. 板式构造

由家具的板状部件承接载荷的一种结构类型。组成家具的主要部件是用各种人造板作基材，并以连接件接合起来，称为板式构造家具。

特点：结构简单，拆装方便，便于运输，对储存类家具尤为适合。使用人造板作基材，连接件接合，简化了结构和加工工艺，便于机械化和自动化生产，是目前广为应用的构造类型，如图 1-13 所示。

图 1-12　框架结构家具

图 1-13　板式结构家具

3. 拆装式构造

各部件之间主要用各种连接件结合，并可进行多次拆装。

特点是部件生产，部件销售，部件运输，因此生产的家具部件大大减少了仓库占地面积，同时方便搬运，也节省了运输空间。目前广泛应用于支撑类家具和储存类家具，如图 1-14 所示。

图 1-14　拆装式家具

4．薄壁成型式构造

也称薄壳式构造或壳体式构造，其整体利用塑料或玻璃钢一次模压成型或用多层单板胶合成型。特点：造型简洁、轻巧，便于搬运，工艺简单，生产效率高。可调配出各种颜色，生动新颖，如图 1-15 所示。

5．折叠式构造

能折叠或能叠放的家具，主要特点是使用后可以折叠起来，便于携带、存放和运输。

适用于经常变换使用场地的公共场所，如餐厅、会场，也可以作为部队和野外作业工作队的备用家具，可用木材或金属材料制作。一般构造较为简单，如图 1-16 所示。

图 1-15　薄壁成型构造

图 1-16　折叠桌

6．充气式构造

具有独特的构造形式，其主要构件是具有一定形状的橡胶气囊，有一定的承载能力。特点是可随时充气，携带、存放方便，多适用于旅游时使用，也可家居使用，可节省空间，如图 1-17 所示。

7．软体式构造

凡是用软质材料进行表面装饰的构造，称为软体式构造，如应用于家居就称为软体式家具。

特点：表面装饰材料材质柔软，富有弹性，色彩丰富，可营造环境氛围，如软体沙发、床、椅、凳等家具，也可扩展到柜门、房门、室内界面、汽车和轮船内饰，如图 1-18 所示。

图 1-17　充气式构造

图 1-18　软体式构造

1.1.5　结构分类

1．支架结构

一般指支撑和传递上部载荷的骨架，如柜类家具中的脚架，桌、椅类家具中的支架等。

对于柜类家具的脚架，常见的主要有露脚结构和包脚结构，从材料的制作上可分为木制和金属制两种。

露脚结构：木制的露脚结构属于框架结构形式，常采用闭口或半闭口直角榫结合。通常脚与脚之间有横撑相互连接，以加强刚度，脚架与上部柜体用木螺钉或金属连接件连接。

包脚结构：木制的包脚结构属于箱框结构形式，一般采用半夹角叠接和夹角叠接的框角结合。内角用塞角或方木条加固，也可采用前角全隐燕尾榫、后角半隐燕尾榫的箱框接合方式。

金属制脚架比较简单，以钢管套接上部载体，用木螺钉加以连接。

木制桌椅的支架通常由腿、横撑和塞角等组成。为了增加强度和刚度，支架腿与横撑的接合采用闭口直角榫，并在椅腿内角处加塞角固定。

2．面板结构

主要指家具可承托物体的部分以及家具外部板面，如桌面、椅面、柜面及板式家具的各部件等。木制家具的板面可分为实木板、空心板及其他复合材料。

实木板：由于单板本身面幅尺寸的限制，及出于节约木材的考虑，常用小板拼接的方式制成较大的面板来使用。小块木板的宽度应有所限制，以避免板的收缩和翘曲。一般工厂制作的拼板都经过定型处理。

空心板结构：用于板式家具柜架的各个部件。空心板结构是以木框架为结构主体，内填各种不同结构的不同材料，上下表面复贴三夹板，四周用相应材料封边而成。由于空心板重量轻、幅面大、节约木材、形式稳定、表面美观，得到广泛应用。

椅面结构：是比较特殊的结构，往往不是简单的平整面。分为厚、薄两种类型。

一为厚型椅面，制作材料一般是多种复合型的，俗称软垫，多用于沙发和沙发椅；

二为薄型椅面，用材单一，但种类较多，常用于椅、凳、床面。

3．抽屉结构

抽屉是柜类家具中的重要部件，它要经受使用时的反复推拉而不致结构松动，具有一定的结构牢度；同时抽屉存放物品，要具有一定的承重能力，推拉要轻便，要具有高度的灵活性。

抽屉一般由屉面板、屉旁板、屉后板及底板构成。通常抽屉的结构是框角榫结合结构，屉旁板与屉后板的结合常用直角开口多榫或明燕尾榫，屉旁板与屉面板的结合常用半隐燕尾榫、直榫、圆钉接合等。

抽屉推拉滑道方式多样，可根据推拉的机械性能选择结构方式。木制滑道一般选用硬木为宜。

4．柜门结构

门也是柜式家具的主要部件，它的品种、形式很多，有实板门、镶板门、空心平板门、玻璃门、百叶门等。

（1）实板门：一般将数块木板拼接在一起，为防止门板的翘曲，在板后部采用穿带的拼接方式。由于此类门的两端都是木材的横断面，不易加工平整，涂装质量不好，并且用材也不够节约，目前极少使用。

（2）镶板门：是在榫结合的框架中镶以薄木板。此类柜门造型变化较多，在木框加工中可以制作精细的细脚，周边都可形成刨光的平面，因此美观光洁，一般在古典家具中应用较广。

（3）空心覆面平板门：一般由细木工板及各种覆面空心板和多层胶合板制成，周边粘贴相应的封边料。这种平板门由于生产工艺及油漆涂装工艺都比较简单，在现代家具制作中应用最广。

门和柜体的连接及开启方式有如下4种。

（1）拉门：门和柜体的连接都以铰链为连接件，其中明装和暗装是最常见的开启形式。

（2）移门：有时空间较小，家具布置紧凑时，拉门开启有困难，可采用移门的制作方式。移门的构造方式为有滑道的榫槽移门、单滑道移门、带有滑轮导轨的移门、玻璃移门和折式移门等。

（3）卷门：属于移门的特殊种类，主要适用于要求开启面积大的柜类家具。一般移门只能开启柜面的一半，而卷门可左右或上下移动，将门藏至柜体的另一面，使用方便，但结构较复杂。

（4）翻门：是组合家具中常见的门的开启方式。它靠铰链和拉杆与柜体连接，一般是将门翻下并开启至水平，可当桌面使用。也可将门由下向上翻起，通过滑槽将门推进柜体内，此时柜体变成开敞的空格柜，外界没有任何阻碍，使用十分方便。

1.2　图纸幅面及格式

图纸幅面及其格式在《技术制图　图纸幅面和格式》（GB/T 14689—2008）中有详细的规定，现进行简要介绍。

为了加强我国与世界各国的技术交流，依据国际标准化组织（ISO）制定的国际标准制定了我国国家标准《机械制图》，自1993年以来相继发布了"图纸幅面和格式""比例""字体""投影法""表面粗糙度符号、代号及其注法"等标准，于1994年7月1日开始实施，并陆续进行了修订更新。

国家标准，简称国标，代号为GB，斜杠后的字母为标准类型，其后的数字为标准号，由顺序号和发布的年代号组成，如表示比例的标准代号为GB/T 14690—1993。

1.2.1　图纸幅面

绘图时应优先采用表1-2中规定的基本幅面。图幅代号为A0、A1、A2、A3、A4，必要时可按规定加长幅面，如图1-19所示。

表 1-2　图纸幅面

幅面代号	A0	A1	A2	A3	A4
B×L	841×1198	594×841	420×594	297×420	210×297
e	20			10	
c	10			5	
a	25				

图 1-19　幅面尺寸

1.2.2　图框格式

在图纸上必须用粗实线画出图框，其格式分为不留装订边（如图 1-20 所示）和留装订边（如图 1-21 所示）两种，具体尺寸如表 1-2 所示。

图 1-20　不留装订边图框

图 1-21　留装订边图框

同一产品的图样只能采用同一种格式。

1.3　标　题　栏

《技术制图　标题栏》（GB/T 10609.1—2008）规定每张图纸上都必须画出标题栏，标题栏位于图纸的右下角，与看图方向一致。

标题栏的格式和尺寸由 GB/T 10609.1—2008 规定，装配图中明细栏由《技术制图　明细栏》（GB/T 10609.2—2009）规定，如图 1-22 所示。

图 1-22　标题栏

在学习过程中，有时为了方便，会对零件图和装配图的标题栏、明细栏内容进行简化，使用如图 1-23 所示的格式。

（a）零件图标题栏

（b）装配图标题栏

图 1-23　简化标题栏

1.4　比　　例

比例为图样中图形与其实物相应要素的线性尺寸比，分为原值比例、放大比例、缩小比例 3 种。

需要按比例制图时，从表 1-3 规定的系列中选取适当的比例，必要时也允许选取表 1-4（GB/T 14690—1993）规定的比例。

表 1-3　标准比例系列

种　类	比　　例
原值比例	$1:1$
放大比例	$5:1$　　$2:1$　　$5\times10^n:1$　　$2\times10^n:1$　　$1\times10^n:1$
缩小比例	$1:2$　　$1:5$　　$1:10$　　$1:2\times10^n$　　$1:5\times10^n$　　$1:1\times10^n$

注：n 为正整数。

表1-4　常用比例系列

种　类	比　例				
放大比例	4：1	2.5：1	$4×10^n$：1	$2.5×10^n$：1	
缩小比例	1：1.5	1：2.5	1：3	1：4	1：6
	1：$1.5×10^n$	1：$2.5×10^n$	1：$3×10^n$	1：$4×10^n$	1：$6×10^n$

说明：（1）比例一般标注在标题栏中，必要时可在视图名称的下方或右侧标出。

　　　（2）不论采用哪种比例绘制图样，尺寸数值按原值标出。

1.5　字　体

在家具设计制图的过程中有时需要标注文字，国家标准中对文字字体的规范也制定了相关标准，下面简要讲述。

1.5.1　一般规定

按 GB/T 14691—1993 规定，对字体有以下一般要求。

（1）图样中书写字体必须做到字体工整、笔画清楚、间隔均匀、排列整齐。

（2）汉字应写成长仿宋体，并应采用国家正式公布推行的简化字。汉字的高度不应小于 3.5mm，其字宽一般为 $h/\sqrt{2}$（h 表示字高）。

（3）字体的号数即字体的高度，其公称尺寸系列为 1.8mm、2.5mm、3.5mm、5mm、7mm、10mm、14 mm、20mm。如需书写更大的字，其字体高度应按 $\sqrt{2}$ 的比率递增。

（4）字母和数字分为 A 型和 B 型。A 型字体的笔画宽度 d 为字高 h 的 1/14；B 型字体对应为 1/10。同一图样上，只允许使用一种型式。

（5）字母和数字可写成斜体和直体。斜体字字头向右倾斜，与水平基准线约成 75°角。

1.5.2　字体示例

1. 汉字——长仿宋体

长仿宋体如图 1-24 所示。

字体工整　笔画清楚　间隔均匀　排列整齐

22 号字

横平竖直　注意起落　结构均匀　填满方格

14 号字

技术制图　机械电子　汽车航空　船舶土木　建筑矿山　井坑港口　纺织服装

10.5 号字

螺纹齿轮　端子接线　飞行指导　驾驶舱位　挖填施工　饮水通风　闸阀坝　棉麻化纤

9 号字

图 1-24　长仿宋体

2．拉丁字母

拉丁字母如图 1-25 所示。

ABCDEFGHIJKLMNOP

A 型大写斜体

abcdefghijklmnop

A 型小写斜体

ABCDEFGHIJKLMNOP

B 型大写斜体

图 1-25　拉丁字母

3．希腊字母

希腊字母如图 1-26 所示。

ΑΒΓΕΖΗΘΙΚ

A 型大写斜体

αβγδεζηθικ

A 型小写直体

图 1-26　希腊字母

4．阿拉伯数字

阿拉伯数字如图 1-27 所示。

1234567890

斜体

1234567890

直体

图 1-27　阿拉伯数字

1.5.3　图样中的书写规定

图样中有以下书写规定。

（1）用作指数、分数、极限偏差、注脚等的数字及字母，一般应采用小一号字体。

（2）图样中的数字符号、物理量符号、计量单位符号以及其他符号、代号应分别符合有关规定。

1.6　图　　线

GB/T 4457.4—2002 对图线的相关使用规则进行了详细的规定，现进行简要介绍。

1.6.1　图线型式及应用

国标规定了各种图线的名称、型式、宽度以及在图上的一般应用，如表 1-5 和图 1-28 所示。

表 1-5　图线型式

图 线 名 称	线　　型	线　　宽	主 要 用 途
粗实线	——————	b	可见轮廓线、可见过渡线
细实线	——————	约 $b/2$	尺寸线、尺寸界线、剖面线、引出线、弯折线、牙底线、齿根线、辅助线等
细点画线	—·——·——	约 $b/2$	轴线、对称中心线、齿轮节线等
虚线	-------	约 $b/2$	不可见轮廓线、不可见过渡线
波浪线	～～～	约 $b/2$	断裂处的边界线、剖视与视图的分界线
双折线	—／\／—	约 $b/2$	断裂处的边界线
粗点画线	■—■—■	b	有特殊要求的线或面的表示线
双点画线	—··——··—	约 $b/2$	相邻辅助零件的轮廓线、极限位置的轮廓线、假想投影的轮廓线

图 1-28　图线用途示例

1.6.2　图线宽度

图线分粗、细两种，粗线的宽度 b 应按图的大小和复杂程度，在 0.5～2mm 选择。

图线宽度的推荐系列为 0.18mm、0.25mm、0.35mm、0.5mm、0.7mm、1mm、1.4mm 和 2mm。

1.6.3 图线画法

对于图线画法，一般有以下规定。

（1）同一图样中，同类图线的宽度应基本一致。虚线、点画线及双点画线的线段和间隔应各自大致相等。

（2）两条平行线（包括剖面线）之间的距离应不小于粗实线的两倍宽度，其最小距离不得小于 0.7mm。

（3）绘制圆的对称中心线时，圆心应为线段的交点。点画线和双点画线的首末两端应是线段而不是短画。建议中心线超出轮廓线 2～5mm，如图 1-29 所示。

（4）在较小的图形上画点画线或双点画线有困难时，可用细实线代替。

为保证图形清晰，各种图线相交、相连时的习惯画法如图 1-30 所示。

| （a）正确 | （b）错误 | （a）正确 | （b）错误 |

图 1-29　点画线画法　　　　　　图 1-30　图线画法

点画线、虚线与粗实线相交以及点画线、虚线彼此相交时，均应交于点画线或虚线的线段处。虚线与粗实线相连时，应留间隙；虚直线与虚半圆弧相切时，在虚直线处留间隙，而虚半圆弧画到对称中心线为止，如图 1-30（a）所示。

（5）由于图样复制中所存在的困难，应尽量避免采用 0.18mm 的线宽。

1.7　剖　面　符　号

除了传统的木制家具外，现代家具采用了各种各样的材质，在绘制剖视图和剖面图时，不同的材质应采用不同的符号，这方面国家标准也有详细规定。

在剖视图和剖面图中，应采用表 1-6 中所规定的剖面符号（GB 4457.5—2013）。

表 1-6　剖面符号

材　质	符　号	材　质	符　号
金属材料（已有规定剖面符号者除外）		非金属材料（已有规定剖面符号者除外）	
线圈绕组元件		型砂、填砂、粉末冶金、砂轮、陶瓷刀片、硬质合金刀片等	
转子、电枢、变压器和电抗器等迭钢片		玻璃及供观察用的其他透明材料	

材　质		符　号	材　质	符　号
木材	纵剖面		钢筋混凝土	
	横剖面		砖	
纤维材料			格网（筛网、过滤网等）	
基础周围的泥土			液体	
混凝土				

注：（1）剖面符号仅表示材料类别，材料的名称和代号必须另行注明。
　　（2）迭钢片的剖面线方向应与束装中迭钢片的方向一致。
　　（3）液面用细实线绘制。

1.8　尺　寸　注　法

图样中，除需表达零件的结构形状外，还需标注尺寸，以确定零件的大小。GB/T 4458.4—2003 中对尺寸标注的基本方法做了一系列规定，必须严格遵守。

1.8.1　基本规定

基本规定如下。

（1）图样中的尺寸，以毫米为单位时，不需注明计量单位代号或名称。若采用其他单位，则必须标注相应计量单位或名称（如 35°30′）。

（2）图样中所标注的尺寸数值是零件的真实大小，与图形大小及绘图的准确度无关。

（3）零件的每一尺寸在图样中一般只标注一次。

（4）图样中标注的尺寸是该零件最后完工时的尺寸，否则应另加说明。

1.8.2　尺寸要素

一个完整的尺寸包含下列 5 个尺寸要素。

1．尺寸界线

尺寸界线用细实线绘制，如图 1-31（a）所示。尺寸界线一般是图形轮廓线、轴线或对称中心线的延伸线，超出箭头 2～3mm，也可直接用轮廓线、轴线或对称中心线作尺寸界线。

尺寸界线一般与尺寸线垂直，必要时允许倾斜。

2．尺寸线

尺寸线用细实线绘制，如图 1-31（a）所示。尺寸线必须单独画出，不能用图上任何其他图线代替，也不能与图线重合或在其延长线（如图 1-31（b）中尺寸 3 和 8 的尺寸线）上，并应尽量避免尺寸线之间及尺寸线与尺寸界线之间相交。

标注线性尺寸时，尺寸线必须与所标注的线段平行，相同方向的各尺寸线间距要均匀，间隔应大于 5mm。

3．尺寸线终端

尺寸线终端有箭头和细斜线两种形式，如图 1-32 所示。

图 1-31　尺寸标注　　　　　　　　　　　　　　　　图 1-32　尺寸线终端

箭头适用于各种类型的图形，箭头尖端与尺寸界线接触，不得超出，也不得离开，如图 1-33 所示。

图 1-33　箭头

当尺寸线终端采用箭头形式时，若位置不够，允许用圆点或细斜线代替箭头，如表 1-7 中"狭小部位"图所示；当尺寸线终端采用斜线形式时，尺寸线与尺寸界线必须相互垂直。同一图样中只能采用一种尺寸线终端形式。

4．尺寸数字

线性尺寸的数字一般标注在尺寸线上方或尺寸线中段处。同一图样内大小一致，位置不够时可引出标注。

线性尺寸数字按图 1-34（a）所示方向进行注写，并尽可能避免在图示 30°范围内标注尺寸，当无法避免时，可按图 1-34（b）所示标注。

（a）尺寸数字注写方向　　　　（b）特殊情况注写方式

图 1-34　尺寸数字

5．符号

图中需用符号区分不同类型的尺寸，具体如下。

☑ Φ——直径。

- ☑ R——半径。
- ☑ S——球面。
- ☑ δ——板状零件厚度。
- ☑ □——正方形。
- ☑ ∠——斜度。
- ☑ ◁——锥度。
- ☑ ±——正负偏差。
- ☑ ×——参数分隔符，如 M10×1，槽宽×槽深等。
- ☑ ——连字符，如 M10×1—6H 等。

6. 标注示例

表 1-7 中列出了国标所规定尺寸标注的一些图例。

表 1-7　尺寸标注法示例

标注内容	图　　例	说　　明
角度		（1）角度尺寸线应沿径向引出； （2）角度尺寸线应画成圆弧，圆心是该角顶点； （3）角度尺寸数字应一律写成水平方向
圆的直径		（1）直径尺寸应在尺寸数字前加注符号"∅"； （2）尺寸线应通过圆心，尺寸线终端画成箭头； （3）整圆或大于半圆标注直径
大圆弧		当圆弧半径过大，在图纸范围内无法标出圆心位置时，按图（a）形式标注；若无须标出圆心位置，按图（b）形式标注
圆弧半径		（1）要在半径尺寸数字前加注符号"R"； （2）半径尺寸必须标注在投影为圆弧的图形上，且尺寸线应通过圆心； （3）对于半圆或小于半圆的圆弧要标注半径尺寸

续表

标注内容	图　例	说　明
狭小部位		在没有足够位置画箭头或注写数字时，允许用圆点或细斜线的形式标注
对称机件		当对称机件的图形只画出一半或略大于一半时，尺寸线应略超过对称中心线或断裂处的边界线，并在尺寸线一端画出箭头
正方形结构		表示表面为正方形结构尺寸时，可在正方形边长尺寸数字前加注符号"□"，或用 14×14 代替□14
板状零件		标注板状零件厚度时，可在尺寸数字前加注符号"δ"
光滑过渡处		（1）在光滑过渡处标注尺寸时，须用实线将轮廓线延长，从交点处引出尺寸界线； （2）当尺寸界线过于靠近轮廓线时，允许倾斜画出
弦长和弧长		（1）标注弧长时，应在尺寸数字上方加符号"⌒"（见图（a））； （2）弦长及弧的尺寸界线应平行该弦的垂直平分线，当弧长较大时，可沿径向引出（见图（b））

续表

标注内容	图　　例	说　　明
球面	（a）　　　（b）　　　（c）	标注球面直径或半径时，应在"ø"或"R"前再加注符号"S"（见图（a）、图（b））。对标准件、轴及手柄的端部，在不致引起误解的情况下，可省略"S"（见图（c））
斜度和锥度	（a） （b）　　　　　（c）	（1）斜度和锥度的标注，其符号应与斜度、锥度的方向一致 （2）符号的线宽为 h/10，画法如图（a）所示 （3）必要时，在标注锥度的同时，要在括号内注出其角度值（见图（b）和图（c））

第 2 章

AutoCAD 2020 入门

本章将开始循序渐进地学习与 AutoCAD 2020 绘图有关的基本知识，了解如何设置图形的系统参数、样板图，熟悉建立新的图形文件、打开已有文件的方法等。

- ☑ 操作界面
- ☑ 配置绘图系统
- ☑ 设置绘图环境
- ☑ 文件管理

- ☑ 基本输入操作
- ☑ 图层设置
- ☑ 绘图辅助工具

任务驱动&项目案例

2.1　操作界面

AutoCAD 的操作界面是 AutoCAD 显示、编辑图形的区域。启动 AutoCAD 2020 后的默认界面如图 2-1 所示，该界面是 AutoCAD 2015 以后出现的新界面风格。

图 2-1　AutoCAD 2020 的默认界面

注意：安装 AutoCAD 2020 后，在绘图区右击，打开快捷菜单，如图 2-2 所示，执行"选项"命令，打开"选项"对话框，选择"显示"选项卡，将"窗口元素"对应的"颜色主题"设置为"明"，如图 2-3 所示，单击"确定"按钮，退出对话框，其操作界面如图 2-4所示。

图 2-2　快捷菜单　　　　　　　　　　图 2-3　"选项"对话框

图 2-4 调整"明"后的工作界面

2.1.1 标题栏

在 AutoCAD 2020 中文版绘图窗口的最上端是标题栏。在标题栏中，显示了系统当前正在运行的应用程序（AutoCAD 2020 和用户正在使用的图形文件）。在用户第一次启动 AutoCAD 时，在 AutoCAD 2020 绘图窗口的标题栏中，将显示 AutoCAD 2020 在启动时创建并打开的图形文件的名称为 Drawing1.dwg，如图 2-5 所示。

标题栏

图 2-5 第一次启动 AutoCAD 时的标题栏

2.1.2 绘图区

绘图区是指标题栏下方的大片空白区域，是用户使用 AutoCAD 2020 绘制图形的区域，设计图形的主要工作都是在绘图区完成的。

在绘图区中，还有一个作用类似光标的十字线，其交点反映了光标在当前坐标系中的位置。在 AutoCAD 2020 中，将该十字线称为光标，AutoCAD 通过光标显示当前点的位置。十字线的方向与当前用户坐标系的 X 轴和 Y 轴方向平行，十字线的长度默认为屏幕大小的 5%。

1. 修改图形窗口中十字光标的大小

光标的长度默认为屏幕大小的 5%，用户可以根据绘图的实际需要更改大小。改变光标大小的方法如下。

在操作界面中执行菜单栏中的"工具"→"选项"命令，将弹出"选项"对话框。选择"显示"选项卡，在"十字光标大小"文本框中直接输入数值，或者拖曳文本框后的滑块，即可对十字光标的大小进行调整，如图 2-6 所示。

图 2-6　"选项"对话框中的"显示"选项卡

此外，还可以通过设置系统变量 CURSORSIZE 的值，实现对光标大小的更改。命令行提示如下：

命令：CURSORSIZE↙
输入 CURSORSIZE 的新值 <5>：

在提示下输入新值即可，默认值为 5%。

2. 修改绘图窗口的颜色

在默认情况下，AutoCAD 2020 的绘图窗口是黑色背景、白色线条，这不符合大多数用户的习惯，因此修改绘图窗口颜色是大多数用户都需要进行的操作。

修改绘图窗口颜色的步骤如下。

（1）在如图 2-6 所示的选项卡中单击"窗口元素"选项组中的"颜色"按钮，打开如图 2-7 所示的"图形窗口颜色"对话框。

图 2-7　"图形窗口颜色"对话框

（2）单击"图形窗口颜色"对话框中"颜色"字样下的下拉箭头，在打开的下拉列表中选择需要的窗口颜色，然后单击"应用并关闭"按钮，此时 AutoCAD 2020 的绘图窗口变成了选择的背景色，通常按视觉习惯选择白色为窗口颜色。

2.1.3　坐标系图标

在绘图区域的左下角，有一个箭头指向图标，称为坐标系图标，表示用户绘图时正使用的坐标系形式，坐标系图标的作用是为点的坐标确定一个参照系。根据工作需要，用户可以选择将其关闭。方法是单击"视图"选项卡"视口工具"面板中的"UCS 图标"按钮 。

2.1.4　菜单栏

单击快速访问工具栏中的按钮 ，在打开的下拉菜单中选择"显示菜单栏"选项，如图 2-8 所示，在功能区的上方显示菜单栏，如图 2-9 所示。同其他 Windows 程序一样，AutoCAD 2020 的菜单也是下拉形式的，并在菜单中包含子菜单。AutoCAD 2020 的菜单栏中包含"文件""编辑""视图""插入""格式""工具""绘图""标注""修改""参数""窗口""帮助"12 项菜单，这些菜单几乎包含了 AutoCAD 2020 的所有绘图命令，后面的章节将围绕这些菜单展开讲述。

图 2-8　选择"显示菜单栏"选项

图 2-9　菜单栏显示界面

2.1.5　工具栏

工具栏是一组图标型工具的集合，执行菜单栏中的"工具"→"工具栏"→AutoCAD 命令，调出所需要的工具栏，把鼠标光标移动到某个图标，稍停片刻即在该图标一侧显示相应的工具提示，同时在状态栏中显示对应的说明和命令名。此时，单击图标也可以启动相应命令。

1. 设置工具栏

AutoCAD 2020 的标准菜单提供了几十种工具栏，执行菜单栏中的"工具"→"工具栏"→AutoCAD 命令，调出所需要的工具栏，如图 2-10 所示。单击某一个未在界面显示的工具栏名，系统自动在界面打开该工具栏；反之，关闭该工具栏。

图 2-10　单独的工具栏标签

2. 工具栏中的"固定""浮动"与"打开"

工具栏可以在绘图区"浮动"，如图 2-11 所示。此时显示该工具栏标题，并可关闭该工具栏，用鼠标可以拖曳浮动工具栏到绘图区边界，使其变为固定工具栏，此时该工具栏标题隐藏。也可以把固定工具栏拖出，使其成为浮动工具栏。

在有些图标的右下角有一个小三角，单击会打开相应的工具栏，将光标移动到某一图标上单击，该图标就成为当前图标。单击当前图标，即可执行相应命令，如图 2-12 所示。

图 2-11　浮动工具栏

图 2-12　打开工具栏

2.1.6　命令行窗口

命令行窗口是输入命令和显示命令提示的区域，默认的命令行窗口位于绘图区下方，为若干文本行。对于命令行窗口，有以下几点需要说明。

（1）移动拆分条，可以扩大与缩小命令行窗口。

（2）可以拖曳命令行窗口，将其放置在屏幕上的其他位置。默认情况下，命令行窗口位于绘图窗口的下方。

（3）对当前命令行窗口中输入的内容，可以按 F2 键用文本编辑的方法进行编辑，如图 2-13 所示。

图 2-13　文本窗口

AutoCAD 2020 的文本窗口和命令行窗口相似，可以显示当前 AutoCAD 进程中命令的输入和执行过程，在 AutoCAD 2020 中执行某些命令时，会自动切换到文本窗口，列出有关信息。

（4）AutoCAD 通过命令行窗口反馈各种信息，包括出错信息。因此，用户要时刻关注命令行窗口中出现的信息。

2.1.7　布局标签

AutoCAD 2020 系统默认设定一个"模型"空间布局标签和"布局 1""布局 2"两个图纸空间布局标签。

1. 布局

布局是系统为绘图设置的一种环境，包括图纸大小、尺寸单位、角度设定、数值精确度等，在系统默认的 3 个标签中，这些环境变量都是默认设置。用户可以根据实际需要改变这些变量的值。用户也可以根据需要设置符合自己要求的新标签，具体方法将在后面章节中介绍。

2. 模型

AutoCAD 2020 的空间分为模型空间和图纸空间。模型空间是通常绘图的环境，而在图纸空间中，用户可以创建称为"浮动视口"的区域，以不同视图显示所绘图形。用户可以在图纸空间调整浮动视口并决定所包含视图的缩放比例。如果选择图纸空间，则可打印多个视图，也可以打印任意布局的视图。

AutoCAD 2020 系统默认打开模型空间，用户可以通过单击选择需要的布局。

2.1.8　状态栏

状态栏位于屏幕的底部，依次有"坐标""模型空间""栅格""捕捉模式""推断约束""动态输入""正交模式""极轴追踪""等轴测草图""对象捕捉追踪""二维对象捕捉""线宽""透明度""选择循环""三维对象捕捉""动态 UCS""选择过滤""小控件""注释可见性""自动缩放""注释比例""切换工作空间""注释监视器""单位""快捷特性""锁定用户界面""隔离对象""图形特性""全屏显示""自定义"功能开关按钮，单击这些开关按钮，可以实现对应功能的开启和关闭。

📢 **注意：** 默认情况下，不会显示所有工具，可以通过状态栏上最右侧的按钮，选择要从"自定义"菜单显示的工具。状态栏上显示的工具可能会发生变化，具体取决于当前的工作空间以及当前显示的是"模型"选项卡还是"布局"选项卡。

下面对状态栏上的部分按钮做简单介绍，如图 2-14 所示。

图 2-14　状态栏

☑ 模型或图纸空间（模型空间）：在模型空间与布局空间之间进行转换。

☑ 显示图形栅格（栅格）：栅格是覆盖整个坐标系（UCS）XY 平面的直线或点组成的矩形图案。使用栅格类似于在图形下放置一张坐标纸。利用栅格可以对齐对象并直观显示对象之间的距离。

☑ 捕捉模式：对象捕捉对于在对象上指定精确位置非常重要。不论何时提示输入点，都可以指定对象捕捉。默认情况下，当光标移到对象的对象捕捉位置时，将显示标记和工具提示。

☑ 正交限制光标（正交模式）：将光标限制在水平或垂直方向上移动，以便于精确地创建和修改对象。当创建或移动对象时，可以使用正交模式将光标限制在相对于用户坐标系（UCS）的水平或垂直方向上。

☑ 按指定角度限制光标（极轴追踪）：使用极轴追踪，光标将按指定角度进行移动。创建或修改对象时，可以使用极轴追踪来显示由指定的极轴角度所定义的临时对齐路径。

☑ 等轴测草图：通过设定"等轴测捕捉/栅格"，可以很容易地沿 3 个等轴测平面之一对齐对象。尽管等轴测图形看似三维图形，但它实际上是由二维图形表示，因此不能期望提取三维距离和面积，也不能从不同视点显示对象或自动消除隐藏线。

☑ 显示捕捉参照线（对象捕捉追踪）：使用对象捕捉追踪，可以沿着基于对象捕捉点的对齐路径进行追踪。已获取的点将显示一个小加号（+），一次最多可以获取 7 个追踪点。获取点之后，在绘图路径上移动光标，将显示相对于获取点的水平、垂直或极轴对齐路径。例如，可以基于对象端点、中点或者对象的交点，沿着某个路径选择一点。

☑ 将光标捕捉到二维参照点（二维对象捕捉）：使用执行对象捕捉设置（也称为对象捕捉），可以在对象上的精确位置指定捕捉点。选择多个选项后，将应用选定的捕捉模式，以返回距离靶框中心最近的点。按 Tab 键可以在这些选项之间循环。

☑ 显示注释对象（注释可见性）：当图标亮显时，表示显示所有比例的注释性对象；当图标变暗时，表示仅显示当前比例的注释性对象。

☑ 在注释比例发生变化时，将比例添加到注释性对象（自动缩放）：注释比例更改时，自动将比例添加到注释对象。

☑ 当前视图的注释比例（注释比例）：单击注释比例右下角小三角符号弹出注释比例列表，如图 2-15 所示，可以根据需要选择适当的注释比例。

☑ 切换工作空间：进行工作空间转换。

☑ 注释监视器：打开仅用于所有事件或模型文档事件的注释监视器。

☑ 隔离对象：当选择隔离对象时，在当前视图中显示选定对象，所有其他对象都暂时隐藏。当选择隐藏对象时，在当前视图中暂时隐藏选定对象，所有其他对象都可见。

☑ 图形特性：设定图形卡的驱动程序以及设置硬件加速的选项。

☑ 全屏显示：该选项可以清除 Windows 窗口中的标题栏、功能区和选项板等界面元素，使 AutoCAD 的绘图窗口全屏显示，如图 2-16 所示。

☑ 自定义：状态栏可以提供重要信息，而无须中断工作流。使用 MODEMACRO 系统变量可将应用程序所能识别的大多数数据显示在状态栏中。使用该系统变量的计算、判断和编辑功能可以完全按照用户的要求构造状态栏。

图 2-15　注释比例列表

图 2-16　全屏显示

2.1.9　快速访问工具栏和交互信息工具栏

1. 快速访问工具栏

该工具栏包括"新建""打开""保存""另存为""放弃""重做""打印"等常用工具。用户也可以单击本工具栏后面的下拉按钮，设置需要的常用工具。

2. 交互信息工具栏

该工具栏包括"搜索""Autodesk Online 服务""交换""帮助"等几个常用的数据交互访问工具。

2.1.10 功能区

在默认情况下，功能区包括"默认""插入""注释""参数化""视图""管理""输出""附加模块""协作""精选应用"选项卡，如图 2-17 所示（所有的选项卡显示面板如图2-18 所示）。每个选项卡集成了相关的操作工具，方便了用户的使用。用户可以单击功能区选项后面的 按钮控制功能的展开与收缩。

图 2-17　默认情况下出现的选项卡

图 2-18　所有的选项卡

（1）设置选项卡。将光标放在面板中任意位置处，右击，打开如图 2-19 所示的快捷菜单。单击某一个未在功能区显示的选项卡名，系统自动在功能区打开该选项卡。反之，关闭选项卡（调出面板的方法与调出选项卡的方法类似，这里不再赘述）。

（2）选项卡中面板的"固定"与"浮动"。面板可以在绘图区"浮动"（如图 2-20 所示），将鼠标放到浮动面板的右上角位置处，显示"将面板返回到功能区"，如图 2-21 所示。单击此处，使它变为"固定"面板。也可以把"固定"面板拖出，使它成为"浮动"面板。

图 2-19　快捷菜单　　　　　　　　　　　　　图 2-20　"浮动"面板

图 2-21 "注释"面板

打开或关闭功能区的操作方式如下。

☑ 命令行：RIBBON 或 RIBBONCLOSE。

☑ 菜单栏："工具" → "选项板" → "功能区"。

2.2 配置绘图系统

由于每台计算机所使用的显示器、输入设备和输出设备的类型不同，用户喜好的风格及计算机的目录设置也不同，因此每台计算机都是独特的。一般来讲，使用 AutoCAD 2020 的默认配置就可以绘图，但为了使用定点设备或打印机提高绘图的效率，建议用户在开始作图前先对绘图系统进行必要的配置。

1. 执行方式

☑ 命令行：PREFERENCES。

☑ 菜单栏："工具" → "选项"。

☑ 快捷菜单："选项"（右击，系统弹出快捷菜单，其中包括一些常用命令，如图 2-22 所示）。

2. 操作步骤

执行上述命令后，系统自动打开"选项"对话框。用户可以在该对话框中选择有关选项卡，即可对系统进行配置。下面仅就其中主要的几个选项卡进行说明，其他配置选项在后面用到时再做具体说明。

图 2-22 快捷菜单

2.2.1 显示

"显示"选项卡用于控制 AutoCAD 2020 窗口的外观，可对屏幕菜单、滚动条显示与否、固定命令行窗口中文字行数、AutoCAD 2020 的版面布局、各实体的显示分辨率以及 AutoCAD 运行时的其他各项性能参数等进行设置。前面已经讲述了屏幕菜单设定、屏幕颜色、光标大小等知识，其余有关选项的设置可参照"帮助"文件学习。

在设置实体显示分辨率时，请务必记住，显示质量越高，即分辨率越高，计算机计算的时间越长，千万不要将其设置得太高。将显示质量设置在一个合理的程度上是很重要的。

2.2.2 系统

"系统"选项卡如图 2-23 所示。该选项卡用于设置 AutoCAD 2020 系统的有关特性。

1. "硬件加速"选项组

控制与图形显示系统的配置相关的设置，设置及其名称会随着产品而变化。

图 2-23　"系统"选项卡

2."当前定点设备"选项组

安装及配置定点设备，如数字化仪和鼠标。

3."触摸体验"选项组

"显示触摸模式功能区面板"复选框：显示一个面板，该面板带有一个可以取消模板操作的按钮，例如缩放和平移。

4."常规选项"选项组

确定是否选择系统配置的有关基本选项。

5."布局重生成选项"选项组

确定切换布局时是否重生成或缓存模型选项卡和布局。

6."数据库连接选项"选项组

确定数据库连接的方式。

2.3　设置绘图环境

使用 AutoCAD 2020 绘图时，可以根据需要对绘图环境进行设置。

2.3.1　绘图单位设置

1.执行方式

☑　命令行：DDUNITS 或 UNITS。

☑ 菜单栏："格式"→"单位"。

2. 操作步骤

执行上述命令后，系统弹出"图形单位"对话框，如图 2-24 所示。该对话框用于定义单位和角度格式。

3. 选项说明

（1）"长度"选项组

指定测量长度的当前单位及当前单位的精度。

（2）"角度"选项组

指定测量角度的当前单位、精度及旋转方向，默认方向为逆时针。

（3）"插入时的缩放单位"选项组

控制使用工具选项板（如 DesignCenter 或 i-drop）拖入当前图形的块的测量单位。如果块或图形创建时使用的单位与该选项指定的单位不同，则在插入这些块或图形时，将对其按比例缩放。插入比例是源块或图形使用的单位与目标图形使用的单位之比。如果插入块时不按指定单位缩放，则选择"无单位"选项。

（4）"输出样例"选项组

显示当前输出的样例值。

（5）"光源"选项组

用于指定光源强度的单位。

（6）"方向"按钮

单击该按钮，系统显示"方向控制"对话框，如图 2-25 所示。可以在该对话框中进行方向控制设置。

图 2-24 "图形单位"对话框

图 2-25 "方向控制"对话框

2.3.2 图形边界设置

1.执行方式

☑ 命令行：LIMITS。

☑ 菜单栏："格式"→"图形界限"。

2. 操作步骤

```
命令：LIMITS
重新设置模型空间界限
指定左下角点或 [开(ON)/关(OFF)] <0.0000,0.0000>：（输入图形边界左下角的坐标后按 Enter 键）
指定右上角点 <12.0000,9.0000>：（输入图形边界右上角的坐标后按 Enter 键）
```

3. 选型说明

（1）开（ON）

使绘图边界有效。系统将在绘图边界以外拾取的点视为无效。

（2）关（OFF）

使绘图边界无效。用户可以在绘图边界以外拾取点或实体。

（3）动态输入角点坐标

通过动态输入功能可以直接在屏幕上输入角点坐标，输入横坐标值后，按 "," 键（英文状态下输入），接着输入纵坐标值，如图 2-26 所示；也可以根据光标位置直接单击确定角点位置。

图 2-26　动态输入

2.4　文件管理

本节将介绍有关文件管理的一些基本操作方法，包括新建文件、打开已有文件、保存文件、删除文件等，这些都是进行 AutoCAD 2020 操作最基础的知识。另外，本节也将介绍安全口令和数字签名等涉及文件管理操作的知识。

2.4.1　新建文件

1. 执行方式

☑ 命令行：NEW。

☑ 菜单栏："文件" → "新建"。

☑ 工具栏："标准" → "新建" 或快速访问 → "新建"。

☑ 快捷键：Ctrl+N。

☑ 主菜单：执行主菜单下的 "新建" 命令。

2. 操作步骤

执行上述命令后，系统弹出如图 2-27 所示的 "选择样板" 对话框，在 "文件类型" 下拉列表框中有 3 种格式的图形样板，后缀分别是.dwt、.dwg 和.dws。

图 2-27　"选择样板"对话框

在每种图形样板文件中，系统根据绘图任务的要求进行统一的图形设置，如绘图单位类型和精度要求、绘图界限、捕捉、网格与正交设置、图层、图框和标题栏、尺寸及文本格式、线型和线宽等。

使用图形样板文件绘图的优点在于，在完成绘图任务时不但可以保持图形设置的一致性，而且可以大大提高工作效率。用户也可以根据自己的需要设置新的样板文件。

一般情况下，.dwt 文件是标准的样板文件，通常将一些规定的标准性的样板文件设成.dwt 文件，.dwg 文件是普通的样板文件，而.dws 文件是包含标准图层、标注样式、线型和文字样式的样板文件。

2.4.2　打开文件

1. 执行方式

☑ 命令行：OPEN。

☑ 菜单栏："文件"→"打开"。

☑ 工具栏："标准"→"打开" 📂 或快速访问→"打开" 📂 。

2. 操作步骤

执行上述命令后，系统弹出如图 2-28 所示的"选择文件"对话框，在"文件类型"下拉列表框中可选择.dwg 文件、.dwt 文件、.dxf 文件或.dws 文件。.dxf 文件是用文本形式存储的图形文件，能够被其他程序读取，许多第三方应用软件都支持.dxf 格式。

图 2-28　"选择文件"对话框

2.4.3　保存文件

1. 执行方式

☑ 命令行：QSAVE 或 SAVE。

☑ 菜单栏："文件" → "保存"。

☑ 工具栏："标准" → "保存" 🖫 或快速访问 → "保存" 🖫。

☑ 快捷键：Ctrl+S。

2. 操作步骤

执行上述命令后，若文件已命名，则 AutoCAD 自动保存；若文件未命名（即为默认名 Drawing1.dwg），则系统弹出如图 2-29 所示的"图形另存为"对话框，用户可以命名并保存。在"保存于"下拉列表框中可以指定保存文件的路径；在"文件类型"下拉列表框中可以指定保存文件的类型。

图 2-29　"图形另存为"对话框

为了防止因意外操作或计算机系统故障导致正在绘制的图形文件丢失，可以对当前图形文件设置自动保存，步骤如下。

（1）利用系统变量 SAVEFILEPATH 设置所有"自动保存"文件的位置，如 C:\HU\。

（2）利用系统变量 SAVEFILE 存储"自动保存"文件名。该系统变量存储的文件名文件是只读文件，用户可以从中查询自动保存的文件名。

（3）利用系统变量 SAVETIME 指定在使用"自动保存"时多长时间保存一次图形。

2.4.4 另存为

1. 执行方式

☑ 命令行：SAVEAS。

☑ 菜单栏："文件" → "另存为"。

☑ 工具栏：快速访问→ "另存为" 🖫。

2. 操作步骤

执行上述命令后，系统弹出如图 2-29 所示的"图形另存为"对话框，可以将图形用其他名称保存。

2.4.5 退出

1. 执行方式

☑ 命令行：QUIT 或 EXIT。

☑ 菜单栏："文件" → "退出"。

☑ 按钮："关闭" ✕。

2. 操作步骤

执行上述命令后，若用户对图形所做的修改尚未保存，则会出现如图 2-30 所示的系统警告对话框。单击"是"按钮，系统将保存文件，然后退出；单击"否"按钮，系统将不保存文件。若用户对图形所做的修改已经保存，则直接退出系统。

图 2-30 系统警告对话框

2.4.6 图形修复

1. 执行方式

☑ 命令行：DRAWINGRECOVERY。

☑ 菜单栏："文件" → "图形实用工具" → "图形修复管理器"。

2. 操作步骤

执行上述命令后，系统弹出如图 2-31 所示的"图形修复管理器"，打开"备份文件"列表中的文件，可以将文件重新保存，从而进行修复。

图 2-31　图形修复管理器

2.5　基本输入操作

在 AutoCAD 2020 中，有一些基本的输入操作方法，这些方法是进行 AutoCAD 绘图的必备知识，也是深入学习 AutoCAD 的前提。

2.5.1　命令输入方式

要实现 AutoCAD 交互绘图，必须输入必要的指令和参数。AutoCAD 有多种命令输入方式，此处以画直线为例进行介绍。

1. 在命令行窗口输入命令名

命令字符不区分大小写。执行命令时，在命令行提示中经常会出现命令选项。例如，命令 LINE，在输入绘制直线命令 LINE 后，命令行提示与操作如下：

```
命令：LINE
指定第一个点：（在屏幕上指定一点或输入一个点的坐标）
指定下一点或 [放弃(U)]：
```

选项中不带括号的提示为默认选项，因此可以直接输入直线段的起点坐标或在屏幕上指定一点，如果要选择其他选项，则应该首先输入该选项的标识字符，如"放弃"选项的标识字符"U"，然后按系统提示输入数据即可。在命令选项的后面有时还带有尖括号，尖括号内的数值为默认数值。

2. 在命令行窗口输入命令缩写字

如 L（Line）、C（Circle）、A（Arc）、Z（Zoom）、R（Redraw）、M（More）、CO（Copy）、PL（Pline）、E（Erase）等。

3. 执行"绘图"菜单中的"直线"命令

执行该命令后，在状态栏中可以看到对应的命令说明及命令名。

4. 单击工具栏中对应的图标

单击图标后，在状态栏中也可以看到对应的命令说明及命令名。

5. 在命令行打开快捷菜单

如果在前面刚使用过欲输入的命令，则可以在命令行右击，弹出快捷菜单，在"最近的输入"子菜单中选择需要的命令，如图 2-32 所示。"最近的输入"子菜单中存储了最近使用的 6 个命令，如果经常重复使用某个 6 次操作以内的命令，这种方法就比较快速简便。

图 2-32　快捷菜单

6. 在绘图区右击

如果用户要重复使用上次使用的命令，可以直接在绘图区右击，系统立即重复执行上次使用的命令，这种方法适用于重复执行某个命令。

2.5.2　命令的重复、撤销和重做

1. 命令的重复

在命令行窗口中按 Enter 键可重复调用上一个命令，不管上一个命令已完成还是被取消。

2. 命令的撤销

在命令执行的任何时刻都可以取消和终止命令的执行，其执行方式有以下几种。

☑ 命令行：UNDO。

☑ 菜单栏："编辑"→"放弃"。

☑ 快捷键：Esc。

☑ 工具栏：快速访问→"放弃" ⇐ ▾。

3. 命令的重做

已被撤销的命令还可以恢复重做，即恢复撤销的最后一个命令，其执行方式有以下几种。

☑ 命令行：REDO。

☑ 菜单栏："编辑"→"重做"。

☑ 工具栏：快速访问→"重做" ⇒ ▾。

该命令可以一次执行多重放弃和重做操作。单击 UNDO 或 REDO 列表箭头，可以选择要放弃或重做的操作，如图 2-33 所示。

图 2-33　多重放弃或重做

2.5.3 透明命令

在 AutoCAD 2020 中，有些命令不仅可以直接在命令行中使用，而且还可以在其他命令的执行过程中插入并执行，待该命令执行完毕后，系统继续执行原命令，这种命令称为透明命令。透明命令一般多为修改图形设置或打开辅助绘图工具的命令。

如在绘制圆弧的过程中执行缩放命令，命令行提示如下：

> 命令：ARC↙
> 指定圆弧的起点或 [圆心(C)]：'ZOOM↙（透明使用显示缩放命令 ZOOM）
> >>（执行 ZOOM 命令）
> 正在恢复执行 ARC 命令
> 指定圆弧的起点或 [圆心(C)]：（继续执行原命令）

2.5.4 按键定义

在 AutoCAD 2020 中，除了可以通过在命令行窗口输入命令、单击工具栏图标或执行菜单命令来完成操作外，还可以使用键盘上的一组功能键或快捷键快速实现指定功能，如按 F1 键，系统将调用 AutoCAD 帮助对话框。

系统使用 AutoCAD 传统标准（Windows 之前）或 Microsoft Windows 标准快捷键。有些功能键或快捷键在 AutoCAD 的菜单中已经指出，如"粘贴"功能的快捷键为 Ctrl+V，这些只要在使用的过程中多加留意，就会熟练掌握。快捷键的定义参见菜单命令后面的说明，例如"粘贴（P）"命令后面的说明为 Ctrl+V。

2.5.5 命令执行方式

有的命令有两种执行方式，即通过对话框或命令行输入命令，如指定使用命令行窗口方式，可以在命令名前加短画线来表示，如"_LAYER"表示用命令行方式执行"图层"命令；而如果在命令行输入"LAYER"，系统则会自动打开"图层"对话框。

另外，有些命令同时存在命令行、菜单和工具栏 3 种执行方式，这时如果选择菜单或工具栏方式，命令行会显示该命令，并在前面加一条下画线，如通过菜单、工具栏或功能区方式执行"直线"命令时，命令行会显示"_line"，命令的执行过程和结果与采用命令行方式时相同。

2.5.6 坐标系统

AutoCAD 采用两种坐标系：世界坐标系（WCS）与用户坐标系（UCS）。刚进入 AutoCAD 2020 时出现的坐标系即为世界坐标系，是固定的坐标系统。世界坐标系也是坐标系统中的基准，绘制图形时，多数情况下都是在该坐标系统下进行的。

执行方式如下。

☑ 命令行：UCS。

☑ 菜单栏："工具"→"工具栏"→AutoCAD→UCS。

☑ 工具栏：UCS→UCS。

☑ 功能区："视图"→"视口工具"→"UCS 图标"。

AutoCAD 有两种视图显示方式：模型空间和布局空间。模型空间是指单一视图显示法，用户通常使用的都是这种显示方式；布局空间是指在绘图区创建图形的多视图，用户可以对其中每一个视图进行单独操作。在默认情况下，当前 UCS 与 WCS 重合。图 2-34（a）为模型空间下的 UCS 坐标系图标，通常放在绘图区左下角处；也可以指定它放在当前 UCS 的实际坐标原点位置，如图 2-34（b）所示；图 2-34（c）为布局空间下的坐标系图标。

（a）　　　　　　　　　　（b）　　　　　　　　　（c）

图 2-34　坐标系图标

2.6　图层设置

AutoCAD 中的图层如同在手工绘图中使用的重叠透明图纸，如图 2-35所示，可以使用图层来组织不同类型的信息。在 AutoCAD 2020 中，图形的每个对象都位于一个图层上，所有图形对象都具有图层、颜色、线型和线宽 4 个基本属性。在绘制时，图形对象将创建在当前的图层上。每个 CAD 文档中图层的数量是不受限制的，每个图层都有自己的名称。

图 2-35　图层示意图

2.6.1　建立新图层

新建的 CAD 文档中只能自动创建一个名为 0 的特殊图层。默认情况下，图层 0 将被指定使用 7号颜色、Continuous 线型、默认线宽，以及 NORMAL 打印样式。不能删除或重命名图层 0。通过创建新的图层，可以将类型相似的对象指定给同一个图层使其相关联。例如，可以将构造线、文字、标注和标题栏置于不同的图层上，并为这些图层指定通用特性。通过将对象分类放到各自的图层中，可以快速有效地控制对象的显示以及对其进行更改。

1. 执行方式

☑ 命令行：LAYER。

☑ 菜单栏："格式"→"图层"。

☑ 工具栏："图层"→"图层特性管理器"。

☑ 功能区："默认"→"图层"→"图层特性"（如图 2-36 所示）或"视图"→"选项板"→"图层特性"。

2. 操作步骤

执行上述命令后，系统弹出"图层特性管理器"对话框，如图 2-37所示。

图 2-36　"图层"面板

图 2-37　"图层特性管理器"对话框

　　单击"图层特性管理器"对话框中的"新建图层"按钮，建立新图层，默认的图层名为"图层 1"。可以根据绘图需要，更改图层名称，如改为"实体"图层、"中心线"图层或"标准"图层等。

　　在一个图形中可以创建的图层数以及在每个图层中可以创建的对象数实际上是无限的。图层最长可使用 255 个字符的字母和数字命名。图层特性管理器按名称的字母顺序排列图层。

> **注意：** 如果要建立多个图层，无须重复单击"新建"按钮。更有效的方法是：在建立一个新的图层"图层 1"后，改变图层名，在其后输入一个逗号"，"（英文状态下输入），这样就会又自动建立一个新图层"图层 1"，改变图层名，依次建立各个图层。也可以按两次 Enter 键，建立另一个新的图层。图层的名称也可以更改，直接双击图层名称，输入新的名称即可。

　　在图层属性设置中，包括图层名称、关闭/打开图层、冻结/解冻图层、锁定/解锁图层、图层线条颜色、图层线条线型、图层线条宽度、图层透明度、图层打印样式以及图层是否打印等几个参数。下面将分别介绍如何设置这些图层参数。

　　（1）设置图层线条颜色

　　在工程制图中，整个图形包含多种不同功能的图形对象，如实体、剖面线与尺寸标注等，为了便于直观地区分它们，有必要针对不同的图形对象使用不同的颜色，如"实体"图层使用白色，"剖面线"图层使用青色等。

　　要改变图层的颜色时，单击图层所对应的颜色图标，弹出"选择颜色"对话框，如图 2-38 所示。该对话框是一个标准的颜色设置对话框，可以使用"索引颜色""真彩色""配色系统"3 个选项卡来选择颜色。系统显示的 RGB 配比，即为 Red（红）、Green（绿）和 Blue（蓝）3 种颜色。

图 2-38　"选择颜色"对话框

（2）设置图层线型

线型是指作为图形基本元素的线条的组成和显示方式，如实线、点画线等。在绘图工作中，常常以线型划分图层，为某个图层设置适合的线型，在绘图时，只需将该图层设为当前工作层，即可绘制出符合线型要求的图形对象，极大地提高了绘图的效率。

单击图层所对应的线型图标，弹出"选择线型"对话框，如图 2-39 所示。默认情况下，在"已加载的线型"列表框中只添加了 Continuous 线型。单击"加载"按钮，打开"加载或重载线型"对话框，如图 2-40 所示，可以看到 AutoCAD 2020 还提供许多其他的线型，选择所需线型，单击"确定"按钮，即可把该线型加载到"已加载的线型"列表框中，还可以按住 Ctrl 键选择几种线型同时加载。

图 2-39　"选择线型"对话框

图 2-40　"加载或重载线型"对话框

（3）设置图层线宽

线宽设置顾名思义即改变线条的宽度。用不同宽度的线条表现图形对象的类型，也可以提高图形的表达能力和可读性。

单击图层所对应的线宽图标，将弹出"线宽"对话框，如图 2-41 所示。选择一个需要的线宽，单击"确定"按钮完成对图层线宽的设置。

图层线宽的默认值为 0.25mm。在状态栏为"模型"状态时，显示的线宽与计算机的像素有关。线宽为 0.00mm 时，显示为一个像素的线宽。单击状态栏中的"线宽"按钮 时，屏幕上显示的图形线宽与实际线宽成比例，如图 2-42 所示，但线宽不随图形的放大和缩小而变化。"线宽"功能关闭时，不显示图形的线宽，图形的线宽均以默认的宽度值显示。

图 2-41　"线宽"对话框

图 2-42　线宽显示效果图

2.6.2　设置图层

除了上面讲述的通过图层管理器设置图层的方法外，还有几种其他的简便方法可以设置图层的颜色、线宽、线型等参数。

1. 直接设置图层

可以直接通过命令行或菜单设置图层的颜色、线宽、线型。

（1）设置图层颜色

① 执行方式

☑ 命令行：COLOR。

☑ 菜单栏："格式"→"颜色"。

② 操作步骤

执行上述命令后，系统弹出"选择颜色"对话框，如图 2-38 所示。

（2）设置图层线型

① 执行方式

☑ 命令行：LINETYPE。

☑ 菜单栏："格式"→"线型"。

② 操作步骤

执行上述命令后，系统弹出"线型管理器"对话框，如图 2-43 所示。该对话框的使用方法与图 2-39 所示的"选择线型"对话框类似。

（3）设置图层线宽

① 执行方式

☑ 命令行：LINEWEIGHT 或 LWEIGHT。

☑ 菜单栏："格式"→"线宽"。

② 操作步骤

图 2-43　"线型管理器"对话框

执行上述命令后，系统弹出"线宽设置"对话框，如图 2-44 所示。该对话框的使用方法与图 2-41 所示的"线宽"对话框类似。

2. 利用"特性"面板设置图层

AutoCAD 提供了"特性"面板，如图 2-45 所示。用户能够控制和使用"特性"面板快速地查看和改变所选对象的图层、颜色、线型和线宽等特性。"特性"面板上的图层颜色、线型、线宽和打印样式的控制增强了查看和编辑对象属性的命令。在绘图屏幕上选择任何对象都将在面板上自动显示它所在图层、颜色、线型等属性。

图 2-44　"线宽设置"对话框

图 2-45　"特性"面板

也可以在"特性"面板上的"颜色""线型""线宽""打印样式"下拉列表框中选择需要的参数值。如果在"颜色"下拉列表框中选择"更多颜色"选项，如图 2-46 所示，系统则会打开"选择颜色"对话框；同样，如果在"线型"下拉列表框中选择"其他"选项，如图 2-47 所示，系统则会打开"线型管理器"对话框，如图 2-43 所示。

3. 用"特性"对话框设置图层

（1）执行方式

- ☑ 命令行：DDMODIFY 或 PROPERTIES。
- ☑ 菜单栏："修改"→"特性"。
- ☑ 工具栏："标准"→"特性"图。
- ☑ 功能区："视图"→"选项板"→"特性"图。
- ☑ 快捷菜单：右击图形，在弹出的快捷菜单中执行"特性"命令。

（2）操作步骤

执行上述命令后，系统弹出"特性"对话框，如图 2-48 所示。在该对话框中可以方便地设置或修改图层、颜色、线型、线宽等属性。

图 2-46 "更多颜色"选项

图 2-47 "其他"选项

图 2-48 "特性"对话框

2.6.3 控制图层

1. 切换当前图层

不同的图形对象需要绘制在不同的图层中，在绘制前，需要将工作图层切换到所需的图层上。打开"图层特性管理器"对话框，选择图层，单击"置为当前"按钮图完成设置。

2. 删除图层

在"图层特性管理器"对话框的图层列表框中选择要删除的图层，单击"删除图层"按钮图即可删除该图层。从图形文件定义中删除选定的图层，只能删除未参照的图层。参照图层包括图层 0 及DEFPOINTS、包含对象（包括块定义中的对象）的图层、当前图层和依赖外部参照的图层，不包含对象（包括块定义中的对象）的图层、非当前图层和不依赖外部参照的图层都可以删除。

3. 关闭/打开图层

在"图层特性管理器"对话框中，单击"开/关图层"按钮，可以控制图层的可见性。当图层打开时，图标小灯泡呈鲜艳的颜色，该图层上的图形可以显示在屏幕上或绘制在绘图仪上；再次单击该属性图标后，图标小灯泡呈灰暗色时，该图层上的图形不显示在屏幕上，而且不能被打印输出，但仍然作为图形的一部分保留在文件中。

4. 冻结/解冻图层

在"图层特性管理器"对话框中，单击"在所有视口中冻结/解冻"按钮☀，可以冻结图层或将图层解冻。图标呈雪花灰暗色时，该图层是冻结状态；图标呈太阳鲜艳色时，该图层是解冻状态。冻结图层上的对象不能显示，也不能打印，同时不能编辑修改该图层上的图形对象。冻结图层后，该图层上的对象不影响其他图层上对象的显示和打印。例如，在使用 HIDE 命令消隐时，被冻结图层上的对象不隐藏其他的对象。

5. 锁定/解锁图层

在"图层特性管理器"对话框中，单击"锁定/解锁图层"按钮🔒，可以锁定图层或将图层解锁。锁定图层后，该图层上的图形依然显示在屏幕上并可打印输出，还可以在该图层上绘制新的图形对象，但用户不能对该图层上的图形进行编辑修改操作。可以对当前层进行锁定，也可对锁定图层上的图形进行查询和使用对象捕捉命令。锁定图层可以防止图形被意外修改。

6. 打印样式

在 AutoCAD 2020 中，可以使用一个称为"打印样式"的新的对象特性。打印样式控制对象的打印特性，包括颜色、抖动、灰度、笔号、虚拟笔、淡显、线型、线宽、线条端点样式、线条连接样式和填充样式。使用打印样式使绘图过程更具灵活性，因为用户可以设置打印样式来替代其他对象特性，也可以按需要关闭这些替代设置。

7. 打印/不打印

在"图层特性管理器"对话框中，单击"打印/不打印"按钮🖨，可以设置在打印时该图层是否打印，以保证在图形显示可见不变的条件下，控制图形的打印特征。打印功能只对可见的图层起作用，对于已经被冻结或被关闭的图层不起作用。

8. 冻结新视口

控制在当前视口中图层的冻结和解冻。不解冻图形中设置为"关"或"冻结"的图层，在模型空间视口中不可用。

2.7 绘图辅助工具

要快速顺利地完成图形绘制工作，有时要借助一些辅助工具，例如用于准确确定绘制位置的精确定位工具和调整图形显示范围与方式的显示工具等。下面将介绍这两种非常重要的辅助绘图工具。

2.7.1 精确定位工具

在绘制图形时，可以使用直角坐标和极坐标精确定位点，但是有些点（如端点、中心点等）的坐标是不知道的，又想精确地指定这些点，可想而知是很难的，甚至是不可能的。AutoCAD 提供了辅助定位工具，使用这类工具，用户可以很容易地在屏幕中捕捉到这些点，进行精确的绘图。

捕捉可以使用户直接使用鼠标快速地定位目标点。捕捉模式有几种不同的形式，即栅格、捕捉、极轴追踪、对象捕捉、自动对象捕捉和正交绘图。在下文中将详细讲解。

1. 栅格

AutoCAD 的栅格由有规则的点的矩阵组成，延伸到指定为图形界限的整个区域。使用栅格与在坐标纸上绘图是十分相似的，利用栅格可以对齐对象并直观地显示对象之间的距离。如果放大或缩小图形，可能需要调整栅格间距，使其更适合新的比例。虽然栅格在屏幕上是可见的，但它并不是图形对象，因此不会被打印成图形中的一部分，也不会影响在何处绘图。

可以单击状态栏中的"栅格"按钮▦或按 F7 键打开或关闭栅格。启用栅格并设置栅格在 X 轴方向和 Y 轴方向上的间距的方法如下。

（1）执行方式

☑ 命令行：DSETTINGS 或 DS，SE 或 DDRMODES。

☑ 菜单栏：执行菜单栏中的"工具"→"绘图设置"命令。

☑ 状态栏：单击状态栏中的"栅格"按钮▦（仅限于打开与关闭）。

☑ 快捷键：F7（仅限于打开与关闭）。

（2）操作步骤

执行上述命令，系统弹出"草图设置"对话框，如图 2-49 所示。

图 2-49　"草图设置"对话框

如果需要显示栅格，选中"启用栅格"复选框。在"栅格 X 轴间距"文本框中输入栅格点之间的水平距离，单位为 mm。如果使用相同的间距设置垂直和水平分布的栅格点，则按 Tab 键；否则，在"栅格 Y 轴间距"文本框中输入栅格点之间的垂直距离。

用户可改变栅格与图形界限的相对位置。默认情况下，栅格以图形界限的左下角为起点，沿着与坐标轴平行的方向填充整个由图形界限所确定的区域。

> **注意：** 如果栅格的间距设置得太小，当进行"启用栅格"操作时，AutoCAD 将在文本窗口中显示"栅格太密，无法显示"的信息，而不在屏幕上显示栅格点。或者使用"缩放"命令，将图形缩得很小，也会出现同样的提示，不显示栅格。

另外，可以使用 GRID 命令通过命令行方式设置栅格，功能与"草图设置"对话框类似，不再赘述。

2. 捕捉

捕捉是指 AutoCAD 可以生成一个隐含分布于屏幕上的栅格，这种栅格能够捕捉光标，使光标只能落到其中的一个栅格点上。捕捉可分为"矩形捕捉"和"等轴测捕捉"两种类型。默认设置为"矩形捕捉"，即捕捉点的阵列类似于栅格，如图 2-50 所示，用户可以指定捕捉模式在 X 轴方向和 Y 轴方向上的间距，也可改变捕捉模式与图形界限的相对位置。与栅格的不同之处在于，捕捉间距的值必须为正实数 1，捕捉模式不受图形界限的约束。"等轴测捕捉"表示捕捉模式为等轴测模式，此模式是绘制正等轴测图时的工作环境，如图 2-51 所示。在"等轴测捕捉"模式下，栅格和光标十字线成绘制等轴测图时的特定角度。

图 2-50　"矩形捕捉"实例

图 2-51　"等轴测捕捉"实例

在绘制图 2-50 和图 2-51 中的图形时，输入参数点时光标只能落在栅格点上。切换两种模式的方法为：打开"草图设置"对话框，选择"捕捉和栅格"选项卡，在"捕捉类型"选项组中通过选中不同的单选按钮切换"矩形捕捉"模式与"等轴测捕捉"模式。

3. 极轴追踪

极轴捕捉是在创建或修改对象时，按事先给定的角度增量和距离增量来追踪特征点，即捕捉相对于初始点且满足指定极轴距离和极轴角的目标点。

极轴追踪设置主要是设置追踪的距离增量和角度增量，以及与之相关联的捕捉模式。这些设置可以通过"草图设置"对话框中的"捕捉和栅格"选项卡与"极轴追踪"选项卡来实现，如图 2-52 和图 2-53 所示。

图 2-52　"捕捉和栅格"选项卡

图 2-53　"极轴追踪"选项卡

（1）设置极轴距离

如图 2-52 所示，在"草图设置"对话框的"捕捉和栅格"选项卡中可以设置极轴距离，单位为 mm。绘图时，光标将按指定的极轴距离增量进行移动。

（2）极轴角设置

如图 2-53 所示，在"草图设置"对话框的"极轴追踪"选项卡中设置极轴角增量角度。设置时，使用向下箭头所打开的下拉列表框中 90、45、30、22.5、18、15、10 和 5 的极轴角增量，也可以直接输入指定其他任意角度值。光标移动时，如果接近极轴角，将显示对齐路径和工具栏提示。例如，如图 2-54 所示为设置极轴角增量为 30，光标移动 90 时显示的对齐路径。

图 2-54　设置极轴角度

"附加角"用于设置极轴追踪时是否采用附加角度追踪。选中"附加角"复选框，通过"新建"按钮或者"删除"按钮来增加、删除附加角度值。

（3）对象捕捉追踪设置

用于设置对象捕捉追踪的模式。如果选中"仅正交追踪"单选按钮，则当采用追踪功能时，系统仅在水平和垂直方向上显示追踪数据；如果选中"用所有极轴角设置追踪"单选按钮，则当采用追踪功能时，系统不仅可以在水平和垂直方向显示追踪数据，还可以在设置的极轴追踪角度与附加角度所确定的一系列方向上显示追踪数据。

（4）极轴角测量

用于设置极轴角的角度测量采用的参考基准，"绝对"则是相对水平方向逆时针测量，"相对上一段"则是以上一段对象为基准进行测量。

4. 对象捕捉

AutoCAD 给所有的图形对象都定义了特征点，对象捕捉则是指在绘图过程中，通过捕捉这些特征点，迅速准确地将新的图形对象定位在现有对象的确切位置上，如圆的圆心、线段中点或两个对象的交点等。在 AutoCAD 2020 中，可以通过单击状态栏中的"对象捕捉"按钮，或在"草图设置"对话框的"对象捕捉"选项卡中选中"启用对象捕捉"复选框来启用对象捕捉功能。在绘图过程中，对象捕捉功能的调用可以通过以下方式完成。

（1）使用"对象捕捉"工具栏。如图 2-55 所示，在绘图过程中，当系统提示需要指定点位置时，可以单击"对象捕捉"工具栏中相应的特征点按钮，再把光标移动到要捕捉对象上的特征点附近，AutoCAD 会自动提示并捕捉这些特征点。例如，如果需要用直线连接一系列圆的圆心，可以将"圆心"设置为执行对象捕捉。如果有两个可能的捕捉点落在选择区域，AutoCAD 将捕捉离光标中心最近的符合条件的点。还有可能指定点时需要检查哪一个对象捕捉有效，例如，在指定位置有多个对象捕捉符合条件，在指定点之前，按 Tab 键可以遍历所有可能的点。

（2）使用对象捕捉快捷菜单。在需要指定点位置时，还可以按住 Ctrl 键或 Shift 键，右击，弹出对象捕捉快捷菜单，如图 2-56 所示。从该菜单中可以选择某一种特征点执行对象捕捉，把光标移动到要捕捉对象上的特征点附近，即可捕捉这些特征点。

图 2-55 "对象捕捉"工具栏 图 2-56 "对象捕捉"快捷菜单

（3）使用命令行。当需要指定点位置时，在命令行中输入相应特征点的关键词，把光标移动到要捕捉对象上的特征点附近，即可捕捉这些特征点，对象捕捉特征点的关键字如表 2-1 所示。

表 2-1 对象捕捉模式

模　　式	关　键　字	模　　式	关　键　字	模　　式	关　键　字
临时追踪点	TT	捕捉自	FROM	端点	END
中点	MID	交点	INT	外观交点	APP
延长线	EXT	圆心	CEN	象限点	QUA
切点	TAN	垂足	PER	平行线	PAR
节点	NOD	最近点	NEA	无捕捉	NON

注意：（1）对象捕捉不可单独使用，必须配合其他绘图命令一起使用。仅当 AutoCAD 提示输入点时，对象捕捉才生效。如果试图在命令提示下使用对象捕捉，AutoCAD 将显示错误信息。

（2）对象捕捉只影响屏幕上可见的对象，包括锁定图层、布局视口边界和多段线上的对象。不能捕捉不可见的对象，如未显示的对象、关闭或冻结图层上的对象或虚线的空白部分。

5. 自动对象捕捉

在绘制图形的过程中，使用对象捕捉的频率非常高，如果每次在捕捉时都要先选择捕捉模式，将使工作效率大大降低。出于此种考虑，AutoCAD 2020 提供了自动对象捕捉模式。如果启用自动捕捉功能，当光标距指定的捕捉点较近时，系统会自动精确地捕捉这些特征点，并显示相应的标记以及该捕捉的提示。选择"草图设置"对话框中的"对象捕捉"选项卡，选中"启用对象捕捉追踪"复选框，可以调用自动捕捉，如图 2-57 所示。

图 2-57　"对象捕捉"选项卡

注意： 可以设置经常用到的捕捉方式。一旦设置了捕捉方式，在每次运行时，所设定的目标捕捉方式就会被激活，而不是仅对一次选择有效。当同时使用多种方式时，系统将捕捉距光标最近、同时又满足多种目标捕捉方式之一的点。当光标距要获取的点非常近时，按 Shift 键将暂时不获取对象。

6. 正交绘图

在正交绘图模式下，在命令的执行过程中，光标只能沿 X 轴或 Y 轴移动。所有绘制的线段和构造线都将平行于 X 轴或 Y 轴，因此它们相互垂直相交，即正交。使用正交绘图，对于绘制水平线和垂直线非常有用，特别是当绘制构造线时经常使用。而且当捕捉模式为"等轴测"模式时，还迫使直线平行于 3 个等轴测中的一个。

设置正交绘图可以直接单击状态栏中的"正交"按钮┗或按 F8 键，相应地会在文本窗口中显示开/关提示信息。也可以在命令行中输入"ORTHO"命令，执行开启或关闭正交绘图的操作。

注意： "正交"模式将光标限制在水平或垂直（正交）轴上。因为不能同时打开"正交"模式和极轴追踪，因此打开"正交"模式时，AutoCAD 会关闭极轴追踪。如果再次打开极轴追踪，AutoCAD 将关闭"正交"模式。

2.7.2　图形显示工具

对于一个较为复杂的图形来说，在观察整幅图形时，往往无法对其局部细节进行查看和操作，而当在屏幕上显示一个细部时又看不到其他部分，为解决这类问题，AutoCAD 提供了缩放、平移、视图、鸟瞰视图和视口命令等一系列图形显示控制命令，可以用来任意地放大、缩小或移动屏幕上的图形显示，或者同时从不同的角度、不同的部位来显示图形。AutoCAD 还提供了重画和重新生成命令来刷新屏幕、重新生成图形。

1. 图形缩放

图形缩放命令类似于照相机的镜头，可以放大或缩小屏幕所显示的范围，只改变视图的比例，但是对象的实际尺寸并不发生变化。当放大图形一部分的显示尺寸时，可以更清楚地查看这个区域的细节；相反，如果缩小图形的显示尺寸，则可以查看更大的区域，如整体浏览。

图形缩放功能在绘制大幅面机械图，尤其是装配图时非常有用，是使用频率最高的命令之一。该命令可以透明地使用，即可以在其他命令执行时运行。用户完成透明命令的过程时，AutoCAD 会自动返回用户调用透明命令前正在运行的命令，执行图形缩放的方法如下。

（1）执行方式

☑ 命令行：ZOOM。

☑ 菜单栏："视图" → "缩放"。

☑ 工具栏："标准" → "实时缩放" ±。。

☑ 功能区："视图" → "导航" → "缩放"下拉列表，如图 2-58 所示。

（2）操作步骤

图 2-58 "缩放"下拉列表

指定窗口的角点，输入比例因子 （nX 或 nXP），或者
[全部(A)/中心(C)/动态(D)/范围(E)/上一个(P)/比例(S)/窗口(W)/对象(O)] <实时>：

（3）操作说明

☑ 实时：这是"缩放"命令的默认操作，即在输入 ZOOM 命令后，直接按 Enter 键，将自动执行实时缩放操作。实时缩放就是可以通过上下移动鼠标交替进行放大和缩小。在使用实时缩放时，系统会显示一个"+"号或"−"号。当缩放比例接近极限时，AutoCAD 将不再与光标一起显示"+"号或"−"号。需要从实时缩放操作中退出时，可按 Enter 键、Esc 键或在菜单中执行 Exit 命令退出。

☑ 全部（A）：执行 ZOOM 命令后，在提示文字后输入"A"，即可执行"全部（A）"缩放操作。不论图形有多大，该操作都将显示图形的边界或范围，即使对象不包括在边界以内，它们也将被显示。因此，使用"全部（A）"缩放选项，可查看当前视口中的整个图形。

☑ 中心（C）：通过确定一个中心点，该选项可以定义一个新的显示窗口。操作过程中需要指定中心点以及输入比例或高度。默认新的中心点就是视口的中心点，默认的输入高度就是当前视口的高度，直接按 Enter 键后，图形将不会被放大。输入比例的数值越大，图形放大倍数也将越大。也可以在数值后面紧跟一个 X，如 3X，表示在放大时图形不按照绝对值变化，而是按相对于当前视口的值缩放。

☑ 动态（D）：通过操作一个表示视口的视口框，可以确定需要显示的区域。选择该选项，会在绘图窗口中出现一个小的视口框，按住鼠标左键左右移动可以改变该视口框的大小，定形后释放左键，再按住鼠标左键移动视口框，确定图形中的放大位置，系统将清除当前视口并显示一个特定的视图选择屏幕。此特定屏幕由有关当前视口及有效视图的信息构成。

☑ 范围（E）：可以使图形缩放至整个显示范围。图形的范围由图形所在的区域构成，剩余的空白区域将被忽略。应用该选项，图形中所有的对象都尽可能地被放大。

☑ 上一个（P）：在绘制一幅复杂的图形时，有时需要放大图形的一部分以进行细节的编辑。当编辑完成后，有时希望回到前一个视口。这种操作可以使用"上一个（P）"选项来实现。当前视口由"缩放"命令的各种选项或"移动"视图、视图恢复、平行投影或透视命令引起的

任何变化,系统都将做保存。每一个视口最多可以保存 10 个视图。连续使用"上一个(P)"选项可以恢复前 10 个视图。

☑ 比例(S):该操作提供了 3 种使用方法。一种是在提示信息下,直接输入比例系数,AutoCAD 将按照此比例因子放大或缩小图形的尺寸;另一种是在比例系数后面加一个 X,则表示相对于当前视口计算的比例因子;第三种方法就是相对于图形空间,例如,可以在图纸空间布排或打印出模型的不同视图。为了使每一张视图都与图纸空间单位成比例,可以使用"比例(S)"选项,使每一个视图有单独的比例。

☑ 窗口(W):"窗口(W)"是最常使用的选项。通过确定一个矩形窗口的两个对角来指定所需缩放的区域,对角点可以由鼠标指定,也可以输入坐标确定。指定窗口的中心点将成为新的显示屏幕的中心点。窗口中的区域将被放大或者缩小。调用 ZOOM 命令时,可以在没有选择任何选项的情况下,利用鼠标在绘图窗口中直接指定缩放窗口的两个对角点。

☑ 对象(O):缩放以便尽可能大地显示一个或多个选定的对象并使其位于视图的中心。可以在启动 ZOOM 命令前后选择对象。

> **注意:** 这里所提到的诸如放大、缩小或移动的操作,仅仅是对图形在屏幕上的显示进行控制,图形本身并没有任何改变。

2. 图形平移

当图形幅面大于当前视口时,例如,使用图形缩放命令将图形放大,如果需要在当前视口之外观察或绘制一个特定区域时,可以使用图形平移命令来实现。平移命令能将在当前视口以外的图形的一部分移动进来以进行查看或编辑,但不会改变图形的缩放比例,执行图形平移的方法如下。

☑ 命令行:PAN。
☑ 菜单栏:"视图"→"平移"。
☑ 工具栏:"标准"→"实时平移" 🖐 。
☑ 功能区:"视图"→"导航"→"平移" 🖐 。
☑ 快捷菜单:"绘图"→"平移"。

激活平移命令之后,光标形状将变成一只"小手",可以在绘图窗口中任意移动,以示当前正处于平移模式。单击并按住鼠标左键将光标锁定在当前位置,即"小手"已经抓住图形,然后拖曳图形使其移动到所需位置上。释放鼠标左键将停止平移图形。可以反复进行上述操作,将图形平移到其他位置上。

平移命令预先定义了一些不同的菜单选项与按钮,可用于在特定方向上平移图形,在激活平移命令后,这些选项可以从"视图"→"平移"→"*"菜单命令中调用。

(1)实时:是平移命令中最常用的选项,也是默认选项,前面提到的平移操作都是指实时平移,可通过鼠标的拖曳来实现任意方向上的平移。

(2)点:该选项要求确定位移量,这就需要确定图形移动的方向和距离。可以通过输入点的坐标或用鼠标指定点的坐标来确定位移。

(3)左:该选项移动图形使屏幕左部的图形进入显示窗口。

(4)右:该选项移动图形使屏幕右部的图形进入显示窗口。

(5)上:该选项向底部平移图形后,使屏幕顶部的图形进入显示窗口。

(6)下:该选项向顶部平移图形后,使屏幕底部的图形进入显示窗口。

2.8　实践与操作

通过前面的学习，相信读者对本章知识也有了大体的了解，本节将通过几个操作练习使读者进一步掌握本章知识要点。

2.8.1　管理图形文件

1. 目的要求

图形文件管理包括文件的新建、打开、保存、退出等。本实践要求读者熟练掌握.dwg 文件的命名保存、自动保存及打开方法。

2. 操作提示

（1）启动 AutoCAD 2020，进入操作界面。

（2）打开一幅已经保存过的图形。

（3）打开图层特性管理器，设置图层。

（4）进行自动保存设置。

（5）尝试在图形上绘制任意图线。

（6）将图形以新的名称保存。

（7）退出该图形。

2.8.2　显示图形文件

1. 目的要求

图形文件的显示包括各种形式的放大、缩小和平移等操作。本实践要求读者熟练掌握.dwg 文件的灵活显示方法。

2. 操作提示

（1）执行菜单栏中的"文件"→"打开"命令，打开"选择文件"对话框。

（2）打开一个图形文件。

（3）对其进行实时缩放、局部放大等显示操作。

第3章

二维绘图命令

二维图形是指在二维平面空间绘制的图形，主要由一些图形元素组成，如点、直线、圆弧、圆、椭圆、矩形、多边形、多段线、样条曲线、多线等几何元素。AutoCAD 2020 提供了大量的绘图工具，可以帮助用户完成二维图形的绘制。

- ☑ 直线类
- ☑ 圆类图形
- ☑ 平面图形
- ☑ 点

- ☑ 多段线
- ☑ 样条曲线
- ☑ 多线

任务驱动&项目案例

3.1　直　线　类

直线类命令主要包括"直线"和"构造线"命令。这两个命令是 AutoCAD 2020 中最简单的绘图命令。

3.1.1　绘制线段

不论多么复杂的图形，都是由点、直线、圆弧等按不同的粗细、间隔、颜色组合而成。其中直线是 AutoCAD 绘图中最简单、最基本的一种图形单元，连续的直线可以组成折线，直线与圆弧的组合又可以组成多段线。直线在机械制图中常用于表达物体棱边或平面的投影，在建筑制图中则常用于建筑平面投影。在这里暂时不关注直线段的颜色、粗细、间隔等属性，先简单讲述一下怎样开始绘制一条基本的直线段。

1. 执行方式

☑ 命令行：LINE 或 L。

☑ 菜单栏："绘图"→"直线"。

☑ 工具栏："绘图"→"直线" ✏。

☑ 功能区："默认"→"绘图"→"直线" ✏。

2. 操作步骤

命令：LINE✔
指定第一个点：（输入直线段的起点，用鼠标指定点或者给定点的坐标）
指定下一点或 [放弃(U)]：（输入直线段的端点，也可以用鼠标指定一定角度后，直接输入直线段的长度）
指定下一点或 [退出(E)/放弃(U)]：（输入下一直线段的端点。输入 U 表示放弃前面的输入；右击或按 Enter 键，结束命令）
指定下一点或 [关闭(C)/退出(X)/放弃(U)]：（输入下一直线段的端点，或输入 C 使图形闭合，结束命令）

3. 选项说明

（1）若按 Enter 键响应"指定第一个点"的提示，则系统会把上次绘线（或弧）的终点作为本次操作的起始点。需要特别指出的是，若上次操作为绘制圆弧，按 Enter 键响应后，将绘出通过圆弧终点的与该圆弧相切的直线段，该线段的长度由鼠标在屏幕上指定的一点与切点之间线段的长度确定。

（2）在"指定下一点"的提示下，用户可以指定多个端点，从而绘出多条直线段。但是，每条直线段都是一个独立的对象，可以进行单独的编辑操作。

（3）绘制两条以上的直线段后，若用选项 C 响应"指定下一点"的提示，系统会自动连接起始点和最后一个端点，从而绘制出封闭的图形。

（4）若用选项 U 响应提示，则会擦除最近一次绘制的直线段。

（5）若设置正交方式（单击状态栏上的"正交"按钮 ），则只能绘制水平直线段或垂直直线段。

（6）若设置动态数据输入方式（单击状态栏上的"动态输入"按钮 ），则可以动态输入坐标或长度值。后面的命令同样可以设置动态数据输入方式，效果与非动态数据输入方式类似。除特别需要外（以后不再强调），一般只按非动态数据输入方式输入相关数据。

3.1.2 实例——方桌

本实例通过对图层的设置来限定线宽，再利用"直线"命令绘制连续线段，从而绘制出方桌，绘制流程如图 3-1 所示。

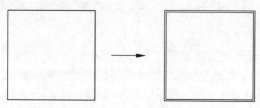

图 3-1 绘制方桌

操作步骤

（1）创建新图层并命名。单击"默认"选项卡"图层"面板中的"图层特性"按钮，弹出"图层特性管理器"对话框，单击"新建图层"按钮，即建立名为"图层 1"的新图层，如图 3-2 所示。

图 3-2 "图层特性管理器"对话框

（2）重新命名该图层，双击"图层 1" 3 个字所在位置，输入 1，即新的图层被命名为"1"。用相同方法建立新图层，并命名为"2"。

（3）设置图层颜色属性。单击"1"图层的颜色属性■白色，弹出如图 3-3 所示的"选择颜色"对话框。单击其中的黄色，然后单击"确定"按钮，可以看到图 3-2 所示的"图层特性管理器"对话框中，"1"图层的颜色变为黄色。用同样的方法，将"2"图层设为绿色。

（4）设置线型属性。在如图 3-2 所示的"图层特性管理器"对话框中单击"1"图层的线型属性Continuous，弹出如图 3-4 所示的"选择线型"对话框。

图 3-3 "选择颜色"对话框

图 3-4 "选择线型"对话框

如果要加载一个名为 CENTER 的线型，单击"加载"按钮，用户可以在该界面下加载需要的线型，本例中的线型均为 Continuous。弹出"加载或重载线型"对话框，如图 3-5 所示，找到线型 CENTER，单击"确定"按钮。该对话框即会加载 CENTER 线型，如图 3-6 所示。

图 3-5 "加载或重载线型"对话框

图 3-6 加载 CENTER 线型

（5）设定线宽属性。单击"1"图层线宽属性"默认"，弹出如图 3-7 所示的"线宽"对话框。选择 0.30mm 的线宽，单击"确定"按钮，则将粗实线图层的线宽设定为 0.30mm，其颜色为黄色。

（6）设定其他图层。在本例中，一共建立两个图层，其属性如下。

① "1"图层，颜色为黄色，线宽为 0.30mm，其余属性默认。

② "2"图层，颜色为绿色，其余选项默认。

结果如图 3-8 所示，其属性下拉列表如图 3-9 所示。

图 3-7 "线宽"对话框

图 3-8 新建图层及其属性

（7）将"1"图层设为当前图层，关闭状态栏上的"动态输入"按钮 🔲。单击"默认"选项卡"绘图"面板中的"直线"按钮 ╱，绘制连续线段作为餐桌的外轮廓。命令行提示与操作如下：

```
命令: _line↵
指定第一个点: 0,0↵
指定下一点或 [放弃(U)]: @1200,0↵
指定下一点或 [退出(E)/放弃(U)]: @0,1200↵
指定下一点或 [关闭(C)/退出(X)/放弃(U)]: @-1200,0↵
指定下一点或 [关闭(C)/退出(X)/放弃(U)]: c↵
```

单击状态栏中的"线宽"按钮 ☰，显示线宽绘制结果，如图 3-10 所示。

（8）将"2"图层设为当前图层，单击"默认"选项卡"绘图"面板中的"直线"按钮 ╱，绘制餐桌内轮廓，命令行提示如下：

```
命令: _line↵
指定第一个点: 20,20↵
指定下一点或 [放弃(U)]: @1160,0↵
指定下一点或 [退出(E)/放弃(U)]: @0,1160↵
指定下一点或 [关闭(C)/退出(X)/放弃(U)]: @-1160,0↵
指定下一点或 [关闭(C)/退出(X)/放弃(U)]: c↵
```

绘制结果如图 3-11 所示。

图 3-9　图层属性下拉列表　　　　图 3-10　绘制连续线段　　　　图 3-11　绘制餐桌内轮廓

（9）单击快速访问工具栏中的"保存"按钮，打开如图 3-12 所示的"图形另存为"对话框，保存图形。

图 3-12　"图形另存为"对话框

注意: （1）一般每个命令有 4 种执行方式，这里只给出了命令行执行方式，其他三种执行方式的操作方法与命令行执行方式相同。

（2）输入坐标值时，一定要在英文状态下输入逗号，否则会出现错误。

3.1.3　数据输入方法

在 AutoCAD 2020 中，点的坐标可以用直角坐标、极坐标、球面坐标和柱面坐标表示，每一种坐标又分别具有两种坐标输入方式，即绝对坐标和相对坐标。其中，直角坐标和极坐标最为常用，下面主要介绍它们的输入。

（1）直角坐标法。即用点的 X、Y 坐标值表示的坐标。

例如，在命令行输入点的坐标提示下输入"15,18"，则表示输入了一个 X、Y 的坐标值分别为 15、18 的点，此为绝对坐标输入方式，表示该点的坐标是相对于当前坐标原点的坐标值，如图 3-13（a）所示。如果输入"@10,20"，则为相对坐标输入方式，表示该点的坐标是相对于前一点的坐标值，如图 3-13（b）所示。

（2）极坐标法。即用长度和角度表示的坐标，只能用来表示二维点的坐标。

在绝对坐标输入方式下，表示为"长度<角度"，如"25<50"，其中长度为该点到坐标原点的距离，角度为该点至原点的连线与 X 轴正向的夹角，如图 3-13（c）所示。

在相对坐标输入方式下，表示为"@长度<角度"，如"@25<45"，其中长度为该点到前一点的距离，角度为该点至前一点的连线与 X 轴正向的夹角，如图 3-13（d）所示。

图 3-13　数据输入方法

（3）动态数据输入。单击状态栏中的"动态输入"按钮 ，系统打开动态输入功能，可以在屏幕上动态地输入某些参数数据，例如，绘制直线时，在光标附近，会动态地显示"指定第一个点"，以及后面的坐标框，当前显示的是光标所在位置，可以输入数据，两个数据之间以逗号隔开，如图 3-14 所示。指定第一个点后，系统动态显示直线的角度，同时要求输入线段长度值，如图 3-15 所示，其输入效果与"@长度<角度"方式相同。

下面分别讲述点与距离值的输入方法。

（4）点的输入。绘图过程中，常需要输入点的位置，AutoCAD 提供了如下几种输入点的方式。

- ☑ 用键盘直接在命令行窗口中输入点的坐标。直角坐标有两种输入方式，即"X,Y"（点的绝对坐标值，如"100,50"）和"@X,Y"（相对于前一点的相对坐标值，如"@50,-30"）。坐标值均相对于当前的用户坐标系。
- ☑ 极坐标的输入方式为：长度<角度（其中，长度为点到坐标原点的距离，角度为原点至该点连线与 X 轴的正向夹角，如"20<45"）或"@长度<角度"（相对于前一点的相对极坐标，如"@50 <-30"）。
- ☑ 用鼠标等定标设备移动光标并单击鼠标左键在屏幕上直接取点。
- ☑ 用目标捕捉方式捕捉屏幕上已有图形的特殊点（如端点、中点、中心点、插入点、交点、切点、垂足点等）。
- ☑ 直接距离输入：先用光标拖拉出橡筋线确定方向，然后用键盘输入距离，这样有利于准确控制对象的长度等参数。如要绘制一条 10mm 长的线段，命令行提示与操作如下：

```
命令：line✓
指定第一个点：（在绘图区指定一点）
指定下一点或 [放弃(U)]：
```

这时在屏幕上移动鼠标指明线段的方向（但不要单击鼠标左键确认），如图 3-16 所示，然后在命令行中输入"10"，这样就在指定方向上准确地绘制出了长度为 10mm 的线段。

图 3-14　动态输入坐标值　　　　图 3-15　动态输入长度值　　　　图 3-16　绘制线段

（5）距离值的输入。在 AutoCAD 2020 命令中，有时需要提供高度、宽度、半径、长度等距离值。

AutoCAD 2020 提供了两种输入距离值的方式：一种是用键盘在命令行窗口中直接输入数值；另一种是在屏幕上拾取两点，以两点的距离值定出所需数值。

3.1.4　实例——利用动态输入绘制标高符号

本实例主要练习执行"直线"命令后，在动态输入功能下绘制标高符号，绘制流程如图 3-17 所示。

图 3-17　绘制标高符号的流程图

操作步骤

（1）系统默认打开动态输入，如果动态输入没有打开，单击状态栏中的"动态输入"按钮 ，打开动态输入。单击"默认"选项卡"绘图"面板中的"直线"按钮／，在动态输入框中输入第一点坐标为（100,100），如图 3-18 所示。按 Enter 键确认 P1 点。

（2）拖动鼠标，然后在动态输入框中输入长度为 40，按 Tab 键切换到角度输入框，输入角度为 135，如图 3-19 所示，按 Enter 键确认 P2 点。

图 3-18　确定 P1 点　　　　　　　　图 3-19　确定 P2 点

（3）拖动鼠标，在鼠标位置为 135° 时，动态输入"40"，如图 3-20 所示，按 Enter 键确认 P3 点。

图 3-20　确定 P3 点

（4）拖动鼠标，然后在动态输入框中输入相对直角坐标（@180，0），按 Enter 键确认 P4 点，如图 3-21 所示。也可以拖动鼠标，在鼠标位置为 0° 时，动态输入"180"，如图 3-22 所示，按 Enter 键确认 P4 点，则完成绘制。

图 3-21　确定 P4 点（相对直角坐标方式）

图 3-22　确定 P4 点

3.1.5　绘制构造线

构造线即是无穷长度的直线，用于模拟手工作图中的辅助作图线。构造线用特殊的线型显示，在图形输出时可不做输出。

1. 执行方式

☑ 命令行：XLINE 或 XL。

☑ 菜单栏："绘图" → "构造线"。

☑ 工具栏："绘图" → "构造线" 。

☑ 功能区："默认" → "绘图" → "构造线" 。

2. 操作步骤

```
命令：XLINE✓
指定点或 [水平(H)/垂直(V)/角度(A)/二等分(B)/偏移(O)]：（给出点）
指定通过点：（给定通过点 2，画一条双向的无限长直线）
指定通过点：（继续给点，继续画线，按 Enter 键，结束命令）
```

3. 选项说明

（1）执行选项中有"指定点""水平""垂直""角度""二等分""偏移"6种方式可绘制构造线。

（2）这种线可以模拟手工绘图中的辅助绘图线，用特殊的线型显示，在绘图输出时，可不做输出。常用于辅助绘图。

3.2　圆类图形

圆类命令主要包括"圆""圆弧""椭圆""椭圆弧""圆环"等，这几个命令是 AutoCAD 2020 中较简单的圆类命令。

3.2.1　绘制圆

圆是最简单的封闭曲线，也是绘制工程图形时经常用到的图形单元。

1. 执行方式

☑ 命令行：CIRCLE 或 C。

☑ 菜单栏："绘图" → "圆"。

☑ 工具栏："绘图" → "圆" 。

☑ 功能区："默认" → "绘图" → "圆"下拉菜单。

2. 操作步骤

```
命令：CIRCLE↙
指定圆的圆心或 [三点(3P)/两点(2P)/切点、切点、半径(T)]:（指定圆心）
指定圆的半径或 [直径(D)]:（直接输入半径数值或用鼠标指定半径长度）
```

3. 选项说明

（1）三点（3P）

用指定圆周上三点的方法画圆。

（2）两点（2P）

按指定直径的两端点的方法画圆。

（3）切点、切点、半径（T）

按先指定两个相切对象，后给出半径的方法画圆。

功能区中的"圆"下拉列表中有一种"相切、相切、相切"方法，当选择此方式时，命令行提示如下：

```
指定圆上的第一个点：_tan 到:（指定相切的第一个圆弧）
指定圆上的第二个点：_tan 到:（指定相切的第二个圆弧）
```

3.2.2　实例——擦背床

本实例利用"直线"命令绘制矩形轮廓，再用"圆"命令绘制圆，最后绘制擦背床，绘制流程如图3-23所示。

视频讲解

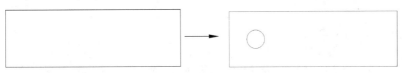

图 3-23　绘制擦背床

操作步骤

（1）单击"默认"选项卡"绘图"面板中的"直线"按钮 ，取适当尺寸，绘制矩形外轮廓，如图 3-24 所示。

（2）单击"默认"选项卡"绘图"面板中的"圆"按钮 ，绘制圆，命令行提示与操作如下：

```
命令：_circle
指定圆的圆心或 [三点(3P)/两点(2P)/切点、切点、半径(T)]：（在适当位置指定一点）
指定圆的半径或 [直径(D)]：（用鼠标适当指定一点）
```

绘制结果如图 3-25 所示。

图 3-24　绘制外轮廓　　　　　　　　　　　　　图 3-25　擦背床

（3）单击快速访问工具栏中的"保存"按钮 ，保存图形，命令行提示与操作如下：

```
命令：_qsave（将绘制完成的图形以"擦背床.dwg"为文件名保存在指定的路径中）
```

3.2.3　绘制圆弧

圆弧是圆的一部分。在工程造型中，圆弧的使用比圆更普遍。通常强调的"流线型"造型或圆润的造型实际上就是圆弧造型。

1. 执行方式

☑ 命令行：ARC 或 A。

☑ 菜单栏："绘图"→"圆弧"。

☑ 工具栏："绘图"→"圆弧" 。

☑ 功能区："默认"→"绘图"→"圆弧" 。

2. 操作步骤

```
命令：ARC
指定圆弧的起点或 [圆心(C)]：（指定起点）
指定圆弧的第二个点或 [圆心(C)/端点(E)]：（指定第二点）
指定圆弧的端点：（指定端点）
```

3. 选项说明

（1）用命令行方式绘制圆弧时，可以根据系统提示选择不同的选项，具体功能和用"圆弧"下拉列表提供的 11 种方式的功能相似。

（2）需要强调的是"连续"方式，绘制的圆弧与上一线段或圆弧相切，继续绘制圆弧段，因此提供端点即可。

视频讲解

Note

3.2.4　实例——吧凳

本实例利用"圆"命令绘制座板，再利用"直线""圆弧"命令绘制靠背，绘制流程如图 3-26 所示。

图 3-26　绘制吧凳

操作步骤

（1）单击"默认"选项卡"绘图"面板中的"圆"按钮⊙，绘制一个适当大小的圆，如图 3-27 所示。

（2）激活状态栏上的"对象捕捉"按钮□、"对象捕捉追踪"按钮∠以及"正交"按钮∟。单击"默认"选项卡"绘图"面板中的"直线"按钮╱，命令行提示与操作如下：

命令：LINE↙
指定第一个点：（用鼠标在刚才绘制的圆弧上左上方捕捉一点）
指定下一点或 [放弃(U)]：（水平向左适当指定一点）
指定下一点或 [退出(E)/放弃(U)]：
命令：LINE↙
指定第一个点：（用鼠标捕捉到刚绘制的直线右端点，向右拖曳鼠标，拉出一条水平追踪线，如图 3-28 所示，捕捉追踪线与右边圆弧的交点）
指定下一点或 [放弃(U)]：（水平向右适当指定一点，使线段的长度与刚绘制的线段长度大致相等）
指定下一点或 [退出(E)/放弃(U)]：

绘制结果如图 3-29 所示。

（3）单击"默认"选项卡"绘图"面板中的"圆弧"按钮╱，绘制圆弧段，命令行提示与操作如下：

命令：_arc↙
指定圆弧的起点或 [圆心(C)]：（指定右边线段的右端点）
指定圆弧的第二个点或 [圆心(C)/端点(E)]：e↙
指定圆弧的端点：（指定左边线段的左端点）
指定圆弧的中心点(按住 Ctrl 键以切换方向)或[角度(A)/方向(D)/半径(R)]：（捕捉圆心）

绘制结果如图 3-30 所示。

图 3-27　绘制圆　　　　图 3-28　捕捉追踪　　　图 3-29　绘制线段　　　图 3-30　吧凳

3.2.5　绘制圆环

1. 执行方式

- ☑ 命令行：DONUT 或 DO。
- ☑ 菜单栏："绘图" → "圆环"。
- ☑ 功能区："默认" → "绘图" → "圆环" ◎。

2. 操作步骤

命令：DONUT↙
指定圆环的内径 <默认值>：（指定圆环内径）
指定圆环的外径 <默认值>：（指定圆环外径）
指定圆环的中心点或 <退出>：（指定圆环的中心点）
指定圆环的中心点或 <退出>：（继续指定圆环的中心点，则继续绘制具有相同内外径的圆环。按 Enter
键或空格键或右击，结束命令）

3. 选项说明

（1）若指定内径为 0，则画出实心填充圆。
（2）用 FILL 命令可以控制是否填充圆环。

命令：FILL↙
输入模式 [开(ON)/关(OFF)] <开>：（选择 ON 表示填充，选择 OFF 表示不填充）

3.2.6　绘制椭圆与椭圆弧

椭圆也是一种典型的封闭曲线图形（圆在某种意义上可以看成是椭圆的特例）。椭圆在工程图形中的应用不多，只在某些特殊造型，例如室内设计单元中的浴盆、桌子等造型或机械造型中的杆状结构的截面形状等图形中才会出现。

1. 执行方式

- ☑ 命令行：ELLIPSE。
- ☑ 菜单栏："绘图" → "椭圆" → "圆弧"。
- ☑ 工具栏："绘图" → "椭圆" ◯ 或 "绘图" → "椭圆弧" ◌。
- ☑ 功能区："默认" → "绘图" → "椭圆" 下拉菜单。

2. 操作步骤

命令：ELLIPSE↙
指定椭圆的轴端点或 [圆弧(A)/中心点(C)]：
指定轴的另一个端点：
指定另一条半轴长度或 [旋转(R)]：

3. 选项说明

（1）指定椭圆的轴端点
根据两个端点，定义椭圆的第一条轴。第一条轴的角度确定了整个椭圆的角度。第一条轴既可定义为椭圆的长轴，也可定义为椭圆的短轴。
（2）圆弧（A）
该选项用于创建一段椭圆弧，与单击"绘图"工具栏中的"椭圆弧"按钮功能相同。其中第一条轴的角度确定了椭圆弧的角度。第一条轴既可定义为椭圆弧长轴，也可定义为椭圆弧短轴。选择该选项，系统继续提示：

> 指定椭圆弧的轴端点或 [中心点(C)]：（指定端点或输入"C"）
> 指定轴的另一个端点：（指定另一端点）
> 指定另一条半轴长度或 [旋转(R)]：（指定另一条半轴长度或输入"R"）
> 指定起始角度或 [参数(P)]：（指定起始角度或输入"P"）
> 指定端点角度或 [参数(P)/夹角(I)]：

其中各选项含义如下。
- ☑ 角度：指定椭圆弧端点的两种方式之一，光标与椭圆中心点连线的夹角为椭圆弧端点位置的角度。
- ☑ 参数（P）：指定椭圆弧端点的另一种方式，该方式同样是指定椭圆弧端点的角度，通过以下矢量参数方程式创建椭圆弧：

$$P(u)=c+a\times\cos u+b\times\sin u$$

其中，c 是椭圆的中心点，a 和 b 分别是椭圆的长轴和短轴，u 为光标与椭圆中心点连线的夹角。
- ☑ 夹角（I）：定义从起始角度开始的夹角。

（3）中心点（C）

通过指定的中心点创建椭圆。

（4）旋转（R）

通过绕第一条轴旋转圆来创建椭圆。相当于将一个圆绕椭圆轴翻转一个角度后的投影视图。

3.2.7　实例——马桶

本实例主要介绍椭圆弧绘制方法的具体应用。首先利用"椭圆弧"命令绘制马桶外沿，然后利用"直线"命令绘制马桶后沿和水箱，绘制流程如图 3-31 所示。

图 3-31　绘制马桶

操作步骤

（1）单击"默认"选项卡"绘图"面板中的"椭圆弧"按钮，绘制马桶外沿，命令行提示与操作如下：

> 命令：_ellipse↙
> 指定椭圆的轴端点或 [圆弧(A)/中心点(C)]：_a↙
> 指定椭圆弧的轴端点或 [中心点(C)]：c↙
> 指定椭圆弧的中心点：（指定一点）
> 指定轴的端点：（适当指定一点）
> 指定另一条半轴长度或 [旋转(R)]：（适当指定一点）
> 指定起点角度或 [参数(P)]：（指定下面适当位置一点）
> 指定端点角度或 [参数(P)/夹角(I)]：（指定正上方适当位置一点）

绘制结果如图 3-32 所示。

（2）单击"默认"选项卡"绘图"面板中的"直线"按钮 ╱，连接椭圆弧两个端点，绘制马桶后沿，结果如图 3-33 所示。

（3）单击"默认"选项卡"绘图"面板中的"直线"按钮 ╱，取适当的尺寸，在左边绘制一个矩形框作为水箱，最终结果如图 3-34 所示。

| 图 3-32　绘制马桶外沿 | 图 3-33　绘制马桶后沿 | 图 3-34　绘制水箱 |

> 注意：本例中指定起点角度和端点角度的点时不要将两个点的顺序指定反了，因为系统默认的旋转方向是逆时针，如果指定反了，得出的结果可能和预期的刚好相反。

3.3　平 面 图 形

简单的平面图形命令包括"矩形"和"正多边形"命令。

3.3.1　绘制矩形

矩形是最简单的封闭直线图形。在机械制图中常用来表达平行投影平面的面。在建筑制图中常用来表达墙体平面。

1. 执行方式

☑ 命令行：RECTANG 或 REC。
☑ 菜单栏："绘图"→"矩形"。
☑ 工具栏："绘图"→"矩形" □ 。
☑ 功能区："默认"→"绘图"→"矩形" □ 。

2. 操作步骤

```
命令：RECTANG↙
指定第一个角点或 [倒角(C)/标高(E)/圆角(F)/厚度(T)/宽度(W)]:
指定另一个角点或 [面积(A)/尺寸(D)/旋转(R)]:
```

3. 选项说明

（1）第一个角点

通过指定两个角点来确定矩形，如图 3-35（a）所示。

（2）倒角（C）

指定倒角距离，绘制带倒角的矩形（如图 3-35（b）所示），每个角点的逆时针和顺时针方向的倒角可以相同，也可以不同，其中第一个倒角距离是指角点逆时针方向的倒角距离，第二个倒角距离是指角点顺时针方向的倒角距离。

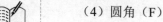

（3）标高（E）

指定矩形标高（Z 坐标），即把矩形绘制在标高为 Z，且与 XOY 坐标面平行的平面上，并作为后续矩形的标高值。

（4）圆角（F）

指定圆角半径，绘制带圆角的矩形，如图 3-35（c）所示。

（5）厚度（T）

指定矩形的厚度，如图 3-35（d）所示。

（6）宽度（W）

指定线宽，如图 3-35（e）所示。

（a）　　　　　（b）　　　　　（c）　　　　　（d）　　　　　（e）

图 3-35　绘制矩形

（7）尺寸（D）

使用长和宽创建矩形。第二个指定点将矩形定位在以第一角点为中心的 4 个位置之一处。

（8）面积（A）

通过指定面积和长或宽来创建矩形。选择该选项，命令行提示如下：

```
输入以当前单位计算的矩形面积 <20.0000>：（输入面积值）
计算矩形标注时依据 [长度(L)/宽度(W)] <长度>：（按 Enter 键或输入"W"）
输入矩形长度 <4.0000>：（指定长度或宽度）
```

指定长度或宽度后，系统自动计算出另一个维度后绘制出矩形。如果矩形被倒角或圆角，则在长度或宽度计算中会考虑此设置，如图 3-36 所示。

（9）旋转（R）

旋转所绘制矩形的角度。选择该选项，命令行提示如下：

```
指定旋转角度或 [拾取点(P)] <135>：（指定角度）
指定另一个角点或 [面积(A)/尺寸(D)/旋转(R)]：（指定另一个角点或选择其他选项）
```

指定旋转角度后，系统按指定旋转角度创建矩形，如图 3-37 所示。

倒角距离(1,1)　　　圆角半径: 1.0
面积: 20　长度: 6　面积: 20　宽度: 6

图 3-36　按面积绘制矩形　　　　　　图 3-37　按指定旋转角度创建矩形

3.3.2　实例——边桌

本实例主要介绍矩形绘制方法的具体应用。首先利用"矩形"命令绘制矩形，然后利用"圆弧"和"直线"命令完成绘制，绘制流程如图 3-38 所示。

图 3-38 边桌绘制流程

操作步骤

（1）单击"默认"选项卡"绘图"面板中的"矩形"按钮 □，绘制初步轮廓线，命令行提示与操作如下：

```
命令：_rectang↙
当前矩形模式：旋转=90
指定第一个角点或 [倒角(C)/标高(E)/圆角(F)/厚度(T)/宽度(W)]：（适当指定一点）
指定另一个角点或 [面积(A)/尺寸(D)/旋转(R)]：（适当指定一点）
```

结果如图 3-39 所示。

（2）单击"默认"选项卡"绘图"面板中的"圆弧"按钮 ⌒，绘制边轮廓线，命令行提示与操作如下：

```
命令：_arc↙
指定圆弧的起点或 [圆心(C)]：c↙
指定圆弧的圆心：（捕捉矩形左上角点）
指定圆弧的起点：（捕捉矩形右上角点）
指定圆弧的端点(按住 Ctrl 键以切换方向)或 [角度(A)/弦长(L)]：a↙
指定夹角(按住 Ctrl 键以切换方向)：90（指定夹角；按 Enter 键或空格键或单击或右击，结束
命令）
```

结果如图 3-40 所示。

（3）单击"默认"选项卡"绘图"面板中的"直线"按钮 ╱，连接圆弧端点和矩形左上角点，完成绘制，结果如图 3-41 所示。

图 3-39 绘制矩形   图 3-40 绘制圆弧   图 3-41 绘制直线

3.3.3 绘制正多边形

正多边形是相对复杂的一种平面图形，人类曾经为找到准确的手工绘制正多边形的方法而长期不断求索。伟大的数学家高斯因发现正十七边形的绘制方法而享誉终身，以至他的墓碑被设计成正十七边形。现在利用 AutoCAD 可以轻松地绘制任意边的正多边形。

1. 执行方式

☑ 命令行：POLYGON 或 POL。

☑ 菜单栏："绘图"→"正多边形"。

☑ 工具栏："绘图"→"正多边形" ⬠。

☑ 功能区："默认"→"绘图"→"多边形" ⬠。

2. 操作步骤

> 命令：POLYGON↙
> 输入侧面数 <4>:（指定多边形的边数，默认值为 4）
> 指定正多边形的中心点或 [边(E)]:（指定中心点）
> 输入选项 [内接于圆(I)/外切于圆(C)] <I>:（指定是内接于圆或外切于圆，I 表示内接于圆，如图 3-42（a）所示，C 表示外切于圆，如图 3-42（b）所示）
> 指定圆的半径:（指定外接圆或内切圆的半径）

3. 选项说明

如果选择"边"选项，则只要指定多边形的一条边，系统就会按逆时针方向创建该正多边形，如图 3-42（c）所示。

图 3-42　绘制正多边形

3.3.4　实例——八角凳

本实例主要利用"正多边形"命令绘制八角凳的内轮廓和外轮廓，绘制流程如图 3-43 所示。

操作步骤

（1）单击"默认"选项卡"绘图"面板中的"多边形"按钮⬠，绘制外轮廓线，命令行提示与操作如下：

> 命令：polygon↙
> 输入侧面数 <4>: 8
> 指定正多边形的中心点或 [边(E)]: 0,0↙
> 输入选项 [内接于圆(I)/外切于圆(C)] <I>: c↙
> 指定圆的半径: 100↙

绘制结果如图 3-44 所示。

（2）用同样的方法绘制另一个中心点在（0,0）的正八边形，其内切圆半径为 95，绘制结果如图 3-45 所示。

图 3-43　绘制八角凳　　　图 3-44　绘制轮廓线图　　　图 3-45　八角凳

3.4 点

点在 AutoCAD 2020 中有多种不同的表示方式，用户可以根据需要进行设置，也可以设置等分点和测量点。

3.4.1 绘制点

通常认为，点是最简单的图形单元。在工程图形中，点通常用来标定某个特殊的坐标位置，或者作为某个绘制步骤的起点和基础。为了使点更明显，AutoCAD 为点设置了各种样式，用户可以根据需要来选择。

1. 执行方式

☑ 命令行：POINT 或 PO。
☑ 菜单栏："绘图" → "点"。
☑ 工具栏："绘图" → "点" 〓。
☑ 功能区："默认" → "绘图" → "多点" 〓。

2. 操作步骤

```
命令：POINT↙
当前点模式：PDMODE=0  PDSIZE=0.0000
指定点：（指定点所在的位置）
```

3. 选项说明

（1）通过菜单进行操作时（如图 3-46 所示），"单点"命令表示只输入一个点，"多点"命令表示可输入多个点。

（2）可以单击状态栏中的"对象捕捉"开关按钮设置点的捕捉模式，帮助用户拾取点。

（3）点在图形中的表示样式共有 20 种。可通过 DDPTYPE 命令或执行菜单栏中的"格式"→"点样式"命令，打开"点样式"对话框来设置点样式，如图 3-47 所示。

图 3-46 "点"子菜单

图 3-47 "点样式"对话框

3.4.2 绘制等分点

有时需要把某个线段或曲线按一定的份数等分。这一点在手工绘图中很难实现，但在 AutoCAD 中可以通过相关命令轻松完成。

1. 执行方式

☑ 命令行：DIVIDE 或 DIV。

☑ 菜单栏："绘图"→"点"→"定数等分"。

☑ 功能区："默认"→"绘图"→"定数等分" 。

2. 操作步骤

> 命令：DIVIDE↙
> 选择要定数等分的对象：（选择要等分的实体）
> 输入线段数目或 [块(B)]：（指定实体的等分数目）

3. 选项说明

（1）等分数目范围为 2～32767。

（2）在等分点处，按当前的点样式设置画出等分点。

（3）在第二行提示选择"块（B）"选项时，表示在等分点处插入指定的块（BLOCK）。

3.4.3 绘制测量点

和定数等分类似，有时需要把某个线段或曲线按给定的长度为单元进行等分。在 AutoCAD 中，可以通过相关命令来完成。

1. 执行方式

☑ 命令行：MEASURE 或 ME。

☑ 菜单栏："绘图"→"点"→"定距等分"。

☑ 功能区："默认"→"绘图"→"定距等分" 。

2. 操作步骤

> 命令：MEASURE↙
> 选择要定距等分的对象：（选择要设置测量点的实体）
> 指定线段长度或 [块(B)]：（指定分段长度）

3. 选项说明

（1）设置的起点一般是指指定线段的绘制起点。

（2）在第二行提示选择"（B）"选项时，表示在测量点处插入指定的块，后续操作与 3.4.2 节中等分点的绘制类似。

（3）在测量点处，按当前的点样式设置绘制测量点。

（4）最后一个测量段的长度不一定等于指定分段的长度。

3.4.4　实例——地毯

本实例主要是执行"矩形"命令绘制轮廓后，再利用"点"命令绘制装饰，绘制流程如图 3-48 所示。

操作步骤

（1）执行菜单栏中的"格式"→"点样式"命令，在弹出的"点样式"对话框中选择"O"样式，如图 3-49 所示。

图 3-48　绘制地毯

图 3-49　"点样式"对话框

（2）绘制轮廓线。

① 单击"默认"选项卡"绘图"面板中的"矩形"按钮 □，绘制地毯外轮廓线，命令行提示与操作如下：

```
命令: rectang↵
当前矩形模式:  旋转=90
指定第一个角点或 [倒角(C)/标高(E)/圆角(F)/厚度(T)/宽度(W)]: 100,100↵
指定另一个角点或 [面积(A)/尺寸(D)/旋转(R)]: @800,1000
```

绘制结果如图 3-50 所示。

② 单击"默认"选项卡"绘图"面板中的"多点"按钮 ⋮，绘制地毯内装饰点，命令行提示与操作如下：

```
命令: point↵
当前点模式: PDMODE=33 PDSIZE=20.0000
指定点:（在屏幕上单击）
```

绘制结果如图 3-51 所示。

图 3-50　地毯外轮廓线

图 3-51　地毯内装饰点

3.5 多 段 线

多段线是一种由线段和圆弧组合而成的、不同线宽的多线，这种线由于其组合形式的多样和线宽的不同，弥补了直线或圆弧功能的不足，适合绘制各种复杂的图形轮廓，因而得到了广泛的应用。

3.5.1 绘制多段线

1. 执行方式

☑ 命令行：PLINE 或 PL。
☑ 菜单栏："绘图" → "多段线"。
☑ 工具栏："绘图" → "多段线" 。
☑ 功能区："默认" → "绘图" → "多段线" 。

2. 操作步骤

```
命令：PLINE↙
指定起点：（指定多段线的起点）
当前线宽为 0.0000
指定下一个点或 [圆弧(A)/半宽(H)/长度(L)/放弃(U)/宽度(W)]：（指定多段线的下一点）
```

3. 选项说明

多段线主要由不同长度的连续的线段或圆弧组成，如果在上述提示中选择"圆弧"选项，则命令行提示如下：

```
指定圆弧的端点或[角度(A)/圆心(CE)/闭合(CL)/方向(D)/半宽(H)/直线(L)/半径(R)/第二个
点(S)/放弃(U)/宽度(W)]：
```

3.5.2 编辑多段线

1. 执行方式

☑ 命令行：PEDIT 或 PE。
☑ 菜单栏："修改" → "对象" → "多段线"。
☑ 工具栏："修改 II" → "编辑多段线" 。
☑ 功能区："默认" → "修改" → "编辑多段线" 。
☑ 快捷菜单：选择要编辑的多段线，在绘图区右击，从弹出的快捷菜单中执行"编辑多段线"命令。

2. 操作步骤

```
命令：PEDIT↙
选择多段线或 [多条(M)]：（选择一条要编辑的多段线）
输入选项 [闭合(C)/合并(J)/宽度(W)/编辑顶点(E)/拟合(F)/样条曲线(S)/非曲线化(D)/线型
生成(L)/反转(R)/放弃(U)]：
```

3. 选项说明

（1）合并（J）

以选中的多段线为主体，合并其他直线段、圆弧或多段线，使其成为一条多段线。能合并的条件是各段线的端点首尾相连，如图 3-52 所示。

（2）宽度（W）

修改整条多段线的线宽，使其具有同一线宽，如图 3-53 所示。

图 3-52　合并多段线

图 3-53　修改整条多段线的线宽

（3）编辑顶点（E）

选择该选项后，在多段线起点处出现一个斜的十字叉"×"，为当前顶点的标记，并在命令行出现进行后续操作的提示：

```
[下一个(N)/上一个(P)/打断(B)/插入(I)/移动(M)/重生成(R)/拉直(S)/切向(T)/宽度(W)/退出(X)] <N>:
```

这些选项允许用户进行移动、插入顶点和修改任意两点间的线的线宽等操作。

（4）拟合（F）

从指定的多段线生成由光滑圆弧连接而成的圆弧拟合曲线，该曲线经过多段线的各顶点，如图 3-54 所示。

（5）样条曲线（S）

以指定多段线的各顶点作为控制点生成 B 样条曲线，如图 3-55 所示。

图 3-54　生成圆弧拟合曲线

图 3-55　生成 B 样条曲线

（6）非曲线化（D）

用直线代替指定的多段线中的圆弧。对于选择"拟合（F）"选项或"样条曲线（S）"选项后生成的圆弧拟合曲线或样条曲线，删去其生成曲线时新插入的顶点，恢复成由直线段组成的多段线。

（7）线型生成（L）

当多段线的线型为点画线时，控制多段线的线型生成方式开关。选择该选项，命令行提示如下：

```
输入多段线线型生成选项 [开(ON)/关(OFF)] <关>:
```

选择 ON 时，将在每个顶点处允许以短画开始或结束生成线型，如图 3-56（a）所示；选择 OFF 时，将在每个顶点处允许以长画开始或结束生成线型，如图 3-56（b）所示。"线型生成"不能用于包含带变宽的线段的多段线。

(a) 开　　　　　　　(b) 关

图 3-56　控制多段线的线型（线型为点画线时）

3.5.3　实例——圈椅

本实例主要介绍多段线绘制和多段线编辑方法的具体应用。首先利用"多段线"命令绘制圈椅外圈，然后利用"圆弧"命令绘制内圈，再利用"多段线编辑"命令将所绘制线条合并，最后利用"圆弧"和"直线"命令绘制椅垫，绘制流程如图 3-57 所示。

图 3-57　圈椅绘制流程

操作步骤

（1）单击"默认"选项卡"绘图"面板中的"多段线"按钮 ，绘制外部轮廓，命令行提示与操作如下：

```
命令：_pline↙
指定起点：（适当指定一点）
当前线宽为 0.0000
指定下一点或 [圆弧(A)/半宽(H)/长度(L)/放弃(U)/宽度(W)]：@0,-600↙
指定下一点或 [圆弧(A)/闭合(C)/半宽(H)/长度(L)/放弃(U)/宽度(W)]：@150,0↙
指定下一点或 [圆弧(A)/闭合(C)/半宽(H)/长度(L)/放弃(U)/宽度(W)]：0,600↙
指定下一点或 [圆弧(A)/闭合(C)/半宽(H)/长度(L)/放弃(U)/宽度(W)]：u↙（放弃，表示上一
步操作出错）
指定下一点或 [圆弧(A)/闭合(C)/半宽(H)/长度(L)/放弃(U)/宽度(W)]：@0,600↙
指定下一点或 [圆弧(A)/闭合(C)/半宽(H)/长度(L)/放弃(U)/宽度(W)]：a↙
指定圆弧的端点(按住 Ctrl 键以切换方向)或[角度(A)/圆心(CE)/闭合(CL)/方向(D)/半宽(H)/
直线(L)/半径(R)/第二个点(S)/放弃(U)/宽度(W)]：r↙
指定圆弧的半径：750↙
指定圆弧的端点(按住 Ctrl 键以切换方向)或 [角度(A)]：a↙
指定夹角：180↙
指定圆弧的弦方向(按住 Ctrl 键以切换方向) <90>：180↙
指定圆弧的端点(按住 Ctrl 键以切换方向)或[角度(A)/圆心(CE)/闭合(CL)/方向(D)/半宽(H)/
直线(L)/半径(R)/第二个点(S)/放弃(U)/宽度(W)]：l↙
指定下一点或 [圆弧(A)/闭合(C)/半宽(H)/长度(L)/放弃(U)/宽度(W)]：@0,-600↙
指定下一点或 [圆弧(A)/闭合(C)/半宽(H)/长度(L)/放弃(U)/宽度(W)]：@150,0↙
指定下一点或 [圆弧(A)/闭合(C)/半宽(H)/长度(L)/放弃(U)/宽度(W)]：@0,600↙
指定下一点或 [圆弧(A)/闭合(C)/半宽(H)/长度(L)/放弃(U)/宽度(W)]：
```

绘制结果如图 3-58 所示。

（2）打开状态栏上的"对象捕捉"按钮 ，单击"默认"选项卡"绘图"面板中的"圆弧"按钮 ，绘制内圈，命令行提示与操作如下：

Note

```
命令：_arc↙
指定圆弧的起点或 [圆心(C)]：(捕捉右边竖线上端点)
指定圆弧的第二个点或 [圆心(C)/端点(E)]：e↙
指定圆弧的端点：(捕捉左边竖线上端点)
指定圆弧的中心点(按住 Ctrl 键以切换方向)或 [角度(A)/方向(D)/半径(R)]：d↙
指定圆弧起点的相切方向(按住 Ctrl 键以切换方向)：90↙
```

绘制结果如图 3-59 所示。

图 3-58 绘制外部轮廓

图 3-59 绘制内圈

（3）单击"默认"选项卡"修改"面板中的"编辑多段线"按钮 🖉，将前面绘制的图形合并为多段线。命令行提示与操作如下：

```
命令：_pedit↙
选择多段线或 [多条(M)]：(选择刚绘制的多段线)
输入选项 [闭合(C)/合并(J)/宽度(W)/编辑顶点(E)/拟合(F)/样条曲线(S)/非曲线化(D)/线型
生成(L)/反转(R)/放弃(U)]：j↙
选择对象：(选择刚绘制的圆弧)
选择对象：↙
多段线已增加 1 条线段
输入选项 [打开(O)/合并(J)/宽度(W)/编辑顶点(E)/拟合(F)/样条曲线(S)/非曲线化(D)/线型
生成(L)/反转(R)/放弃(U)]：
```

系统将圆弧和原来的多段线合并成一个新的多段线，选择该多段线，可以看出所有线条都被选中，说明已经合并为一体，如图 3-60 所示。

（4）打开状态栏上的"对象捕捉"按钮 🖻，单击"默认"选项卡"绘图"面板中的"圆弧"按钮 ⌒，绘制椅垫，命令行提示与操作如下：

```
命令：_arc↙
指定圆弧的起点或 [圆心(C)]：(捕捉多段线左边竖线上适当一点)
指定圆弧的第二个点或 [圆心(C)/端点(E)]：(向右上方适当指定一点)
指定圆弧的端点：(捕捉多段线右边竖线上适当一点，与左边点位置大约平齐)
```

绘制结果如图 3-61 所示。

（5）单击"默认"选项卡"绘图"面板中的"直线"按钮 ╱，捕捉适当的点为端点，绘制一条水平线，最终结果如图 3-62 所示。

图 3-60 合并多段线

图 3-61 绘制椅垫

图 3-62 绘制直线

3.6　样　条　曲　线

AutoCAD 2020 使用一种称为非一致有理 B 样条（NURBS）曲线的特殊样条曲线类型。NURBS 曲线在控制点之间产生一条光滑的样条曲线，如图 3-63 所示。样条曲线可用于创建形状不规则的曲线，例如，在地理信息系统（GIS）应用或汽车设计中绘制轮廓线。

图 3-63　样条曲线

3.6.1　绘制样条曲线

1. 执行方式

☑ 命令行：SPLINE。

☑ 菜单栏："绘图"→"样条曲线"→"拟合点"或"控制点"。

☑ 工具栏："绘图"→"样条曲线" $\mathcal{N}$ 。

☑ 功能区："默认"→"绘图"→"样条曲线拟合" $\mathcal{N}$ 或"样条曲线控制点" $\mathcal{N}$ 。

2. 操作步骤

```
命令：SPLINE↙
当前设置：方式=拟合　节点=弦
指定第一个点或 [方式(M)/节点(K)/对象(O)]：_M↙
输入样条曲线创建方式 [拟合(F)/控制点(CV)] <拟合>：_FIT↙
当前设置：方式=拟合　节点=弦
指定第一个点或 [方式(M)/节点(K)/对象(O)]：
输入下一个点或 [起点切向(T)/公差(L)]：
输入下一个点或 [端点相切(T)/公差(L)/放弃(U)]：
```

3. 选项说明

（1）方式（M）

控制是使用拟合点还是使用控制点来创建样条曲线。选项会因选择的是使用拟合点创建样条曲线的选项还是使用控制点创建样条曲线的选项而异。

（2）节点（K）

指定节点参数化，会影响曲线在通过拟合点时的形状（SPLKNOTS 系统变量）。

（3）对象（O）

将二维或三维的二次或三次样条曲线拟合多段线转换为等价的样条曲线，然后（根据 DELOBJ 系统变量的设置）删除该多段线。

（4）起点切向（T）

基于切向创建样条曲线。

（5）公差（L）

指定距样条曲线必须经过的指定拟合点的距离。公差应用于除起点和端点外的所有拟合点。

（6）端点相切（T）

停止基于切向创建曲线。可通过指定拟合点继续创建样条曲线。选择"端点相切"后，将提示指定最后一个输入拟合点的最后一个切点。

> 指定切向：（指定点或按 Enter 键）

用户可以指定一点来定义切向矢量，或者使用"切点"和"垂足"对象捕捉模式使样条曲线与现有对象相切或垂直。

3.6.2　编辑样条曲线

1. 执行方式

- ☑ 命令行：SPLINEDIT。
- ☑ 菜单栏："修改"→"对象"→"样条曲线"。
- ☑ 工具栏："修改 II"→"编辑样条曲线" 。
- ☑ 功能区："默认"→"修改"→"编辑样条曲线" 。
- ☑ 快捷菜单：选择要编辑的样条曲线，在绘图区右击，在打开的快捷菜单中选择"样条曲线"下拉菜单中的选项进行编辑。

2. 操作步骤

> 命令：SPLINEDIT↙
> 　选择样条曲线：（选择要编辑的样条曲线。若选择的样条曲线是用 SPLINE 命令创建的，其近似点以夹点的颜色显示出来；若选择的样条曲线是用 PLINE 命令创建的，其控制点以夹点的颜色显示出来）
> 　输入选项[闭合(C)/合并(J)/拟合数据(F)/编辑顶点(E)/转换为多段线(P)/反转(R)/放弃(U)/退出(X)] <退出>：

3. 选项说明

（1）拟合数据（F）

编辑近似数据。选择该选项后，创建样条曲线时指定的各点将以小方格的形式显示出来。

（2）编辑顶点（E）

编辑样条曲线上的当前点。

（3）转换为多段线（P）

将样条曲线转换为多段线。

精度值决定生成的多段线与样条曲线的接近程度。有效值为 0~99 的任意整数。

（4）反转（R）

反转样条曲线的方向。该选项主要适用于第三方应用程序。

3.6.3　实例——壁灯

本实例主要介绍样条曲线的具体应用。首先利用"直线"命令绘制底座，然后利用"多段线"命令绘制灯罩，最后利用"样条曲线"命令绘制装饰物，绘制流程如图 3-64 所示。

视频讲解

图 3-64　壁灯绘制流程

操作步骤

（1）单击"默认"选项卡"绘图"面板中的"矩形"按钮 □，在适当位置绘制一个 220mm×50mm 的矩形。

（2）单击"默认"选项卡"绘图"面板中的"直线"按钮 ∕，在矩形中绘制 5 条水平直线。结果如图 3-65 所示。

（3）单击"默认"选项卡"绘图"面板中的"多段线"按钮 ⌐，绘制灯罩，命令行提示与操作如下：

> 命令：_pline↙
> 指定起点：（在矩形上方适当位置）
> 当前线宽为 0.0000
> 指定下一个点或 [圆弧(A)/半宽(H)/长度(L)/放弃(U)/宽度(W)]：a↙
> 指定圆弧的端点(按住 Ctrl 键以切换方向)或[角度(A)/圆心(CE)/方向(D)/半宽(H)/直线(L)/半径(R)/第二个点(S)/放弃(U)/宽度(W)]：s↙
> 指定圆弧上的第二个点：（捕捉矩形上边线中点）
> 指定圆弧的端点：
> 指定圆弧的端点(按住 Ctrl 键以切换方向)或[角度(A)/圆心(CE)/闭合(CL)/方向(D)/半宽(H)/直线(L)/半径(R)/第二个点(S)/放弃(U)/宽度(W)]：l↙
> 指定下一点或 [圆弧(A)/闭合(C)/半宽(H)/长度(L)/放弃(U)/宽度(W)]：（捕捉圆弧起点）

重复"多段线"命令，在灯罩上绘制一个不规则四边形，如图 3-66 所示。

图 3-65　绘制底座

图 3-66　绘制灯罩上的不规则四边形

（4）单击"默认"选项卡"绘图"面板中的"样条曲线拟合"按钮 ∿，绘制装饰物，如图 3-67 所示。命令行提示与操作如下：

> 命令：_spline↙
> 当前设置：方式=控制点　阶数=3
> 指定第一个点或 [方式(M)/阶数(D)/对象(O)]：_M↙
> 输入样条曲线创建方式 [拟合(F)/控制点(CV)] <控制点>：_FIT↙

当前设置：方式=拟合　　节点=弦

指定第一个点或 [方式(M)/节点(K)/对象(O)]：

输入下一个点或 [起点切向(T)/公差(L)]：

输入下一个点或 [端点相切(T)/公差(L)/放弃(U)]：

输入下一个点或 [端点相切(T)/公差(L)/放弃(U)/闭合(C)]：

输入下一个点或 [端点相切(T)/公差(L)/放弃(U)/闭合(C)]：

命令：SPLINE↙

当前设置：方式=控制点　　阶数=3

指定第一个点或 [方式(M)/阶数(D)/对象(O)]：_M↙

输入样条曲线创建方式 [拟合(F)/控制点(CV)] <控制点>：_FIT↙

当前设置：方式=拟合　　节点=弦

指定第一个点或 [方式(M)/节点(K)/对象(O)]：

输入下一个点或 [起点切向(T)/公差(L)]：

输入下一个点或 [端点相切(T)/公差(L)/放弃(U)]：

输入下一个点或 [端点相切(T)/公差(L)/放弃(U)/闭合(C)]：

输入下一个点或 [端点相切(T)/公差(L)/放弃(U)/闭合(C)]：

命令：_spline↙

当前设置：方式=控制点　　阶数=3

指定第一个点或 [方式(M)/阶数(D)/对象(O)]：_M↙

输入样条曲线创建方式 [拟合(F)/控制点(CV)] <控制点>：_FIT↙

当前设置：方式=拟合　　节点=弦

指定第一个点或 [方式(M)/节点(K)/对象(O)]：

输入下一个点或 [起点切向(T)/公差(L)]：

输入下一个点或 [端点相切(T)/公差(L)/放弃(U)]：

输入下一个点或 [端点相切(T)/公差(L)/放弃(U)/闭合(C)]：

输入下一个点或 [端点相切(T)/公差(L)/放弃(U)/闭合(C)]：

图 3-67　绘制装饰物

（5）单击"默认"选项卡"绘图"面板中的"多段线"按钮，在矩形的两侧绘制月亮装饰，结果如图 3-64 所示。

3.7　多　　线

多线是一种复合线，由连续的直线段复合组成。多线的一个突出优点是能够提高绘图效率，保证图线之间的统一性。

3.7.1 绘制多线

多线应用的一个最主要的场合是建筑墙线的绘制,在后面的学习中会通过相应的实例帮助读者慢慢体会。

1. 执行方式

☑ 命令行:MLINE。

☑ 菜单栏:"绘图"→"多线"。

2. 操作步骤

命令:MLINE↙
当前设置:对正 = 上,比例 = 20.00,样式 = STANDARD
指定起点或 [对正(J)/比例(S)/样式(ST)]:(指定起点)
指定下一点:(给定下一点)
指定下一点或 [放弃(U)]:(继续给定下一点,绘制线段。输入"U",则放弃前一段的绘制;右击或按 Enter 键,结束命令)
指定下一点或 [闭合(C)/放弃(U)]:(继续给定下一点,绘制线段。输入"C",则闭合线段,结束命令)

3. 选项说明

(1) 对正 (J)

该选项用于给定绘制多线的基准。共有"上(T)""无(Z)""下(B)"3 种对正类型。其中,"上(T)"表示以多线上侧的线为基准,依此类推。

(2) 比例 (S)

选择该选项,要求用户设置平行线的间距。输入值为 0 时,平行线重合;值为负时,多线的排列倒置。

(3) 样式 (ST)

该选项用于设置当前使用的多线样式。

3.7.2 定义多线样式

1. 执行方式

☑ 命令行:MLSTYLE。

2. 操作步骤

执行该命令后,弹出如图 3-68 所示的"多线样式"对话框。在该对话框中可以对多线样式进行定义、保存和加载等操作。

图 3-68 "多线样式"对话框

3.7.3 编辑多线

1. 执行方式

☑ 命令行:MLEDIT。

☑ 菜单栏："修改"→"对象"→"多线"。

2. 操作步骤

执行该命令后,弹出"多线编辑工具"对话框,如图 3-69 所示。

图 3-69 "多线编辑工具"对话框

利用该对话框,可以创建或修改多线的模式。对话框中分 4 列显示了示例图形。其中,第 1 列管理十字交叉形式的多线,第 2 列管理 T 形多线,第 3 列管理拐角接合点和节点形式的多线,第 4 列管理多线被剪切或连接的形式。

选择某个示例图形,然后单击"关闭"按钮,即可调用该项编辑功能。

3.7.4 实例——墙体

本实例利用"构造线"和"偏移"命令绘制辅助线,再利用"多线"命令绘制墙线,最后编辑多线得到所需图形,绘制流程如图 3-70 所示。

图 3-70 绘制墙体

操作步骤

(1)单击"默认"选项卡"绘图"面板中的"构造线"按钮 ,绘制一条水平构造线和一条竖直构造线,组成"十"字形辅助线,如图 3-71 所示。

图 3-71 "十"字形辅助线

（2）单击"默认"选项卡"绘图"面板中的"构造线"按钮，将水平构造线向上偏移 4200，命令行提示与操作如下：

```
命令：XLINE✓
指定点或 [水平(H)/垂直(V)/角度(A)/二等分(B)/偏移(O)]：O✓
指定偏移距离或 [通过(T)] <通过>：4200✓
选择直线对象：（选取上步绘制的直线）
指定向哪侧偏移：（在水平构造线的上方单击）
```

采用相同的方法，将水平构造线依次向上偏移 5100、1800 和 3000，偏移得到的水平构造线如图 3-72 所示。重复"构造线"命令，将垂直构造线依次向右偏移 3900、1800、2100 和 4500，结果如图 3-73 所示。

图 3-72 水平构造线

图 3-73 垂直构造线

（3）执行菜单栏中的"格式"→"多线样式"命令，系统打开"多线样式"对话框，在该对话框中单击"新建"按钮，系统打开"创建新的多线样式"对话框，在"新样式名"文本框中输入"墙体线"，单击"继续"按钮。系统弹出"新建多线样式：墙体线"对话框，进行如图 3-74 所示设置。

（4）执行菜单栏中的"绘图"→"多线"命令，绘制多线墙体，命令行提示与操作如下：

```
命令：MLINE✓
当前设置：对正 = 上，比例 = 20.00，样式 = STANDARD
指定起点或 [对正(J)/比例(S)/样式(ST)]：S✓
输入多线比例 <20.00>：1✓
当前设置：对正 = 上，比例 = 1.00，样式 = STANDARD
指定起点或 [对正(J)/比例(S)/样式(ST)]：J✓
输入对正类型 [上(T)/无(Z)/下(B)] <上>：Z✓
当前设置：对正 = 无，比例 = 1.00，样式 = STANDARD
指定起点或 [对正(J)/比例(S)/样式(ST)]：（在绘制的辅助线交点上指定一点）
指定下一点：（在绘制的辅助线交点上指定下一点）
指定下一点或 [放弃(U)]：（在绘制的辅助线交点上指定下一点）
指定下一点或 [闭合(C)/放弃(U)]：（在绘制的辅助线交点上指定下一点）
指定下一点或 [闭合(C)/放弃(U)]：C✓
```

根据辅助线网格，用相同的方法绘制多线，绘制结果如图 3-75 所示。

图 3-74 设置多线样式

图 3-75 全部多线绘制结果

（5）编辑多线。执行菜单栏中的"修改"→"对象"→"多线"命令，系统弹出"多线编辑工具"对话框，如图 3-76 所示。选择"T 形打开"选项，单击"关闭"按钮后，命令行提示与操作如下：

```
命令：MLEDIT✓
选择第一条多线：（选择多线）
选择第二条多线：（选择多线）
选择第一条多线或 [放弃(U)]：
```

重复编辑多线命令继续进行多线编辑，最终结果如图 3-77 所示。

图 3-76 "多线编辑工具"对话框

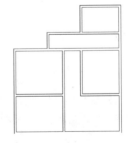

图 3-77 墙体

3.8 实践与操作

通过前面的学习，相信读者对本章知识也有了大体的了解，本节通过几个操作练习使读者进一步掌握本章知识要点。

3.8.1　绘制圆桌

1. 目的要求

本例绘制的是如图 3-78 所示的圆桌，图形涉及的命令主要是"圆"。本实践能够帮助读者灵活掌握圆的绘制方法。

2. 操作提示

（1）利用"圆"命令绘制外沿。
（2）利用"圆"命令结合对象捕捉功能绘制同心内沿。

3.8.2　绘制椅子

1. 目的要求

本例绘制的是如图 3-79 所示的椅子，图形涉及的命令主要是"直线"和"圆弧"。本实践能够帮助读者灵活掌握直线和圆弧的绘制方法。

2. 操作提示

（1）利用"直线"命令绘制基本形状。
（2）利用"圆弧"命令结合对象捕捉功能绘制一些圆弧造型。

图 3-78　圆桌

图 3-79　椅子

3.8.3　绘制盥洗盆

1. 目的要求

本例绘制的是如图 3-80 所示的盥洗盆，图形涉及的命令主要是"矩形""直线""圆""椭圆""椭圆弧"。本实践能够帮助读者灵活掌握各种基本绘图命令的操作方法。

2. 操作提示

（1）利用"直线"命令绘制水龙头图形。
（2）利用"圆"命令绘制两个水龙头旋钮。
（3）利用"椭圆"命令绘制盥洗盆外缘。
（4）利用"椭圆弧"命令绘制盥洗盆内缘。
（5）利用"圆弧"命令完成盥洗盆绘制。

3.8.4 绘制雨伞

1. 目的要求

本例绘制的是如图 3-81 所示的雨伞，图形涉及的命令主要是"圆弧""样条曲线""多段线"命令。本实践能够帮助读者灵活掌握"样条曲线"和"多段线"命令的操作方法。

2. 操作提示

（1）利用"圆弧"命令绘制伞的外框。
（2）利用"样条曲线"命令绘制伞的底边。
（3）利用"圆弧"命令绘制伞面辐条。
（4）利用"多段线"命令绘制伞把。

图 3-80　盥洗盆

图 3-81　雨伞

第 **4** 章

二维编辑命令

　　二维图形的编辑操作配合绘图命令可以进一步完成复杂图形对象的绘制工作，并可使用户合理安排和组织图形，保证绘图准确，减少重复，因此，对编辑命令的熟练掌握和使用有助于提高设计和绘图的效率。本章主要包括选择对象命令、复制类命令、改变位置类命令、删除及恢复类命令、改变几何特性命令和对象编辑等内容。

- ☑ 选择对象
- ☑ 删除及恢复类命令
- ☑ 复制类命令
- ☑ 改变位置类命令

- ☑ 改变几何特性类命令
- ☑ 对象编辑
- ☑ 图案填充

任务驱动&项目案例

4.1 选 择 对 象

选择对象是进行编辑的前提。AutoCAD 提供了多种对象选择方法，如点取方法、用选择窗口选择对象、用选择线选择对象、用对话框选择对象等。

AutoCAD 可以把选择的多个对象组成整体，如选择集和对象组，进行整体编辑与修改。

AutoCAD 提供两种执行效果相同的途径编辑图形。

（1）先执行编辑命令，然后选择要编辑的对象。

（2）先选择要编辑的对象，然后执行编辑命令。

4.1.1 构造选择集

选择集可以仅由一个图形对象构成，也可以是一个复杂的对象组，如位于某一特定层上的具有某种特定颜色的一组对象。选择集的构造可以在调用编辑命令之前或之后进行。

AutoCAD 提供以下几种方法来构造选择集。

（1）先选择一个编辑命令，然后选择对象，按 Enter 键结束操作。

（2）使用 SELECT 命令。在命令提示行输入"SELECT"，然后根据选择的选项，出现选择对象提示，按 Enter 键结束操作。

（3）用点取设备选择对象，然后调用编辑命令。

（4）定义对象组。

无论使用哪种方法，AutoCAD 2020 都将提示用户选择对象，并且光标的形状由十字光标变为拾取框。

下面结合 SELECT 命令说明选择对象的方法。

SELECT 命令可以单独使用，也可以在执行其他编辑命令时被自动调用，此时命令行提示如下：

> 选择对象：

等待用户以某种方式选择对象作为回答。AutoCAD 2020 提供了多种选择方式，可以输入"?"查看这些选择方式。选择选项后，命令行提示如下：

> 需要点或窗口(W)/上一个(L)/窗交(C)/框(BOX)/全部(ALL)/栏选(F)/圈围(WP)/圈交(CP)/编组(G)/添加(A)/删除(R)/多个(M)/前一个(P)/放弃(U)/自动(AU)/单个(SI)/子对象（SU）/对象(O)

部分选项的含义如下。

（1）点

该选项表示直接通过点取的方式选择对象。用鼠标或键盘移动拾取框，使其框住要选取的对象并单击，即会选中该对象并以高亮度显示。

（2）窗口（W）

用由两个对角顶点确定的矩形窗口选取位于其范围内部的所有图形，与边界相交的对象不会被选中。在指定对角顶点时应该按照从左向右的顺序，如图 4-1 所示。

（3）上一个（L）

在"选择对象："提示下输入"L"后，按 Enter 键系统会自动选取最后绘出的一个对象。

（a）图中深色覆盖部分为选择窗口

（b）选择后的图形

图 4-1 "窗口"对象选择方式

（4）窗交（C）

该方式与上述"窗口"方式类似，区别在于它不但选中矩形窗口内部的对象，也选中与矩形窗口边界相交的对象，选择的对象如图 4-2 所示。

（a）图中深色覆盖部分为选择窗口　　　　（b）选择后的图形

图 4-2　"窗交"对象选择方式

（5）框（BOX）

使用时，系统根据用户在屏幕上给出的两个对角点的位置而自动引用"窗口"或"窗交"方式。若从左向右指定对角点，则为"窗口"方式；反之，则为"窗交"方式。

（6）全部（ALL）

选取图面上的所有对象。

（7）栏选（F）

用户临时绘制一些直线，这些直线不必构成封闭图形，凡是与这些直线相交的对象均被选中，绘制结果如图 4-3 所示。

（a）图中虚线为选择栏　　　　（b）选择后的图形

图 4-3　"栏选"对象选择方式

（8）圈围（WP）

使用一个不规则的多边形来选择对象。根据提示，用户顺次输入构成多边形的所有顶点的坐标，最后按 Enter 键结束操作，系统将自动连接第一个顶点到最后一个顶点的各个顶点，形成封闭的多边形。凡是被多边形围住的对象均被选中（不包括边界），执行结果如图 4-4 所示。

（a）图中十字线所拉出深色多边形为选择窗口　　　　（b）选择后的图形

图 4-4　"圈围"对象选择方式

（9）圈交（CP）

类似于"圈围"方式，在"选择对象："提示后输入"CP"，后续操作与"圈围"方式相同。二者区别在于，采用该方式时与多边形边界相交的对象也将被选中。

（10）编组（G）

使用预先定义的对象组作为选择集。事先将若干个对象组成对象组，用组名引用。

（11）添加（A）

添加下一个对象到选择集。也可用于从移走模式（REMOVE）向选择模式切换。

（12）删除（R）

按住 Shift 键选择对象，可以从当前选择集中移走该对象。对象由高亮显示状态变为正常显示状态。

（13）多个（M）

指定多个点，正常显示对象。这种方法可以加快在复杂图形上选择对象的过程。若两个对象交叉，两次指定交叉点，则可以选中这两个对象。

（14）前一个（P）

用关键字 P 回应"选择对象："的提示，则把上次编辑命令中的最后一次构造的选择集或最后一次使用 SELECT 或 DDSELECT 命令预置的选择集作为当前选择集。这种方法适用于对同一选择集进行多种编辑操作的情况。

（15）放弃（U）

用于取消加入选择集的对象。

（16）自动（AU）

选择结果视用户在屏幕上的选择操作而定。如果选中单个对象，则该对象为自动选择的结果；如果选择点落在对象内部或外部的空白处，命令行提示如下：

> 指定对角点：

此时，系统会采取一种窗口的选择方式。对象被选中后，变为虚线形式，并高亮显示。

> **注意**：若矩形框从左向右定义，即第一个选择的对角点为左侧的对角点，矩形框内部的对象被选中，框外部的及与矩形框边界相交的对象不会被选中。若矩形框从右向左定义，矩形框内部及与矩形框边界相交的对象都会被选中。

（17）单个（SI）

选择指定的第一个对象或对象集，而不继续提示进行下一步的选择。

4.1.2　快速选择

绘图过程中，有时需要选择具有某些共同属性的对象来构造选择集，如选择具有相同颜色、线型或线宽的对象，当然可以使用前面介绍的方法来选择这些对象，但如果要选择的对象数量较多且分布在较复杂的图形中，将会产生很大的工作量。AutoCAD 2020 提供了 QSELECT 命令来解决这个问题。调用 QSELECT 命令后，打开"快速选择"对话框，利用该对话框可以根据用户指定的过滤标准快速创建选择集，"快速选择"对话框如图 4-5 所示。

图 4-5　"快速选择"对话框

1. 执行方式

☑ 命令行：QSELECT。

☑ 菜单栏："工具" → "快速选择"。

☑ 快捷菜单："快速选择"（如图 4-6 所示）或"特性"对话框→快速选择按钮 （如图 4-7 所示）。

图 4-6　快捷菜单

图 4-7　"特性"对话框

2. 操作步骤

执行上述命令后，系统弹出"快速选择"对话框。在该对话框中，可以选择符合条件的对象或对象组。

4.1.3　构造对象组

对象组与选择集并没有本质的区别，当把若干个对象定义为选择集并想让它们在以后的操作中始终作为一个整体时，为了简便，可以将此选择集命名并保存起来，这个命名的对象选择集就是对象组，其名字称为组名。

如果对象组可以被选择（位于锁定层上的对象组不能被选择），那么可以通过它的组名引用该对象组，并且一旦组中任何一个对象被选中，那么组中的全部对象成员都被选中。

1. 执行方式

☑ 命令行：GROUP。

2. 操作步骤

执行上述命令后，系统打开"对象编组"对话框。利用该对话框可以查看或修改存在的对象组的属性，也可以创建新的对象组。

4.2　删除及恢复类命令

此类命令主要用于删除图形的某部分或对已被删除的部分进行恢复，包括"删除""回退""重做""清除"等命令。

4.2.1　"删除"命令

如果所绘制的图形不符合要求或绘错了图形，则可以使用"删除"命令 ERASE 将其删除。

1. 执行方式

☑ 命令行：ERASE。
☑ 菜单栏："修改"→"删除"。
☑ 工具栏："修改"→"删除" 。
☑ 功能区："默认"→"修改"→"删除" 。
☑ 快捷菜单："删除"。

2. 操作步骤

可以先选择对象，然后调用"删除"命令；也可以先调用"删除"命令，然后再选择对象。选择对象时，可以使用前面介绍的各种对象选择的方法。

当选择多个对象时，多个对象都被删除；若选择的对象属于某个对象组，则该对象组的所有对象都被删除。

4.2.2　"恢复"命令

若误删了图形，则可以使用"恢复"命令 OOPS 恢复误删除的对象。

1. 执行方式

☑ 命令行：OOPS 或 U。
☑ 工具栏：快速访问→"放弃" 。
☑ 快捷键：Ctrl+Z。

2. 操作步骤

在命令行提示中输入"OOPS"，按 Enter 键。

4.3　复制类命令

本节将详细介绍 AutoCAD 2020 的复制类命令。利用这些复制类命令，可以方便地编辑绘制图形。

4.3.1　"复制"命令

1. 执行方式

☑ 命令行：COPY 或 CO。
☑ 菜单栏："修改"→"复制"。
☑ 工具栏："修改"→"复制" 。
☑ 功能区："默认"→"修改"→"复制" 。
☑ 快捷菜单："复制选择"。

2. 操作步骤

> 命令：COPY↙
> 选择对象：（选择要复制的对象）

用前面介绍的对象选择方法选择一个或多个对象，按 Enter 键结束选择操作。系统继续提示：

> 当前设置：复制模式=多个
> 指定基点或 [位移(D)/模式(O)] <位移>：

3. 选项说明

（1）指定基点

指定一个坐标点后，AutoCAD 2020 会把该点作为复制对象的基点，并提示：

> 指定第二个点或[阵列(A)] <使用第一个点作为位移>：

指定第二个点后，系统将根据这两点确定的位移矢量把选择的对象复制到第二点处。如果此时直接按 Enter 键，即选择默认的"使用第一个点作为位移"，则第一个点被当作相对于 X、Y、Z 的位移。例如，如果指定基点为（2,3）并在下一个提示下按 Enter 键，则该对象从它当前的位置开始，在 X 方向上移动两个单位，在 Y 方向上移动 3 个单位。复制完成后，系统会继续提示：

> 指定位移的第二点：

这时，可以不断指定新的第二点，从而实现多重复制。

（2）位移（D）

直接输入位移值，表示以选择对象时的拾取点为基准，以拾取点坐标为移动方向，以沿纵横比移动指定位移后所确定的点为基点。例如，选择对象时的拾取点坐标为（2,3），输入位移为 5，则表示以（2,3）点为基准，沿纵横比为 3：2 的方向移动 5 个单位所确定的点为基点。

（3）模式（O）

控制是否自动重复该命令。确定复制模式是单个还是多个。

4.3.2 实例——洗手盆

本实例利用"矩形""椭圆""圆""直线"命令绘制初步图形，再利用"圆"命令绘制一个旋钮，最后利用"复制"命令复制旋钮，绘制流程如图 4-8 所示。

图 4-8 绘制洗手盆

操作步骤

（1）单击"默认"选项卡"绘图"面板中的"矩形"按钮 □ 和"椭圆"按钮 ⊙，绘制初步图形，使椭圆圆心大约在矩形中线上，如图 4-9 所示。

（2）单击"默认"选项卡"绘图"面板中的"直线"按钮 ╱ 和"圆"按钮 ⊙，配合对象捕捉功能绘制出水口，使其位置大约处于矩形中线上，如图 4-10 所示。

（3）单击"默认"选项卡"绘图"面板中的"圆"按钮 ⊙，以对象追踪功能捕捉圆心与刚绘制的出水口圆的圆心在一条直线上，以适当尺寸绘制左边旋钮，如图 4-11 所示。

（4）单击"默认"选项卡"修改"面板中的"复制"按钮，复制绘制的所有圆，命令行提示
与操作如下：

```
命令：_copy↙
选择对象：（选择刚绘制的圆）
选择对象：
当前设置：复制模式 = 多个
指定基点或 [位移(D)/模式(O)] <位移>：（捕捉圆心）
指定第二个点或 [阵列(A)] <使用第一个点作为位移>：（在水平向右的大约位置指定一点）
指定第二个点或 [阵列(A)/退出(E)/放弃(U)] <退出>：
```

Note

绘制结果如图 4-12 所示。

图 4-9　绘制初步图形

图 4-10　绘制出水口

图 4-11　绘制旋钮

图 4-12　复制旋钮

4.3.3　"镜像"命令

镜像对象是指把选择的对象以一条镜像线为对称轴进行镜像后的对象。镜像操作完成后，可以保
留源对象，也可以将其删除。

1. 执行方式

☑　命令行：MIRROR 或 MI。
☑　菜单栏："修改"→"镜像"。
☑　工具栏："修改"→"镜像"。
☑　功能区："默认"→"修改"→"镜像"。

2. 操作步骤

```
命令：MIRROR↙
选择对象：（选择要镜像的对象）
指定镜像线的第一点：（指定镜像线的第一个点）
指定镜像线的第二点：（指定镜像线的第二个点）
要删除源对象？[是(Y)/否(N)] <否>：（确定是否删除源对象）
```

指定两点确定一条镜像线，被选择的对象以该线为对称轴进行镜像。包含该线的镜像平面与用户
坐标系统的 XY 平面垂直，即镜像操作工作在与用户坐标系统的 XY 平面平行的平面上。

4.3.4 实例——办公椅

首先绘制椅背曲线，然后绘制扶手和边沿，最后通过"镜像"命令将左侧的图形进行镜像，绘制流程如图 4-13 所示。

图 4-13 绘制办公椅

操作步骤

（1）单击"默认"选项卡"绘图"面板中的"圆弧"按钮 ⌒，绘制 3 条圆弧，采用"三点圆弧"的绘制方式，使 3 条圆弧形状相似，右端点大约在一条竖直线上，如图 4-14 所示。

（2）单击"默认"选项卡"绘图"面板中的"圆弧"按钮 ⌒，绘制两条圆弧，采用"起点/端点/圆心"的绘制方式，起点和端点均捕捉为刚绘制圆弧的左端点，圆心适当选取，使造型尽量光滑过渡，如图 4-15 所示。

（3）利用"矩形""圆弧""直线"等命令绘制扶手和外沿轮廓，如图 4-16 所示。

（4）单击"默认"选项卡"修改"面板中的"镜像"按钮 ⚎，镜像左侧所有图形，命令行提示与操作如下：

```
命令：MIRROR↙
选择对象：（选取绘制的所有图形）
选择对象：
指定镜像线的第一点：（捕捉最右边的点）
指定镜像线的第二点：（竖直向上指定一点）
要删除源对象吗？[是(Y)/否(N)] <否>：
```

绘制结果如图 4-17 所示。

图 4-14 绘制圆弧　　图 4-15 绘制圆弧角　　图 4-16 绘制扶手和外沿　　图 4-17 镜像图形

4.3.5 "偏移"命令

偏移对象是指保持选择的对象的形状，在不同的位置以不同的尺寸大小新建的一个对象。

1. 执行方式

☑ 命令行：OFFSET 或 O。

☑ 菜单栏："修改"→"偏移"。

☑ 工具栏："修改"→"偏移" ⊑。

☑ 功能区："默认"→"修改"→"偏移" ⊑。

2. 操作步骤

```
命令：OFFSET↙
当前设置：删除源=否　图层=源　OFFSETGAPTYPE=0
指定偏移距离或 [通过(T)/删除(E)/图层(L)] <通过>：(指定距离值)
选择要偏移的对象，或 [退出(E)/放弃(U)] <退出>：(选择要偏移的对象。按 Enter 键会结束操作)
指定要偏移的那一侧上的点，或 [退出(E)/多个(M)/放弃(U)] <退出>：(指定偏移方向)
选择要偏移的对象，或 [退出(E)/放弃(U)] <退出>：
```

3. 选项说明

（1）指定偏移距离

输入一个距离值，或按 Enter 键，使用当前的距离值，系统把该距离值作为偏移距离，如图 4-18 所示。

图 4-18　指定偏移对象的距离

（2）通过（T）

指定偏移对象的通过点。选择该选项后出现如下提示：

```
选择要偏移的对象，或 [退出(E)/放弃(U)] <退出>：(选择要偏移的对象，按 Enter 键结束操作)
指定通过点或 [退出(E)/多个(M)/放弃(U)] <退出>：(指定偏移对象的一个通过点)
```

操作完毕后，系统根据指定的通过点绘出偏移对象，如图 4-19 所示。

图 4-19　指定偏移对象的通过点

（3）删除（E）

偏移后，将源对象删除。选择该选项后出现如下提示：

```
要在偏移后删除源对象吗？[是(Y)/否(N)]<否>：
```

（4）图层（L）

确定将偏移对象创建在当前图层上还是源对象所在的图层上。选择该选项后出现如下提示：

```
输入偏移对象的图层选项 [当前(C)/源(S)]<当前>：
```

4.3.6　实例——小便器

本实例利用"直线""圆弧""镜像"等命令绘制初步结构，再利用"圆弧"命令完善外部结构，然后利用"偏移"命令绘制边缘结构，最后利用"圆弧"命令完善细节，绘制流程如图 4-20 所示。

视频讲解

图 4-20　绘制小便器

操作步骤

（1）单击"默认"选项卡"绘图"面板中的"直线"按钮 ╱ 和"圆弧"按钮 ╱，结合"正交""对象捕捉""对象追踪"等功能，绘制初步图形，使两条竖直直线下端点在一条水平线上，如图 4-21 所示。

（2）单击"默认"选项卡"修改"面板中的"镜像"按钮 ⚎，以两竖直直线下端点连线为轴线，镜像处理前面绘制的图线，结果如图 4-22 所示。

（3）单击"默认"选项卡"绘图"面板中的"圆弧"按钮 ╱，绘制右端圆弧。命令行提示与操作如下：

```
命令：_arc↙
指定圆弧的起点或 [圆心(C)]：（捕捉下面圆弧端点）
指定圆弧的第二个点或 [圆心(C)/端点(E)]：e↙
指定圆弧的端点：（捕捉上面圆弧端点）
指定圆弧的圆心(按住 Ctrl 键以切换方向) 或 [角度(A)/方向(D)/半径(R)]：（利用对象追踪功能
指定圆弧圆心在镜像对称线上，使圆弧与前面绘制的两圆弧光滑过渡）
```

结果如图 4-23 所示。

图 4-21　绘制初步图形　　　　　　图 4-22　镜像处理　　　　　　图 4-23　绘制圆弧

（4）单击"默认"选项卡"修改"面板中的"编辑多段线"按钮 ✐，合并线段为多段线。命令行提示与操作如下：

```
命令：_pedit↙
选择多段线或 [多条(M)]：（选择一条圆弧）
选定的对象不是多段线
是否将其转换为多段线？ <Y> Y↙
输入选项 [闭合(C)/合并(J)/宽度(W)/编辑顶点(E)/拟合(F)/样条曲线(S)/非曲线化(D)/线型
生成(L)/反转(R)/放弃(U)]：J↙
选择对象：（选择另两条圆弧）
选择对象：↙
多段线已增加两条线段
```

输入选项 [闭合(C)/合并(J)/宽度(W)/编辑顶点(E)/拟合(F)/样条曲线(S)/非曲线化(D)/线型生成(L)/反转(R)/放弃(U)]：

3 条线段被合并成一条多段线，再利用"圆弧"命令结合对象捕捉功能绘制一个半圆，结果如图 4-24 所示。

（5）单击"默认"选项卡"修改"面板中的"偏移"按钮⊆，偏移图形。命令行提示与操作如下：

```
命令：_offset↙
当前设置：删除源=否  图层=源  OFFSETGAPTYPE=0
指定偏移距离或 [通过(T)/删除(E)/图层(L)] <34.9148>：(在多段线上指定一点)
指定第二点：(适当距离指定一点)
选择要偏移的对象，或 [退出(E)/放弃(U)] <退出>：(选择多段线)
指定要偏移的那一侧上的点，或 [退出(E)/多个(M)/放弃(U)] <退出>：(往内指定一点)
选择要偏移的对象，或 [退出(E)/放弃(U)] <退出>：
```

结果如图 4-25 所示。

（6）单击"默认"选项卡"绘图"面板中的"圆弧"按钮⌒，结合对象捕捉功能适当绘制一条圆弧，最终结果如图 4-26 所示。

图 4-24　合并多段线

图 4-25　偏移处理

图 4-26　绘制圆弧

4.3.7　"阵列"命令

阵列是指多重复制选择对象并把这些副本按矩形或环形排列。把副本按矩形排列称为建立矩形阵列，把副本按环形排列称为建立极阵列。建立极阵列时，应该控制复制对象的次数和对象是否被旋转；建立矩形阵列时，应该控制行和列的数量以及对象副本之间的距离。

用该命令可以建立矩形阵列、极阵列（环形）和旋转的矩形阵列。

1. 执行方式

☑ 命令行：ARRAY 或 AR。

☑ 菜单栏："修改"→"阵列"→"矩形阵列"或"路径阵列"或"环形阵列"。

☑ 工具栏："修改"→"矩形阵列"⊞或"路径阵列"⚬⚬⚬或"环形阵列"⚬⚬。

☑ 功能区："默认"→"修改"→"矩形阵列"按钮⊞或"路径阵列"按钮⚬⚬⚬或"环形阵列"按钮⚬⚬。

2. 操作步骤

```
命令：ARRAY↙
选择对象：(使用对象选择方法)↙
输入阵列类型[矩形(R)/路径(PA)/极轴(PO)]<矩形>：PA↙
类型=路径 关联=是
```

选择路径曲线：（使用一种对象选择方法）
选择夹点以编辑阵列或 [关联(AS)/方法(M)/基点(B)/切向(T)/项目(I)/行(R)/层(L)/对齐项目(A)/Z 方向(Z)/退出(X)] <退出>: i↵
指定沿路径的项目之间的距离或 [表达式(E)] <1293.769>:（指定距离）↵
最大项目数 = 5
指定项目数或 [填写完整路径(F)/表达式(E)] <5>:（输入数目）
选择夹点以编辑阵列或 [关联(AS)/方法(M)/基点(B)/切向(T)/项目(I)/行(R)/层(L)/对齐项目(A)/Z 方向(Z)/退出(X)] <退出>:↵

3. 选项说明

（1）关联（AS）

指定是否在阵列中创建项目作为关联阵列对象，或作为独立对象。

（2）基点（B）

指定阵列的基点。

（3）切向（T）

控制选定对象是否将相对于路径的起始方向重定向（旋转），然后再移动到路径的起点。

（4）项目（I）

编辑阵列中的项目数。

（5）行（R）

指定阵列中的行数和行间距，以及它们之间的增量标高。

（6）层（L）

指定阵列中的层数和层间距。

（7）对齐项目（A）

指定是否对齐每个项目以与路径的方向相切。对齐相对于第一个项目的方向。

（8）Z 方向（Z）

控制是否保持项目的原始 Z 方向或沿三维路径自然倾斜项目。

（9）表达式（E）

使用数学公式或方程式获取值。

4.3.8　实例——行李架

本实例利用"矩形"命令绘制行李架主体，再用"矩形阵列"命令完成绘制，绘制流程如图 4-27 所示。

图 4-27　绘制行李架

操作步骤

（1）单击"默认"选项卡"绘图"面板中的"矩形"按钮 ▭，绘制行李架大体轮廓。命令行提示与操作如下：

```
命令: _rectang↵
```

```
指定第一个角点或 [倒角(C)/标高(E)/圆角(F)/厚度(T)/宽度(W)]: 0,0↙
指定另一个角点或 [面积(A)/尺寸(D)/旋转(R)]: 1000,600↙
命令: _rectang↙
指定第一个角点或 [倒角(C)/标高(E)/圆角(F)/厚度(T)/宽度(W)]: f↙
指定矩形的圆角半径 <0.0000>: 10↙
指定第一个角点或 [倒角(C)/标高(E)/圆角(F)/厚度(T)/宽度(W)]: 80,50↙
指定另一个角点或 [面积(A)/尺寸(D)/旋转(R)]: d↙
指定矩形的长度 <10.0000>: 20↙
指定矩形的宽度 <10.0000>: 500↙
指定另一个角点或 [面积(A)/尺寸(D)/旋转(R)]: (向右上方随意指定一点，表示角点的位置方向)
```

结果如图 4-28 所示。

（2）单击"默认"选项卡"修改"面板中的"矩形阵列"按钮🔡，阵列内部小矩形。命令行提示与操作如下：

```
命令: _arrayrect↙
选择对象: (选择绘制的内部小矩形)
选择对象:↙
类型=矩形  关联=是
选择夹点以编辑阵列或[关联(AS)/基点(B)/计数(COU)/间距(S)/列数(COL)/行数(R)/层数(L)/
退出(X)] <退出>: COL↙
输入列数或[表达式(E)] <4>: 9↙
指定列数之间的距离或[总计(T)/表达式(E)] <1301.2207>: 100↙
选择夹点以编辑阵列或[关联(AS)/基点(B)/计数(COU)/间距(S)/列数(COL)/行数(R)/层数(L)/
退出(X)]:↙
```

最终结果如图 4-29 所示。

图 4-28　绘制矩形

图 4-29　阵列矩形

4.4　改变位置类命令

这一类编辑命令的功能是按照指定要求改变当前图形或图形某部分的位置，主要包括"移动""旋转""缩放"等命令。

4.4.1　"移动"命令

1. 执行方式

☑ 命令行：MOVE 或 M。

☑ 菜单栏："修改"→"移动"。

☑ 工具栏："修改"→"移动"➕。

☑ 功能区："默认" → "修改" → "移动" ✛ 。

☑ 快捷菜单："移动"。

2. 操作步骤

```
命令：MOVE↙
选择对象：(选择对象)↙
```

用前面介绍的对象选择方法选择要移动的对象，按 Enter 键结束选择，系统继续提示：

```
指定基点或 [位移(D)] <位移>：(指定基点或位移)
指定第二个点或 <使用第一个点作为位移>：
```

此命令的选项功能与"复制"命令类似。

4.4.2 实例——组合电视柜

本实例利用"移动"命令将电视机图形移动到电视柜的适当位置，从而组成组合电视柜，绘制流程如图 4-30 所示。

图 4-30 绘制组合电视柜

操作步骤

（1）打开"源文件\图库\组合电视柜"图形。

（2）在打开的图形中有如图 4-31 和图 4-32 所示的电视柜及电视机。

（3）单击"默认"选项卡"修改"面板中的"移动"按钮 ✛ ，以电视图形外边的中点为基点，电视柜外边中点为第二点，将电视图形移动到电视柜图形上。命令行提示与操作如下：

```
命令：_move↙
选择对象：(选择电视机)
选择对象：↙
指定基点或 [位移(D)] <位移>：(选择电视机外边的中点)
指定第二个点或 <使用第一个点作为位移>：(选择电视柜外边的中点)
```

绘制结果如图 4-33 所示。

图 4-31 电视柜

图 4-32 电视机

图 4-33 组合电视柜

4.4.3 "旋转"命令

1. 执行方式

☑ 命令行：ROTATE 或 RO。

☑ 菜单栏："修改" → "旋转"。

☑ 工具栏："修改" → "旋转" ↻ 。

☑ 功能区："默认" → "修改" → "旋转" ↻ 。

☑ 快捷菜单："旋转"。

2. 操作步骤

```
命令：ROTATE↙
UCS 当前的正角方向：ANGDIR=逆时针  ANGBASE=0
选择对象：（选择要旋转的对象）↙
指定基点：（指定旋转的基点。在对象内部指定一个坐标点）
指定旋转角度，或 [复制(C)/参照(R)] <0>：（指定旋转角度或其他选项）
```

3. 选项说明

（1）复制（C）

选择该选项，旋转对象的同时保留源对象，如图 4-34 所示。

（a）旋转前　　　　　　　（b）旋转后

图 4-34　复制旋转

（2）参照（R）

采用参照方式旋转对象时，命令行提示如下：

```
指定参照角 <0>：（指定要参考的角度，默认值为 0）
指定新角度：（输入旋转后的角度值）
```

操作完毕后，对象被旋转至指定的角度位置。

注意：可以用拖曳鼠标的方法旋转对象。选择对象并指定基点后，从基点到当前光标位置会出现一条连线，鼠标选择的对象会动态地随着该连线与水平方向的夹角的变化而旋转，按 Enter 键确认旋转操作，如图 4-35 所示。

图 4-35　拖曳鼠标旋转对象

4.4.4　实例——接待台

本实例利用"矩形"和"多段线"命令绘制桌面，再进行镜像处理，并绘制圆弧细化图形，最后利用"旋转"命令调整图形角度，绘制流程如图 4-36 所示。

图 4-36　绘制接待台

视频讲解

操作步骤

（1）打开 4.3.4 节绘制的办公椅图形，将其另存为"接待台.dwg"文件。

（2）单击"默认"选项卡"绘图"面板中的"直线"按钮／和"矩形"按钮▭，绘制桌面图形，如图 4-37 所示。

（3）单击"默认"选项卡"修改"面板中的"镜像"按钮⚖，将桌面图形进行镜像处理，利用"对象追踪"功能将对称线捕捉为过矩形右下角的 45°斜线，绘制结果如图 4-38 所示。

图 4-37　绘制桌面

图 4-38　镜像处理

（4）单击"默认"选项卡"绘图"面板中"圆弧"列表中的"圆心、起点、端点"按钮，绘制如图 4-39 所示的圆弧。

（5）单击"默认"选项卡"修改"面板中的"旋转"按钮⟳，旋转绘制的办公椅，命令行提示与操作如下：

```
命令：_rotate↵
UCS 当前的正角方向：ANGDIR=逆时针　ANGBASE=0
选择对象：(选择办公椅)
选择对象：↵
指定基点：(指定椅背中点)
指定旋转角度，或 [复制(C)/参照(R)] <0>：-45↵
```

绘制结果如图 4-40 所示。

图 4-39　绘制圆弧

图 4-40　接待台

4.4.5　"缩放"命令

1. 执行方式

☑ 命令行：SCALE 或 SC。

☑ 菜单栏："修改"→"缩放"。

☑ 工具栏："修改"→"缩放"▢。

☑ 功能区："默认"→"修改"→"缩放"▢。

☑ 快捷菜单："缩放"。

2. 操作步骤

命令：SCALE✓

选择对象：（选择要缩放的对象）✓

指定基点：（指定缩放操作的基点）

指定比例因子或［复制(C)/参照(R)］<1.0000>:✓

3. 选项说明

（1）指定比例因子

选择对象并指定基点后，从基点到当前光标位置会出现一条线段，线段的长度即为比例大小。鼠标选择的对象会动态地随着该连线长度的变化而缩放，按 Enter 键确认缩放操作。

（2）复制（C）

选择"复制（C）"选项时，可以复制缩放对象，即缩放对象时，保留源对象，如图 4-41 所示。

缩放前　　　　　　　　缩放后

图 4-41　复制缩放

（3）参照（R）

采用参考方向缩放对象时，系统提示：

指定参照长度 <1>：（指定参考长度值）

指定新的长度或［点(P)］<1.0000>：（指定新长度值）

若新长度值大于参考长度值，则放大对象，否则，缩小对象。操作完毕后，系统以指定的基点按指定的比例因子缩放对象。如果选择"点（P）"选项，则指定两点来定义新的长度。

4.4.6　实例——装饰盘

本实例利用"圆"命令绘制盘外轮廓，再利用"圆弧""阵列"命令绘制装饰花瓣，最后利用"缩放"命令绘制盘内装饰圆，绘制流程如图 4-42 所示。

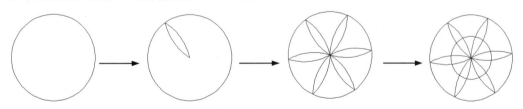

图 4-42　绘制装饰盘

操作步骤

（1）单击"默认"选项卡"绘图"面板中的"圆"按钮⊙，以（100,100）为圆心，绘制半径为 200 的圆作为装饰盘外轮廓线，如图 4-43 所示。

（2）单击"默认"选项卡"绘图"面板中的"圆弧"按钮╱，绘制花瓣，如图4-44 所示。

（3）单击"默认"选项卡"修改"面板中的"镜像"按钮⚠，镜像花瓣，如图4-45 所示。

图 4-43 绘制圆形

图 4-44 绘制花瓣

图 4-45 镜像花瓣

（4）单击"默认"选项卡"修改"面板中的"环形阵列"按钮，选择花瓣为源对象，以圆心为阵列中心点阵列花瓣。命令行提示与操作如下：

> 命令：_arraypolar↙
> 选择对象：（选取步骤（3）绘制的花瓣）
> 选择对象：↙
> 类型 = 极轴 关联 = 否
> 指定阵列的中心点或 [基点(B)/旋转轴(A)]：
> 选择夹点以编辑阵列或 [关联(AS)/基点(B)/项目(I)/项目间角度(A)/填充角度(F)/行(ROW)/层(L)/旋转项目(ROT)/退出(X)] <退出>：I↙
> 输入阵列中的项目数或 [表达式(E)] <6>：6↙
> 选择夹点以编辑阵列或 [关联(AS)/基点(B)/项目(I)/项目间角度(A)/填充角度(F)/行(ROW)/层(L)/旋转项目(ROT)/退出(X)] <退出>：

结果如图 4-46 所示。

（5）单击"默认"选项卡"修改"面板中的"缩放"按钮，缩放一个圆作为装饰盘内装饰圆，命令行提示与操作如下：

> 命令：SCALE↙
> 选择对象：（选择圆）↙
> 指定基点：（指定圆心）
> 指定比例因子或 [复制(C)/参照(R)]<1.0000>：C↙
> 缩放一组选定对象。
> 指定比例因子或 [复制(C)/参照(R)]<1.0000>：0.5↙

绘制结果如图 4-47 所示。

图 4-46 阵列花瓣

图 4-47 装饰盘图形

4.5 改变几何特性类命令

这一类编辑命令在对指定对象进行编辑后，使编辑对象的几何特性发生改变，包括"圆角""倒角""修剪""延伸""拉伸""拉长""打断"等命令。

4.5.1 "圆角"命令

圆角是指用指定的半径决定的一段平滑的圆弧连接两个对象。系统规定可以用圆角连接一对直线段、非圆弧的多段线段、样条曲线、双向无限长线、射线、圆、圆弧和椭圆。可以在使用"圆角"命令的任何时刻，用圆角连接非圆弧多段线的每个节点。

1. 执行方式

☑ 命令行：FILLET 或 F。

☑ 菜单栏："修改"→"圆角"。

☑ 工具栏："修改"→"圆角" 。

☑ 功能区："默认"→"修改"→"圆角" 。

2. 操作步骤

> 命令：FILLET✔
> 当前设置：模式=修剪，半径=0.0000
> 选择第一个对象或 [放弃(U)/多段线(P)/半径(R)/修剪(T)/多个(M)]：(选择第一个对象或别的选项)
>
> 选择第二个对象，或按住 Shift 键选择对象以应用角点或 [半径(R)]：(选择第二个对象)

3. 选项说明

（1）多段线（P）

在一条二维多段线的两段直线段的节点处插入圆滑的弧。选择多段线后，系统会根据指定的圆弧的半径把多段线各顶点用圆滑的弧连接起来。

（2）修剪（T）

决定在圆角连接两条边时，是否修剪这两条边，如图 4-48 所示。

（a）修剪方式 　　　　（b）不修剪方式

图 4-48 修剪

（3）多个（M）

可以同时对多个对象进行圆角编辑，不必重新启用命令。

按住 Shift 键并选择两条直线，可以快速创建零距离倒角或零半径圆角。

4.5.2 实例——脚踏

本实例利用"矩形"和"直线"命令绘制台面，再利用"圆角"命令将边角进行处理，然后利用"多段线""直线""样条曲线"等命令绘制脚踏腿部造型，最后镜像处理，绘制流程如图 4-49所示。

视频讲解

图 4-49 绘制脚踏

操作步骤

（1）单击"默认"选项卡"绘图"面板中的"矩形"按钮 □，绘制一个长 1000、宽 70 的矩形。

（2）单击"默认"选项卡"绘图"面板中的"直线"按钮 ∕，利用"对象捕捉"功能的"捕捉自"命令辅助绘制直线，命令行提示与操作如下：

```
命令：_line↙
指定第一个点：FROM↙
基点：（捕捉矩形左下角）
<偏移>：@0,20↙
指定下一点或 [放弃(U)]：（捕捉矩形右边上的垂足，如图 4-50 所示）
指定下一点或 [放弃(U)]：
```

结果如图 4-51 所示。

图 4-50 捕捉垂足   图 4-51 绘制直线

（3）单击"默认"选项卡"修改"面板中的"圆角"按钮 ⌒，对矩形的左上角进行倒圆角。命令行提示与操作如下：

```
命令：_fillet↙
当前设置：模式 = 修剪，半径 = 0.0000
选择第一个对象或 [放弃(U)/多段线(P)/半径(R)/修剪(T)/多个(M)]：r↙
指定圆角半径 <0.0000>：20↙
选择第一个对象或 [放弃(U)/多段线(P)/半径(R)/修剪(T)/多个(M)]：（选择矩形左边）
选择第二个对象或按住 Shift 键选择对象以应用角点或 [半径(R)]：（选择矩形上边）
```

这样对矩形左上角即进行了倒圆角，用同样的方法对矩形右上角进行倒圆角，结果如图 4-52 所示。

图 4-52 倒圆角

（4）单击"默认"选项卡"绘图"面板中的"样条曲线拟合"按钮 ∿ 和"直线"按钮 ∕，绘制脚踏腿部造型，如图 4-53 所示。

（5）单击"默认"选项卡"修改"面板中的"镜像"按钮 ⚹，将刚绘制的腿部造型以矩形的中线（利用对象捕捉功能）为镜像线进行镜像处理，结果如图 4-54 所示。

图 4-53　绘制脚踏腿部造型

图 4-54　脚踏

Note

4.5.3　"倒角"命令

倒角是指用斜线连接两个不平行的线型对象。可以用斜线连接直线段、双向无限长线、射线和多段线。

1. 执行方式

☑ 命令行：CHAMFER 或 CHA。

☑ 菜单栏："修改" → "倒角"。

☑ 工具栏："修改" → "倒角" 🖊。

☑ 功能区："默认" → "修改" → "倒角" 🖊。

2. 操作步骤

命令：CHAMFER↙
（"不修剪"模式）当前倒角距离 1=0.0000，距离 2=0.0000
选择第一条直线或 [放弃(U)/多段线(P)/距离(D)/角度(A)/修剪(T)/方式(E)/多个(M)]：（选择第一条直线或别的选项）
选择第二条直线，或按住 Shift 键选择对象以应用角点或 [半径(R)]：（选择第二条直线）

3. 选项说明

（1）多段线（P）

对多段线的各个交叉点进行倒角编辑。为了得到更好的连接效果，一般设置斜线是相等的值。系统根据指定的斜线距离把多段线的每个交叉点都作斜线连接，连接的斜线成为多段线新添加的构成部分，如图 4-55 所示。

（a）选择多段线　　　　　　（b）倒角结果

图 4-55　斜线连接多段线

（2）距离（D）

选择倒角的两个斜线距离。斜线距离是指从被连接的对象与斜线的交点到被连接的两对象的可能的交点之间的距离，如图 4-56 所示。这两个斜线距离可以相同，也可以不相同，若二者均为 0，则系统不绘制连接的斜线，而是把两个对象延伸至相交，并修剪超出的部分。

（3）角度（A）

选择第一条直线的斜线距离和角度。采用这种方法斜线连接对象时，需要输入两个参数，即斜线与一个对象的斜线距离和斜线与该对象的夹角，如图 4-57 所示。

图 4-56　斜线距离　　　　　　　　　　图 4-57　斜线距离与夹角

（4）修剪（T）

与圆角连接命令 FILLET 相同，该选项决定连接对象后是否剪切源对象。

（5）方式（E）

决定采用"距离"方式还是"角度"方式来倒角。

（6）多个（M）

同时对多个对象进行倒角编辑。

注意： 有时用户在执行"圆角"和"倒角"命令时，发现命令不执行或执行后没什么变化，那是因为系统默认圆角半径和斜线距离均为 0，如果不事先设定圆角半径或斜线距离，系统就以默认值执行命令，所以看起来好像没有执行命令。

4.5.4　实例——洗菜盆

本实例利用"直线"命令绘制大体轮廓，再利用"圆"和"复制"命令绘制水龙头和出水口，最后利用"倒角"命令细化，绘制流程如图 4-58 所示。

图 4-58　绘制洗菜盆

操作步骤

（1）单击"默认"选项卡"绘图"面板中的"直线"按钮／，可以绘制出初步轮廓，大约尺寸如图 4-59 所示。

（2）单击"默认"选项卡"绘图"面板中的"圆"按钮⊙，以如图 4-59 所示的长 240 和宽 80 的矩形大约左中位置处为圆心，绘制半径为 35 的圆。

（3）单击"默认"选项卡"修改"面板中的"复制"按钮，选择刚绘制的圆，复制到右边合适的位置，完成旋钮绘制。

（4）单击"默认"选项卡"绘图"面板中的"圆"按钮⊙，以如图 4-59 所示的长 139 和宽 40 的矩形大约正中位置为圆心，绘制半径为 25 的圆作为出水口。

（5）单击"默认"选项卡"修改"面板中的"修剪"按钮，将绘制的出水口圆修剪成如图 4-60 所示效果。

（6）单击"默认"选项卡"修改"面板中的"倒角"按钮／，绘制水盆四角，命令行提示与操作如下：

```
命令：CHAMFER↙
（"修剪"模式）当前倒角距离 1=0.0000，距离 2=0.0000
选择第一条直线或 [放弃(U)/多段线(P)/距离(D)/角度(A)/修剪(T)/方式(E)/多个(M)]：D
```

指定第一个倒角距离 <0.0000>: 50
指定第二个倒角距离 <50.0000>: 30
选择第一条直线或 [放弃(U)/多段线(P)/距离(D)/角度(A)/修剪(T)/方式(E)/多个(M)]: M
选择第一条直线或 [放弃(U)/多段线(P)/距离(D)/角度(A)/修剪(T)/方式(E)/多个(M)]: (选择左上角横线段)
选择第二条直线, 或按住 Shift 键选择直线以应用角点或 [距离(D)/角度(A)/方法(M)]: (选择右上角竖线段)
选择第一条直线或 [放弃(U)/多段线(P)/距离(D)/角度(A)/修剪(T)/方式(E)/多个(M)]: (选择左上角横线段)
选择第二条直线, 或按住 Shift 键选择直线以应用角点或 [距离(D)/角度(A)/方法(M)]: (选择右上角竖线段)
命令: CHAMFER✓
("修剪"模式) 当前倒角距离 1=50.0000, 距离 2=30.0000
选择第一条直线或 [放弃(U)/多段线(P)/距离(D)/角度(A)/修剪(T)/方式(E)/多个(M)]: A
指定第一条直线的倒角长度 <20.0000>:
指定第一条直线的倒角角度 <0>: 45
选择第一条直线或 [放弃(U)/多段线(P)/距离(D)/角度(A)/修剪(T)/方式(E)/多个(M)]: M
选择第一条直线或 [放弃(U)/多段线(P)/距离(D)/角度(A)/修剪(T)/方式(E)/多个(M)]: (选择左下角横线段)
选择第二条直线, 或按住 Shift 键选择直线以应用角点或 [距离(D)/角度(A)/方法(M)]: (选择左下角竖线段)
选择第一条直线或 [放弃(U)/多段线(P)/距离(D)/角度(A)/修剪(T)/方式(E)/多个(M)]: (选择右下角横线段)
选择第二条直线, 或按住 Shift 键选择直线以应用角点或 [距离(D)/角度(A)/方法(M)]: (选择右下角竖线段)

洗菜盆绘制结果如图 4-61 所示。

图 4-59 初步轮廓图　　　图 4-60 绘制水龙头和出水口　　　图 4-61 洗菜盆

4.5.5 "修剪"命令

1. 执行方式

☑ 命令行: TRIM 或 TR。
☑ 菜单栏: "修改"→"修剪"。
☑ 工具栏: "修改"→"修剪" 。
☑ 功能区: "默认"→"修改"→"修剪" 。

2. 操作步骤

```
命令：TRIM↙
当前设置：投影=UCS，边=无
选择剪切边...
选择对象或 <全部选择>：（选择用作修剪边界的对象）↙
```

按 Enter 键，结束对象选择，系统提示：

选择要修剪的对象，或按住 Shift 键选择要延伸的对象，或[栏选(F)/窗交(C)/投影(P)/边(E)/
删除(R)/放弃(U)]：

3. 选项说明

（1）按 Shift 键

在选择对象时，如果按住 Shift 键，系统就自动将"修剪"命令转换成"延伸"命令，"延伸"命
令将在 4.5.7 节介绍。

（2）栏选（F）

选择该选项时，系统以栏选的方式选择被修剪对象，如图 4-62 所示。

（a）选定剪切边　　（b）使用栏选选定要修剪的对象　　（c）结果

图 4-62　栏选选择修剪对象

（3）窗交（C）

选择该选项时，系统以窗交的方式选择被修剪对象，如图 4-63 所示。

（a）使用窗交选择选定的边　　（b）选定要修剪的对象　　（c）结果

图 4-63　窗交选择修剪对象

被选择的对象可以互为边界和被修剪对象，此时系统会在选择的对象中自动判断边界。

（4）边（E）

选择该选项时，可以选择对象的修剪方式：延伸或不延伸。

☑ 延伸（E）：延伸边界进行修剪。在此方式下，如果剪切边没有与要修剪的对象相交，系统会
　延伸剪切边直至与要修剪的对象相交，然后再修剪，如图 4-64 所示。

（a）选择剪切边　　（b）选择要修剪的对象　　（c）修剪后的结果

图 4-64　延伸方式修剪对象

☑ 不延伸（N）：不延伸边界修剪对象。只修剪与剪切边相交的对象。

4.5.6 实例——床

本实例利用"矩形"命令绘制床的轮廓，再利用"直线"和"圆弧"等命令绘制床上用品，最后利用"修剪"命令将多余的线段删除，绘制流程如图 4-65 所示。

图 4-65 绘制床

操作步骤

（1）单击"默认"选项卡"图层"面板中的"图层特性"按钮，打开"图层特性管理器"对话框，新建 3 个图层，其属性如下。

① "1"图层，将颜色设置为蓝色，其余属性默认。

② "2"图层，将颜色设置为绿色，其余属性默认。

③ "3"图层，将颜色设置为白色，其余属性默认。

（2）将当前图层设为"1"图层，单击"默认"选项卡"绘图"面板中的"矩形"按钮 □，绘制角点坐标为（0,0），（@1000,2000）的矩形，如图 4-66 所示。

（3）将当前图层设为"2"图层，单击"默认"选项卡"绘图"面板中的"直线"按钮／，绘制坐标点分别为{（125,1000），（125,1900），（875,1900），（875,1000）}和{（155,1000），（155,1870），（845,1870），（845,1000）}的两条连续多段线。

（4）将当前图层设为"3"图层，单击"默认"选项卡"绘图"面板中的"直线"按钮／，绘制坐标点为（0,280），（@1000,0）的直线，绘制结果如图 4-67 所示。

（5）单击"默认"选项卡"修改"面板中的"矩形阵列"按钮 品，阵列对象为步骤（4）绘制的直线，行数为 4，列数为 1，行间距设为 30，绘制结果如图 4-68 所示。

图 4-66 绘制矩形　　　　图 4-67 绘制直线　　　　图 4-68 阵列处理

（6）单击"默认"选项卡"修改"面板中的"圆角"按钮，将外轮廓线的圆角半径设为 50，内衬圆角半径为 40，绘制结果如图 4-69 所示。

（7）将当前图层设为"2"图层，单击"默认"选项卡"绘图"面板中的"直线"按钮／，绘制坐标点为（0,1500）、（@1000,200）、（@-800,-400）的直线。

（8）单击"默认"选项卡"绘图"面板中的"圆弧"按钮 $\frown$ ，绘制起点为（200,1300），第二点为（130,1430），圆弧端点为（0,1500）的圆弧，绘制结果如图 4-70 所示。

（9）单击"默认"选项卡"修改"面板中的"修剪"按钮 ，修剪图形，命令行提示与操作如下：

```
命令：_trim↙
当前设置：投影=UCS，边=无
选择剪切边...
选择对象或 <全部选择>：选取斜直线为边界
选择对象：↙
选择要修剪的对象，或按住 Shift 键选择要延伸的对象，或[栏选(F)/窗交(C)/投影(P)/边(E)/
删除(R)/放弃(U)]：选取竖直线的下方，以斜直线为边界将其修剪
选择要修剪的对象，或按住 Shift 键选择要延伸的对象，或[栏选(F)/窗交(C)/投影(P)/边(E)/
删除(R)/放弃(U)]：
```

绘制结果如图 4-71 所示。

图 4-69　圆角处理

图 4-70　绘制圆弧

图 4-71　床

4.5.7　"延伸"命令

延伸是指延伸要延伸的对象直至另一个对象的边界线，如图 4-72 所示。

选择边界　　选择要延伸的对象　　执行结果

图 4-72　延伸对象

1. 执行方式

☑ 命令行：EXTEND 或 EX。

☑ 菜单栏："修改"→"延伸"。

☑ 工具栏："修改"→"延伸" 。

☑ 功能区："默认"→"修改"→"延伸" 。

2. 操作步骤

```
命令：EXTEND↙
当前设置：投影=UCS，边=无
```

> 选择边界的边...
>
> 　选择对象或 <全部选择>：（选择边界对象）↵

此时可以通过选择对象来定义边界。若直接按 Enter 键，则选择所有对象作为可能的边界对象。

系统规定可以用作边界对象的对象有：直线段、射线、双向无限长线、圆弧、圆、椭圆、二维和三维多段线、样条曲线、文本、浮动的视口、区域。如果选择二维多段线作为边界对象，系统会忽略其宽度而把对象延伸至多段线的中心线上。

选择边界对象后，系统继续提示：

> 　选择要延伸的对象，或按住 Shift 键选择要修剪的对象，或[栏选(F)/窗交(C)/投影(P)/边(E)/放弃(U)]：

3. 选项说明

（1）如果要延伸的对象是适配样条多段线，则延伸后会在多段线的控制框上增加新节点。如果要延伸的对象是锥形的多段线，系统会修正延伸端的宽度，使多段线从起始端平滑地延伸至新的终止端。如果延伸操作导致新终止端的宽度为负值，则取宽度值为 0，如图 4-73 所示。

选择边界对象　　　　选择要延伸的多段线　　　　延伸后的结果

图 4-73　延伸对象

（2）选择对象时，如果按住 Shift 键，系统就自动将"延伸"命令转换成"修剪"命令。

4.5.8　实例——梳妆凳

本实例利用"圆弧"和"直线"命令绘制梳妆凳的初步轮廓，再利用"偏移"命令绘制靠背，接着利用"延伸"命令完善靠背，最后利用"圆角"命令细化图形，绘制流程如图 4-74 所示。

图 4-74　绘制梳妆凳

视频讲解

操作步骤

（1）单击"默认"选项卡"绘图"面板中的"直线"按钮 ╱ 和"圆弧"按钮 ╭，绘制梳妆凳的初步轮廓，如图 4-75 所示。

（2）单击"默认"选项卡"修改"面板中的"偏移"按钮 ⊂，将绘制的圆弧向内偏移一定距离，如图 4-76 所示。

图 4-75　初步图形　　　　　　图 4-76　偏移处理

（3）单击"默认"选项卡"修改"面板中的"延伸"按钮→，将偏移后的圆弧延伸到两侧斜直线，命令行提示与操作如下：

> 命令：_extend↙
> 当前设置：投影=UCS，边=无
> 选择边界的边...
> 选择对象或 <全部选择>：（选择左右两条斜直线）
> 选择对象：↙
> 选择要延伸的对象，或按住 Shift 键选择要修剪的对象，或[栏选(F)/窗交(C)/投影(P)/边(E)/放弃(U)]：（选择偏移的圆弧左端）
> 选择要延伸的对象，或按住 Shift 键选择要修剪的对象，或[栏选(F)/窗交(C)/投影(P)/边(E)/放弃(U)]：（选择偏移的圆弧右端）

结果如图 4-77 所示。

（4）单击"默认"选项卡"修改"面板中的"圆角"按钮，以适当的半径对上面两个角进行圆角处理，最终结果如图 4-78 所示。

图 4-77　延伸处理　　　　　　图 4-78　圆角处理

4.5.9　"拉伸"命令

拉伸对象是指拖拉选择，且形状发生改变后的对象。拉伸对象时，应指定拉伸的基点和移至点。利用一些辅助工具如捕捉、钳夹功能及相对坐标等可以提高拉伸的精度。

1. 执行方式

☑ 命令行：STRETCH 或 S。
☑ 菜单栏："修改"→"拉伸"。
☑ 工具栏："修改"→"拉伸"。
☑ 功能区："默认"→"修改"→"拉伸"。

2. 操作步骤

> 命令：STRETCH↙
> 以交叉窗口或交叉多边形选择要拉伸的对象...
> 选择对象：C
> 指定第一个角点：指定对角点：找到两个↙（采用交叉窗口的方式选择要拉伸的对象）
> 指定基点或 [位移(D)] <位移>：（指定拉伸的基点）
> 指定第二个点或 <使用第一个点作为位移>：（指定拉伸的移至点）

此时，若指定第二个点，系统将根据这两点决定矢量拉伸对象。若直接按 Enter 键，系统会把第一个点作为 X 轴和 Y 轴的分量值。

STRETCH 仅移动位于交叉选择内的顶点和端点，不更改那些位于交叉选择外的顶点和端点。部分包含在交叉选择窗口内的对象将被拉伸。

📢 **注意：** 用交叉窗口选择拉伸对象时，落在交叉窗口内的端点被拉伸，落在外部的端点保持不动。

4.5.10 实例——把手

本例利用"圆"和"直线"命令绘制把手一侧的连续曲线，然后利用"修剪"命令将多余的线段删除，得到一侧的曲线，再利用"镜像"命令创建另一侧的曲线，最后利用"修剪""圆""拉伸"命令创建销孔并细化图形，绘制流程如图 4-79 所示。

图 4-79　绘制把手

操作步骤

（1）设置图层。执行菜单栏中的"格式"→"图层"命令，弹出"图层特性管理器"对话框，新建两个图层。

① 将第一个图层命名为"轮廓线"，线宽属性为 0.3mm，其余属性默认。

② 将第二个图层命名为"中心线"，颜色设为红色，线型加载为 CENTER，其余属性默认。

（2）将"中心线"图层设置为当前图层。单击"默认"选项卡"绘图"面板中的"直线"按钮╱，绘制坐标分别为{（150,150），（@120,0）}的直线，结果如图 4-80 所示。

（3）将"轮廓线"图层设置为当前图层。单击"默认"选项卡"绘图"面板中的"圆"按钮⊙，以（160,150）为圆心，绘制半径为 10 的圆。重复"圆"命令，以（235,150）为圆心，绘制半径为 15 的圆。再绘制半径为 50 且与前两个圆相切的圆，结果如图 4-81 所示。

（4）单击"默认"选项卡"绘图"面板中的"直线"按钮╱，绘制各端点坐标为{（250,150），（@10<90），（@15<180）}的两条直线段。重复"直线"命令，绘制坐标为{（235,165），（235,150）}的直线，结果如图 4-82 所示。

图 4-80　绘制直线　　　　　　　　图 4-81　绘制圆　　　　　　　　图 4-82　绘制直线

（5）单击"默认"选项卡"修改"面板中的"修剪"按钮，进行修剪处理，结果如图 4-83 所示。

（6）单击"默认"选项卡"绘图"面板中的"圆"按钮，绘制半径为 12 的与圆弧 1 和圆弧 2 相切的圆，结果如图 4-84 所示。

图 4-83　修剪处理　　　　　　　　　　　　　图 4-84　绘制圆

（7）单击"默认"选项卡"修改"面板中的"修剪"按钮，将多余的圆弧进行修剪，结果如图 4-85 所示。

（8）单击"默认"选项卡"修改"面板中的"镜像"按钮，以（150,150）、（250,150）为两镜像点对图形进行镜像处理，结果如图 4-86 所示。

（9）单击"默认"选项卡"修改"面板中的"修剪"按钮，进行修剪处理，结果如图 4-87 所示。

图 4-85　修剪处理　　　　　　　图 4-86　镜像处理　　　　　　　图 4-87　修剪处理

（10）将"中心线"图层设置为当前图层。单击"默认"选项卡"绘图"面板中的"直线"按钮，在把手接头处中间位置绘制适当长度的竖直线段，作为销孔定位中心线，如图 4-88 所示。

（11）将"轮廓线"图层设置为当前图层。单击"默认"选项卡"绘图"面板中的"圆"按钮，以中心线交点为圆心绘制适当半径的圆作为销孔，如图 4-89 所示。

（12）单击"修改"工具栏中的"拉伸"按钮，拉伸接头长度，命令行提示与操作如下：

```
命令：_stretch✓
以交叉窗口或交叉多边形选择要拉伸的对象…
选择对象：选择如图 4-90 所示的拉伸对象
选择对象：
指定基点或 [位移(D)] <位移>：选择右侧竖直线与中心线的交点
指定第二个点或 <使用第一个点作为位移>：拉伸适当位置
```

结果如图 4-79 所示。

图 4-88　销孔中心线　　　　　　图 4-89　销孔　　　　　　　图 4-90　指定拉伸对象

4.5.11　"拉长"命令

1. 执行方式

☑ 命令行：LENGTHEN 或 LEN。

☑ 菜单栏："修改"→"拉长"。

☑ 功能区："默认"→"修改"→"拉长" ✍ 。

2. 操作步骤

> 命令：LENGTHEN↙
> 选择要测量的对象或 [增量(DE)/百分比(P)/总计(T)/动态(DY)] <总计(T)>：（选定对象）
> 当前长度：30.5001（给出选定对象的长度，如果选择圆弧则还将给出圆弧的包含角）
> 选择要测量的对象或 [增量(DE)/百分比(P)/总计(T)/动态(DY)] <总计(T)>：DE（选择拉长或缩短的方式。如选择"增量(DE)"方式）
> 输入长度增量或 [角度(A)] <0.0000>：10（输入长度增量数值。如果选择圆弧段，则可输入选项"A"给定角度增量）
> 选择要修改的对象或 [放弃(U)]：（选定要修改的对象，进行拉长操作）
> 选择要修改的对象或 [放弃(U)]：（继续选择，按 Enter 键结束命令）

3. 选项说明

（1）增量（DE）

用指定增加量的方法来改变对象的长度或角度。

（2）百分比（P）

用指定要修改对象的长度占总长度的百分比的方法来改变圆弧或直线段的长度。

（3）总计（T）

用指定新的总长度或总角度值的方法来改变对象的长度或角度。

（4）动态（DY）

在这种模式下，可以使用拖拉鼠标的方法来动态地改变对象的长度或角度。

4.5.12　"打断"命令

1. 执行方式

☑ 命令行：BREAK 或 BR。

☑ 菜单栏："修改"→"打断"。

☑ 工具栏："修改"→"打断" 凵 。

☑ 功能区："默认"→"修改"→"打断" 凵 。

2. 操作步骤

> 命令：BREAK↙
> 选择对象：（选择要打断的对象）
> 指定第二个打断点或 [第一点(F)]：（指定第二个断开点或输入"F"）

3. 选项说明

如果选择"第一点（F）"选项，系统将丢弃前面的第一个选择点，重新提示用户指定两个打断点。

Note

4.5.13 "打断于点"命令

打断于点是指在对象上指定一点，从而把对象在此点拆分成两部分，此命令与"打断"命令类似。

1. 执行方式

☑ 工具栏："修改"→"打断于点"□。

☑ 功能区："默认"→"修改"→"打断于点"□。

2. 操作步骤

> 选择对象：（选择要打断的对象）
> 指定第二个打断点或 [第一点(F)]：_f↙（系统自动执行"第一点(F)"选项）
> 指定第一个打断点：（选择打断点）
> 指定第二个打断点：@（系统自动忽略此提示）

视频讲解

4.5.14 实例——梳妆台

本实例利用"圆弧"和"直线"命令绘制梳妆凳，然后利用"矩形"命令绘制梳妆台，最后利用"圆"和"直线"命令绘制梳妆台上的台灯，绘制流程如图 4-91 所示。

图 4-91　绘制梳妆台

操作步骤

（1）打开 4.5.8 节绘制的梳妆凳图形，将其另存为"梳妆台.dwg"文件。

（2）新建"实线"和"虚线"两个图层，如图 4-92 所示。将"虚线"图层的线型设置为 ACAD_ISO02W100。

（3）利用"矩形""直线""圆"命令在梳妆凳图形旁边绘制桌子和台灯造型，如图 4-93 所示。

图 4-92　设置图层

图 4-93　绘制桌子和台灯

（4）单击"默认"选项卡"修改"面板中的"打断于点"按钮□，打断两侧边，命令行提示与操作如下：

```
命令：_break↙
选择对象：（选择梳妆凳被桌面盖住的两侧边）
指定第二个打断点 或 [第一点(F)]：_f↙
指定第一个打断点：（捕捉左侧边与桌面的交点）
指定第二个打断点：（捕捉右侧边与桌面的交点）
```

用同样的方法打断另一侧的边。打断后，原来的侧边有一条线以打断点为界分成两段线。

（5）选择梳妆凳被桌面盖住的图线，然后单击图层面板中的下拉按钮，在图层列表中单击选择"虚线"图层，如图 4-94 所示。这时该部分图形的线型随图层变为虚线，最终结果如图 4-95 所示。

图 4-94　改变图层

图 4-95　梳妆台

4.5.15　"分解"命令

1. 执行方式

☑ 命令行：EXPLODE 或 X。
☑ 菜单栏："修改"→"分解"。
☑ 工具栏："修改"→"分解" 🗗 。
☑ 功能区："默认"→"修改"→"分解" 🗗 。

2. 操作步骤

```
命令：EXPLODE↙
选择对象：（选择要分解的对象）
```

选择一个对象后，该对象会被分解。系统继续提示该行信息，允许分解多个对象。

4.5.16　"合并"命令

可以将直线、圆弧、椭圆弧和样条曲线等独立的对象合并为一个对象，如图 4-96 所示。

1. 执行方式

☑ 命令行：JOIN。
☑ 菜单栏："修改"→"合并"。
☑ 工具栏："修改"→"合并" ⇥ 。
☑ 功能区："默认"→"修改"→"合并" ⇥ 。

图 4-96　合并对象

2. 操作步骤

命令：JOIN
选择源对象或要一次合并的多个对象：（选择一个对象）
选择要合并的对象：（选择另一个对象）
选择要合并的对象：↙
2 条直线已合并为 1 条直线源

4.6　对　象　编　辑

在对图形进行编辑时，还可以对图形对象本身的某些特性进行编辑，从而方便地进行图形绘制。

4.6.1　钳夹功能

利用钳夹功能可以快速方便地编辑对象。AutoCAD 在图形对象上定义了一些特殊点，称为夹点，利用夹点可以灵活地控制对象，如图 4-97 所示。

要使用钳夹功能编辑对象，必须先打开钳夹功能，打开方法是执行"工具"→"选项"命令。

在"选项"对话框的"选择集"选项卡中选中"启用夹点"复选框。在该选项卡中，还可以设置代表夹点的小方格的尺寸和颜色。

也可以通过 GRIPS 系统变量来控制是否打开钳夹功能，1 代表打开，0 代表关闭。

打开钳夹功能后，应该在编辑对象之前先选择对象。夹点表示了对象的控制位置。

使用夹点编辑对象，要选择一个夹点作为基点，称为基准夹点。然后选择一种编辑操作，如拉伸拟合点、镜像、移动、旋转和缩放等。可以用空格键、Enter 键等键盘上的快捷键循环选择这些功能。

下面仅就其中的拉伸拟合点操作为例进行讲述，其他操作类似。

在图形上拾取一个夹点，该夹点改变颜色，此点为夹点编辑的基准夹点。这时命令行提示如下：

** 拉伸 **
指定拉伸点或 [基点(B)/复制(C)/放弃(U)/退出(X)]：

在上述拉伸编辑提示下，输入"镜像"命令或右击，在弹出的快捷菜单中执行"镜像"命令，如图 4-98 所示。

图 4-97　夹点　　　　　　　　　　　　图 4-98　快捷菜单

执行上述操作后系统就会转换为"镜像"操作，其他操作类似。

4.6.2　修改对象属性

1. 执行方式

☑　命令行：DDMODIFY 或 PROPERTIES。

☑　菜单栏："修改"→"特性"。

☑　工具栏："标准"→"特性"⊞。

☑　功能区："视图"→"选项板"→"特性"⊞或"默认"→"特性"→"对话框启动器"↘。

☑　快捷键：Ctrl+1。

2. 操作步骤

打开"特性"对话框，如图 4-99 所示，可以方便地设置或修改对象的各种属性。

图 4-99　"特性"对话框

不同的对象属性种类和值不同，修改属性值，对象的属性即可改变。

4.6.3　实例——吧椅

本实例利用"圆""圆弧""直线""偏移"命令绘制吧椅图形，在绘制过程中，利用钳夹功能编辑局部图形，绘制流程如图 4-100 所示。

图 4-100　绘制吧椅

操作步骤

（1）单击"默认"选项卡"绘图"面板中的"直线"按钮／、"圆弧"按钮／和"圆"按钮⊙，绘制初步图形，其中圆弧和圆同心大致左右对称，如图 4-101 所示。

（2）单击"默认"选项卡"修改"面板中的"偏移"按钮 ⊆，偏移刚绘制的圆弧，如图 4-102 所示。

图 4-101　绘制初步图形

图 4-102　偏移圆弧

（3）单击"默认"选项卡"绘图"面板中的"圆弧"按钮 ╱，绘制扶手端部，采用"起点/端点/圆心"的形式，使造型光滑过渡，如图 4-103 所示。

（4）在绘制扶手端部圆弧的过程中，由于采用的是粗略的绘制方法，放大局部后，可能会出现图线不闭合的情况。这时，双击选择对象图线，出现钳夹编辑点，移动相应编辑点捕捉需要闭合连接的相临图线端点，如图 4-104 所示。

（5）用相同的方法绘制扶手另一端的圆弧造型，结果如图 4-105 所示。

图 4-103　绘制扶手端部

图 4-104　调整编辑点

图 4-105　绘制另一端圆弧造型

4.7　图案填充

当需要用一个重复的图案（pattern）填充某个区域时，可以使用 BHATCH 命令建立一个相关联的填充阴影对象，即图案填充。

4.7.1　基本概念

1. 图案边界

当进行图案填充时，首先要确定图案填充的边界。定义边界的对象只能是直线、双向射线、单向射线、多段线、样条曲线、圆弧、圆、椭圆、椭圆弧、面域等对象或用这些对象定义的块，而且作为边界的对象，在当前屏幕上必须全部可见。

2. 孤岛

在进行图案填充时，把位于总填充域内的封闭区域称为孤岛，如图 4-106 所示。在用 BHATCH 命令进行图案填充时，AutoCAD 允许用户以拾取点的方式确定填充边界，即在希望填充的区域内任意拾取一点，AutoCAD 会自动确定出填充边界，同时也确定该边界内的孤岛。如果用户是以点取对象的方式确定填充边界的，则必须确切地点取这些孤岛，有关知识将在 4.7.2 节中介绍。

3. 填充方式

在进行图案填充时，需要控制填充的范围，AutoCAD 系统为用户设置了以下 3 种填充方式，实现对填充范围的控制。

（1）普通方式：如图 4-107（a）所示，该方式从边界开始，从每条填充线或每个剖面符号的两端向里画，遇到内部对象与之相交时，填充线或剖面符号断开，直到遇到下一次相交时再继续画。采用这种方式时，要避免填充线或剖面符号与内部对象的相交次数为奇数。该方式为系统内部的默认方式。

（2）最外层方式：如图 4-107（b）所示，该方式从边界开始，向里画剖面符号，只要在边界内部与对象相交，则剖面符号由此断开，而不再继续画。

（3）忽略方式：如图 4-107（c）所示，该方式忽略边界内部的对象，所有内部结构都被剖面符号覆盖。

图 4-106　孤岛　　　　　　　　　　　图 4-107　填充方式

4.7.2　图案填充的操作

1. 执行方式

☑ 命令行：BHATCH。
☑ 菜单栏："绘图"→"图案填充"。
☑ 工具栏："绘图"→"图案填充" 或"渐变色" 。
☑ 功能区："默认"→"绘图"→"图案填充" 。

2. 操作步骤

执行上述命令后，系统弹出如图 4-108 所示的"图案填充创建"选项卡，各面板含义如下。

图 4-108　"图案填充创建"选项卡

（1）"边界"面板

☑ 拾取点：通过选择由一个或多个对象形成的封闭区域内的点，确定图案填充边界（如图 4-109所示）。指定内部点时，可以随时在绘图区域中右击以显示包含多个选项的快捷菜单。

选择一点　　　　　　填充区域　　　　　　填充结果

图 4-109　边界确定

☑ 选择边界对象：指定基于选定对象的图案填充边界。使用该选项时，不会自动检测内部对象，必须选择选定边界内的对象，以按照当前孤岛检测样式填充这些对象，如图 4-110 所示。

原始图形　　　　　　选取边界对象　　　　　填充结果

图 4-110　选择边界对象

☑ 删除边界对象：从边界定义中删除之前添加的任何对象，如图 4-111 所示。

选取边界对象　　　　　删除边界　　　　　　填充结果

图 4-111　删除"岛"后的边界

☑ 重新创建边界：围绕选定的图案填充或填充对象创建多段线或面域，并使其与图案填充对象相关联（可选）。

☑ 显示边界对象：选择构成选定关联图案填充对象的边界的对象，使用显示的夹点可修改图案填充边界。

☑ 保留边界对象：指定如何处理图案填充边界对象，包括以下选项。

➢ 不保留边界：不创建独立的图案填充边界对象。

➢ 保留边界-多段线：创建封闭图案填充对象的多段线。

➢ 保留边界-面域：创建封闭图案填充对象的面域对象。

➢ 选择新边界集：指定对象的有限集（称为边界集），以便通过创建图案填充时的拾取点进行计算。

（2）"图案"面板

显示所有预定义和自定义图案的预览图像。

（3）"特性"面板

☑ 图案填充类型：指定是使用纯色、渐变色、图案还是用户定义的填充。

☑ 图案填充颜色：替代实体填充和填充图案的当前颜色。

☑ 背景色：指定填充图案背景的颜色。

☑ 图案填充透明度：设定新图案填充或填充的透明度，替代当前对象的透明度。

☑ 图案填充角度：指定图案填充或填充的角度。

☑ 填充图案比例：放大或缩小预定义或自定义填充图案。

☑ 相对图纸空间：（仅在布局中可用）相对于图纸空间单位缩放填充图案。使用此选项，可很容易地做到以适合于布局的比例显示填充图案。

☑ 双向：（仅当设定"图案填充类型"为"用户定义"时可用）将绘制第二组直线，与原始直线成 90°，从而构成交叉线。

☑ ISO 笔宽：（仅对于预定义的 ISO 图案可用）基于选定的笔宽缩放 ISO 图案。

（4）"原点"面板

☑ 设定原点：直接指定新的图案填充原点。

☑ 左下：将图案填充原点设定在图案填充边界矩形范围的左下角。

☑ 右下：将图案填充原点设定在图案填充边界矩形范围的右下角。

☑ 左上：将图案填充原点设定在图案填充边界矩形范围的左上角。

☑ 右上：将图案填充原点设定在图案填充边界矩形范围的右上角。

☑ 中心：将图案填充原点设定在图案填充边界矩形范围的中心。

☑ 使用当前原点：将图案填充原点设定在 HPORIGIN 系统变量中存储的默认位置。

☑ 存储为默认原点：将新图案填充原点的值存储在 HPORIGIN 系统变量中。

（5）"选项"面板

☑ 关联：指定图案填充或填充为关联图案填充。关联的图案填充或填充在用户修改其边界对象时将会更新。

☑ 注释性：指定图案填充为注释性。此特性会自动完成缩放注释过程，从而使注释能够以正确的大小在图纸上打印或显示。

☑ 特性匹配。

   ➢ 使用当前原点：使用选定图案填充对象（除图案填充原点外）设定图案填充的特性。

   ➢ 使用源图案填充的原点：使用选定图案填充对象（包括图案填充原点）设定图案填充的特性。

☑ 允许的间隙：设定将对象用作图案填充边界时可以忽略的最大间隙。默认值为 0，此值指定对象必须封闭区域而没有间隙。

☑ 创建独立的图案填充：控制当指定了几个单独的闭合边界时，是创建单个图案填充对象，还是创建多个图案填充对象。

☑ 孤岛检测。

   ➢ 普通孤岛检测：从外部边界向内填充。如果遇到内部孤岛，填充将关闭，直到遇到孤岛中的另一个孤岛。

   ➢ 外部孤岛检测：从外部边界向内填充。此选项仅填充指定的区域，不会影响内部孤岛。

   ➢ 忽略孤岛检测：忽略所有内部的对象，填充图案时将通过这些对象。

☑ 绘图次序：为图案填充或填充指定绘图次序。选项包括不更改、后置、前置、置于边界之后和置于边界之前。

（6）"关闭"面板

☑ "关闭图案填充创建"按钮 ✔：退出 HATCH 并关闭上下文选项卡。也可以按 Enter 键或 Esc 键退出 HATCH。

4.7.3 编辑填充的图案

利用 HATCHEDIT 命令，编辑已经填充的图案。

1. 执行方式

☑ 命令行：HATCHEDIT。

☑ 菜单栏："修改"→"对象"→"图案填充"。

☑ 工具栏："修改 II"→"编辑图案填充" 圞。

☑ 功能区："默认"→"修改"→"编辑图案填充" 圞。

2. 操作步骤

选择图案填充对象：

选取图案填充物体后，系统弹出如图 4-112 所示的"图案填充编辑器"选项卡。

图 4-112　"图案填充编辑器"选项卡

在图 4-112 中，只有正常显示的选项才可以对其进行操作。该对话框中各项的含义与"图案填充创建"选项卡中各项的含义相同。利用该对话框，可以对已填充的图案进行一系列的编辑修改。

4.7.4　实例——沙发茶几

本实例利用二维绘制和编辑命令绘制沙发茶几，然后利用"图案填充"命令填充图形，在绘制过程中，要熟练掌握图案填充命令的运用，绘制流程如图 4-113 所示。

图 4-113　沙发茶几

操作步骤

（1）单击"默认"选项卡"绘图"面板中的"直线"按钮 ∕，绘制单个沙发造型，如图 4-114 所示。

（2）单击"默认"选项卡"绘图"面板中的"圆弧"按钮 ∕，将沙发面的 4 条边连接起来，得到完整的沙发面，如图 4-115 所示。

（3）单击"默认"选项卡"绘图"面板中的"直线"按钮 ∕，绘制侧面扶手，如图 4-116 所示。

图 4-114 创建沙发面 4 条边

图 4-115 连接边角

图 4-116 绘制扶手

（4）单击"默认"选项卡"绘图"面板中的"圆弧"按钮 ，绘制侧面扶手弧边线，如图 4-117 所示。

（5）单击"默认"选项卡"修改"面板中的"镜像"按钮 ，镜像绘制另外一个方向的扶手轮廓，如图 4-118 所示。

图 4-117 绘制扶手弧边线

图 4-118 绘制另外一侧扶手

（6）单击"默认"选项卡"绘图"面板中的"圆弧"按钮 和"修改"面板中的"镜像"按钮 ，绘制沙发背部扶手轮廓，如图 4-119 所示。

（7）单击"默认"选项卡"绘图"面板中的"圆弧"按钮 、"直线"按钮 和"修改"面板中的"镜像"按钮 ，继续完善沙发背部扶手轮廓，如图 4-120 所示。

图 4-119 创建背部扶手

图 4-120 完善背部扶手

（8）单击"默认"选项卡"修改"面板中的"偏移"按钮 ，对沙发面造型进行修改，使其更为形象，如图 4-121 所示。

（9）单击"默认"选项卡"绘图"面板中的"多点"按钮 ，在沙发座面上绘制点，细化沙发面造型，如图 4-122 所示，命令行提示与操作如下：

命令：POINT（输入画点命令）↵
当前点模式：PDMODE=99 PDSIZE=25.0000（系统变量的 PDMODE、PDSIZE 设置数值）
指定点：（使用鼠标在屏幕上直接指定点的位置，或直接输入点的坐标）

图 4-121　修改沙发面

图 4-122　细化沙发面

（10）单击"默认"选项卡"修改"面板中的"镜像"按钮△，进一步细化沙发面造型，使其更为形象，如图 4-123 所示。

（11）采用相同的方法，绘制 3 人座的沙发造型，如图 4-124 所示。

图 4-123　完善沙发面

图 4-124　绘制 3 人座沙发

（12）单击"默认"选项卡"绘图"面板中的"直线"按钮／、"圆弧"按钮／和"修改"面板中的"镜像"按钮△，绘制扶手造型，如图 4-125 所示。

（13）单击"默认"选项卡"绘图"面板中的"圆弧"按钮／和"直线"按钮／，绘制 3 人座沙发背部造型，如图 4-126 所示。

图 4-125　绘制 3 人座沙发扶手

图 4-126　建立 3 人座沙发背部造型

（14）单击"默认"选项卡"绘图"面板中的"多点"按钮∴，对 3 人座沙发面造型进行细化，如图 4-127 所示。

（15）单击"默认"选项卡"修改"面板中的"移动"按钮✥，调整两个沙发造型的位置，如图 4-128 所示。

图 4-127 细化 3 人座沙发面　　　　　　　　图 4-128 调整沙发位置

（16）单击"默认"选项卡"修改"面板中的"镜像"按钮，对单个沙发进行镜像，得到沙发组造型，如图 4-129 所示。

（17）单击"默认"选项卡"绘图"面板中的"椭圆"按钮，绘制一个椭圆形，建立椭圆形的茶几造型，如图 4-130 所示。

图 4-129 沙发组　　　　　　　　　　　图 4-130 建立椭圆形茶几

（18）单击"默认"选项卡"绘图"面板中的"图案填充"按钮，打开"图案填充创建"选项卡，在"图案"面板中选取填充图案为 AR-RROOF，在"特性"面板中设置角度为 45°，比例为 2，如图 4-131 所示。然后选取茶几面进行图案填充，单击"关闭图案填充创建"按钮，关闭选项卡，结果如图 4-132 所示。

图 4-131 "图案填充创建"选项卡

（19）单击"默认"选项卡"绘图"面板中的"多边形"按钮，绘制沙发之间的桌面灯造型，如图 4-133 所示。

图 4-132 填充茶几图案　　　　　　　　图 4-133 绘制一个正方形

（20）单击"默认"选项卡"绘图"面板中的"圆"按钮，绘制两个大小和圆心位置不同的圆形，如图 4-134 所示。

（21）单击"默认"选项卡"绘图"面板中的"直线"按钮 ╱，绘制随机斜线形成灯罩效果，如图 4-135 所示。

图 4-134　绘制两个圆形

图 4-135　创建灯罩

（22）单击"默认"选项卡"修改"面板中的"镜像"按钮 ⚎，进行镜像，得到两个沙发桌面灯造型，如图 4-136 所示。

图 4-136　创建另外一侧造型

4.8　实践与操作

通过前面的学习，相信读者对本章知识也有了大体的了解，本节通过几个操作练习使读者进一步掌握本章知识要点。

4.8.1　绘制办公桌

1. 目的要求

本例绘制的是一个简单的办公家具图形（如图 4-137 所示），涉及的命令有"矩形""复制""镜像"。通过本实践，要求读者掌握"复制"和"镜像"命令的使用方法。

图 4-137　办公桌

2. 操作提示

（1）利用"矩形"命令在适当位置绘制几个矩形。

（2）利用"复制"命令复制抽屉图形。

（3）利用"镜像"命令完善图形。

4.8.2   绘制沙发

1. 目的要求

本例绘制的是一个如图 4-138 所示的沙发图形，涉及的编辑命令有"分解""圆角""延伸""修剪"等。通过本实践，要求读者掌握相关编辑命令的使用方法。

2. 操作提示

（1）利用"矩形"命令绘制带圆角的矩形作为沙发的外框。

（2）利用"直线"命令绘制内框。

（3）利用"分解"命令和"圆角"命令修改沙发轮廓。

（4）利用"延伸"命令，将"圆角"命令去掉的线段补上。

（5）利用"圆角"命令再次进行圆角处理。

（6）利用"修剪"命令进行修剪。

（7）利用"圆弧"命令绘制沙发拐角褶皱。

4.8.3   绘制餐厅桌椅

1. 目的要求

本例绘制的是一个如图 4-139 所示的餐厅桌椅图形，涉及的编辑命令有"偏移""镜像""环形阵列"等。通过本实践，要求读者掌握相关编辑命令的使用方法。

图 4-138   沙发

图 4-139   餐厅桌椅

2. 操作提示

（1）利用"直线""圆弧"和"镜像"命令绘制椅子。

（2）利用"圆"和"偏移"命令绘制桌子。

（3）利用"环形阵列"命令布置椅子。

第 5 章

辅助工具

　　文字注释是图形中很重要的一部分内容，在进行各种设计时，通常不仅要绘出图形，还要在图形中标注一些文字。图表在 AutoCAD 图形中也有大量的应用，如明细表、参数表和标题栏等。尺寸标注是绘图设计过程中相当重要的一个环节。

　　在绘图设计过程中，经常会遇到一些重复出现的图形（如建筑设计中的桌椅、门窗等），如果每次都重新绘制这些图形，不仅会造成大量的重复工作，而且存储这些图形及其信息也会占据相当大的磁盘空间。

- ☑ 查询工具
- ☑ 图块及其属性
- ☑ 文本标注

- ☑ 表格
- ☑ 尺寸标注
- ☑ 设计中心与工具选项板

任务驱动&项目案例

5.1　查　询　工　具

为方便用户及时了解图形信息，AutoCAD 提供了很多查询工具，这里简要进行说明。

5.1.1　距离查询

1. 执行方式

☑ 命令行：MEASUREGEOM。
☑ 菜单栏："工具"→"查询"→"距离"。
☑ 工具栏："查询"→"距离" ⬛。
☑ 功能区："默认"→"实用工具"→"距离" ⬛。

2. 操作步骤

```
命令：MEASUREGEOM↙
输入选项[距离(D)/半径(R)/角度(A)/面积(AR)/体积(V)] <距离>：_distance↙
指定第一点：指定点
指定第二点或 [多个点(M)]：指定第二点或输入 M 表示多个点
距离 = 1.2964，XY 平面中的倾角 = 0，与 XY 平面的夹角 = 0
X 增量 = 1.2964，Y 增量 = 0.0000，Z 增量 = 0.0000
输入选项[距离(D)/半径(R)/角度(A)/面积(AR)/体积(V)/退出(X)] <距离>：退出
```

3. 选项说明

多个点（M）：如果选择该选项，将基于现有直线段和当前橡皮线即时计算总距离。

5.1.2　面积查询

1. 执行方式

☑ 命令行：MEASUREGEOM。
☑ 菜单栏："工具"→"查询"→"面积"。
☑ 工具栏："查询"→"面积" ⬛。
☑ 功能区："默认"→"实用工具"→"面积" ⬛。

2. 操作步骤

```
命令：MEASUREGEOM↙
输入选项[距离(D)/半径(R)/角度(A)/面积(AR)/体积(V)] <距离>：_area↙
指定第一个角点或[对象(O)/增加面积(A)/减少面积(S)/退出(X)] <对象(O)>：选择选项
```

3. 选项说明

在工具选项板中，系统设置了一些常用图形的选项卡，这些选项卡可以方便用户绘图。
（1）指定角点
计算由指定点所定义的面积和周长。

（2）增加面积（A）

打开"加"模式，并在定义区域时即时保持总面积。

（3）减少面积（S）

从总面积中减去指定的面积。

5.2 图块及其属性

把一组图形对象组合成图块加以保存，需要时可以把图块作为一个整体以任意比例和旋转角度插入图中任意位置，这样不仅避免了大量的重复工作，提高了绘图速度和工作效率，而且大大节省了磁盘空间。

5.2.1 图块定义

1. 执行方式

☑ 命令行：BLOCK。

☑ 菜单栏："绘图"→"块"→"创建"。

☑ 工具栏："绘图"→"创建块" 。

☑ 功能区："默认"→"块"→"创建" 或"插入"→"块定义"→"创建块" 。

2. 操作步骤

执行上述命令，系统弹出如图 5-1 所示的"块定义"对话框。利用该对话框指定定义对象和基点以及其他参数，可定义图块并命名。

5.2.2 图块保存

1. 执行方式

☑ 命令行：WBLOCK。

2. 操作步骤

执行上述命令，系统弹出如图 5-2 所示的"写块"对话框。利用该对话框可把图形对象保存为图块或把图块转换成图形文件。

图 5-1 "块定义"对话框

图 5-2 "写块"对话框

5.2.3　图块插入

1. 执行方式

☑ 命令行：INSERT。

☑ 菜单栏："插入"→"块"。

☑ 工具栏："插入"→"插入块" 或"绘图"→"插入块" 。

☑ 功能区："默认"→"块"→"插入"下拉菜单或"插入"→"块"→"插入"下拉菜单，如图 5-3 所示。

2. 操作步骤

执行上述操作后，即可单击并放置所显示功能区库中的块。该库显示当前图形中的所有块定义，单击并放置这些块。其他两个选项（即"最近使用的块"和"其他图形的块"）会将"块"选项板打开到相应选项卡，如图 5-4 所示，从选项卡中可以指定要插入的图块及插入位置。

图 5-3　"插入"对话框

图 5-4　"块"选项板

5.2.4　图块属性定义

1. 执行方式

☑ 命令行：ATTDEF。

☑ 菜单栏："绘图"→"块"→"定义属性"。

☑ 功能区："默认"→"块"→"定义属性" 或"插入"→"块定义"→"定义属性"

2. 操作步骤

执行上述命令，系统弹出"属性定义"对话框，如图 5-5 所示。

图 5-5　"属性定义"对话框

3. 选项说明

（1）"模式"选项组

☑ "不可见"复选框：选中该复选框，属性为不可见显示方式，即插入图块并输入属性值后，属性值在图中并不显示出来。

☑ "固定"复选框：选中该复选框，属性值为常量，即属性值在属性定义时给定，在插入图块时，系统不再提示输入属性值。

☑ "验证"复选框：选中该复选框，当插入图块时，系统重新显示属性值，让用户验证该值是否正确。

☑ "预设"复选框：选中该复选框，当插入图块时，系统自动把事先设置好的默认值赋予属性，而不再提示输入属性值。

☑ "锁定位置"复选框：选中该复选框，当插入图块时，系统锁定块参照中属性的位置。解锁后，属性可以相对于使用夹点编辑的块的其他部分移动，并且可以调整多行属性的大小。

☑ "多行"复选框：指定属性值可以包含多行文字。

（2）"属性"选项组

☑ "标记"文本框：输入属性标签。属性标签可由除空格和感叹号以外的所有字符组成。系统自动把小写字母改为大写字母。

☑ "提示"文本框：输入属性提示。属性提示是在插入图块时系统要求输入属性值的提示。如果不在此文本框内输入文本，则以属性标签作为提示。如果在"模式"选项组中选中"固定"复选框，即设置属性为常量，则无需设置属性提示。

☑ "默认"文本框：设置默认的属性值。可把使用次数较多的属性值作为默认值，也可不设默认值。

其他选项组比较简单，此处不再赘述。

5.2.5 修改属性定义

1. 执行方式

☑ 命令行：DDEDIT。
☑ 菜单栏："修改"→"对象"→"文字"→"编辑"。

2. 操作步骤

```
命令：DDEDIT↙
选择注释对象或[放弃(U)]
```

在此提示下选择要修改的属性定义，打开"编辑属性定义"对话框，如图 5-6 所示。可以在该对话框中修改属性定义。

图 5-6 "编辑属性定义"对话框

5.2.6　图块属性编辑

1. 执行方式

☑ 命令行：EATTEDIT。

☑ 菜单栏："修改"→"对象"→"属性"→"单个"。

☑ 工具栏："修改 II"→"编辑属性" 。

☑ 功能区："默认"→"块"→"定义属性" 。

2. 操作步骤

```
命令：EATTEDIT↙
选择块：
```

选择块后，系统弹出"增强属性编辑器"对话框，如图 5-7 所示。该对话框不仅可以编辑属性值，还可以编辑属性的文字选项和图层、线型、颜色等特性值。

图 5-7　"增强属性编辑器"对话框

5.2.7　实例——四人餐桌

视频讲解

本实例主要介绍灵活利用图块快速绘制家具图形的具体方法。首先将已经绘制的圈椅定义成图块并保存，然后绘制桌子，最后将圈椅图块插入桌子图形中，绘制流程如图 5-8 所示。

图 5-8　绘制流程

操作步骤

（1）打开 3.5.3 节绘制的圈椅图形，如图 5-9 所示。

（2）在命令行中输入 WBLOCK，弹出"写块"对话框，如图 5-10 所示。单击"选择对象"按钮 ⊕ ，拾取整个圈椅图形为对象，输入图块名称"圈椅图块"并指定路径，单击"确定"按钮保存。

图 5-9　圈椅

图 5-10　"写块"对话框

（3）利用"正多边形"命令绘制一个适当大小的正方形餐桌，如图 5-11 所示。

（4）单击"默认"选项卡的"块"面板中"插入"下拉菜单中的"其他图形中的块"选项，系统弹出"块"选项板，单击选项板顶部的"…"按钮，找到"圈椅图块"保存的路径，在"角度"文本框中输入"90"，在"插入选项"下拉列表中勾选"插入点"和"统一比例"复选框，其他选项按默认设置，如图 5-12 所示，在"预览列表"中选择"圈椅图块"并插入绘图区域内，完成图块的插入。

图 5-11　餐桌

图 5-12　"插入"对话框

（5）利用"对象捕捉"和"对象追踪"功能，追踪捕捉桌子图形中点，拖曳鼠标在中点左边一个适当距离放置圈椅图块，如图 5-13 所示。

（6）单击"默认"选项卡"修改"面板中的"环形阵列"按钮 ⊙ ，将插入的圈椅图块以桌子的中心为中心进行阵列。命令行提示与操作如下：

```
命令：_arraypolar↙
选择对象：（选择插入的圈椅图块）
```

选择对象：↙
　　类型=极轴　关联=是
　　指定阵列的中心点或 [基点(B)/旋转轴(A)]：（捕捉桌子的中心点）
　　选择夹点以编辑阵列或 [关联(AS)/基点(B)/项目(I)/项目间角度(A)/填充角度(F)/行(ROW)/
层(L)/ 旋转项目(ROT)/退出(X)] <退出>：I↙
　　输入阵列中的项目数或 [表达式(E)] <6>：4↙
　　选择夹点以编辑阵列或 [关联(AS)/基点(B)/项目(I)/项目间角度(A)/填充角度(F)/行(ROW)/
层(L)/ 旋转项目(ROT)/退出(X)] <退出>：

最终结果如图 5-14 所示。

图 5-13　插入图块　　　　　　　　　图 5-14　阵列处理

5.3　文　本　标　注

　　文本标注是建筑图形的基本组成部分，在图签、说明、图纸目录等地方都要用到文本，本节将讲述文本标注的基本方法。

5.3.1　设置文本样式

1. 执行方式

☑ 命令行：STYLE 或 DDSTYLE。
☑ 菜单栏："格式"→"文字样式"。
☑ 工具栏："文字"→"文字样式" **A**。
☑ 功能区：默认"→"注释"→"文字样式" **A** 或"注释"→"文字"→"文字样式"→"管理文字样式"或"注释"→"文字"→"对话框启动器" ⬓ 。

2. 操作步骤

执行上述命令，系统弹出"文字样式"对话框，如图 5-15 所示。
利用该对话框可以新建文字样式或修改当前文字样式。如图 5-16～图 5-18 所示为各种文字样式。

图 5-15 "文字样式"对话框

家具设计家具设计
家具设计家具设计
家具设计家具设计
<u>家具设计家具设计</u>
家具设计家具设计

图 5-16 同一字体的不同样式图

ABCDEFGHIJKLMN ABCDEFGHIJKLMN

（a）　　　　　　　　（b）

图 5-17 文字倒置标注与反向标注

$abcd$
a
b
c
d

图 5-18 垂直标注文字

5.3.2 单行文本标注

1. 执行方式

☑ 命令行：TEXT 或 DTEXT。
☑ 菜单栏："绘图"→"文字"→"单行文字"。
☑ 工具栏："文字"→"单行文字" **A**。
☑ 功能区："默认"→"注释"→"单行文字" A 或"注释"→"文字"→"单行文字" A。

2. 操作步骤

```
命令：TEXT↙
当前文字样式："Standard" 文字高度：2.5000 注释性：否 对正：左
指定文字的起点或[对正(J)/样式(S)]
```

3. 选项说明

（1）指定文字的起点

在此提示下直接在作图屏幕上点取一点作为文本的起始点，命令行提示如下：

```
指定高度<0.2000>：（确定字符的高度）
指定文字的旋转角度 <0>：（确定文本行的倾斜角度）
```

（2）对正（J）

在上面的提示下输入"J"，用来确定文本的对齐方式，对齐方式决定文本的哪一部分与所选的插入点对齐。选择该选项，命令行提示如下：

```
输入选项 [左(L)/居中(C)/右(R)/对齐(A)/中间(M)/布满(F)/左上(TL)/中上(TC)/右上
(TR)/左中(ML)/正中(MC)/右中(MR)/左下(BL)/中下(BC)/右下(BR)]：
```

在此提示下选择一个选项作为文本的对齐方式。当文本串水平排列时，AutoCAD 为标注文本串定义了如图 5-19 所示的顶线、中线、基线和底线。各种对齐方式如图 5-20 所示，图中大写字母对应上述提示中各命令。下面以"对齐"选项为例进行简要说明。

图 5-19　文本串的底线、基线、中线和顶线

图 5-20　文本的对齐方式

实际绘图时，有时需要标注一些特殊字符，如直径符号、上画线或下画线、温度符号等。由于这些符号不能直接从键盘输入，AutoCAD 提供了一些控制码，用来实现这些要求。控制码用两个百分号（%%）加一个字符构成，常用的控制码如表 5-1 所示。

表 5-1　AutoCAD 常用控制码

符　　号	功　　能	符　　号	功　　能
%%O	上画线	\u+0278	电相位
%%U	下画线	\u+E101	流线
%%D	"度"符号	\u+2261	标识
%%P	正负符号	\u+E102	界碑线
%%C	直径符号	\u+2260	不相等
%%%	百分号%	\u+2126	欧姆
\u+2248	几乎相等	\u+03A9	欧米加
\u+2220	角度	\u+214A	地界线
\u+E100	边界线	\u+2082	下标 2
\u+2104	中心线	\u+00B2	上标 2
\u+0394	差值		

5.3.3　多行文本标注

1. 执行方式

☑ 命令行：MTEXT。
☑ 菜单栏："绘图"→"文字"→"多行文字"。
☑ 工具栏："绘图"→"多行文字"**A**或"文字"→"多行文字"**A**。
☑ 功能区："默认"→"注释"→"多行文字"**A**或"注释"→"文字"→"多行文字"**A**。

2. 操作步骤

```
命令：MTEXT↙
当前文字样式："Standard"　文字高度：2.5　注释性：否
指定第一角点：(指定矩形框的第一个角点)
指定对角点或 [高度(H)/对正(J)/行距(L)/旋转(R)/样式(S)/宽度(W)/栏(C)]：
```

3. 选项说明

（1）指定对角点

指定对角点后，系统弹出如图 5-21 所示的"文字编辑器"选项卡和多行文字编辑器，可利用此选项卡与编辑器输入多行文本并对其格式进行设置。

图 5-21　"文字编辑器"选项卡和多行文字编辑器

（2）对正（J）

确定所标注文本的对齐方式。

（3）行距（L）

确定多行文本的行间距，这里所说的行间距是指相邻两文本行的基线之间的垂直距离。

（4）旋转（R）

确定文本行的倾斜角度。

（5）样式（S）

确定当前的文本样式。

（6）宽度（W）

指定多行文本的宽度。

"文字编辑器"选项卡：用来控制文本文字的显示特性。可以在输入文本文字前设置文本的特性，也可以改变已输入的文本文字特性。要改变已有文本文字显示特性，首先应选择要修改的文本，选择文本的方式有以下 3 种。

① 将光标定位到文本文字开始处，按住鼠标左键，拖到文本末尾。

② 双击某个文字，则该文字被选中。

③ 3 次单击鼠标，则选中全部内容。

下面介绍选项卡中部分选项的功能。

（1）"样式"面板

☑ "高度"下拉列表框：确定文本的字符高度，可在文本编辑框中直接输入新的字符高度，也可从下拉列表中选择已设定过的高度。

（2）"格式"面板

☑ **B**和*I*按钮：设置黑体或斜体效果，只对 TrueType 字体有效。

☑ "删除线"按钮：用于在文字上添加水平删除线。

☑ "下画线"按钮**U**和"上画线"按钮**O**：用于设置或取消文字的上下画线。

☑ "堆叠"按钮：即层叠/非层叠文本按钮，用于层叠所选的文本，也就是创建分数形式。当文本中某处出现"/""^""#"这 3 种层叠符号之一时可层叠文本。方法是，选中须层叠的文字，然后单击该按钮，则符号左边的文字作为分子，右边的文字作为分母。AutoCAD 提供了

3 种分数形式，如果选中"abcd/efgh"后单击该按钮，得到如图 5-22（a）所示的分数形式；如果选中"abcd^efgh"后单击该按钮，则得到如图 5-22（b）所示的形式，此形式多用于标注极限偏差；如果选中"abcd # efgh"后单击该按钮，则创建斜排的分数形式，如图 5-22（c）所示。如果选中已经层叠的文本对象后单击该按钮，则恢复到非层叠形式。

☑ "倾斜角度"下拉列表框 *0/*：设置文字的倾斜角度，如图 5-23 所示。

$$\frac{abcd}{efgh}$$ $$\frac{abcd}{efgh}$$ $${abcd}/{efgh}$$

（a）　　　（b）　　　（c）

图 5-22　文本层叠

家具设计
家具设计
家具设计

图 5-23　倾斜角度与斜体效果

☑ "符号"按钮 @·：用于输入各种符号。单击该按钮，系统打开符号列表，如图 5-24 所示，可以从中选择符号输入到文本中。

☑ "插入字段"按钮 📇A：插入一些常用或预设字段。单击该按钮，系统打开"字段"对话框，如图 5-25 所示，用户可以从中选择字段插入标注文本中。

图 5-24　符号列表

图 5-25　"字段"对话框

☑ "追踪"按钮 ab：增大或减小选定字符之间的空隙。

☑ "上标"按钮 x^2：将选定文字转换为上标，即在输入线的上方设置稍小的文字。

☑ "下标"按钮 x_2：将选定文字转换为下标，即在输入线的下方设置稍小的文字。

（3）"段落"面板

☑ "多行文字对正"按钮 A：显示"多行文字对正"菜单，并且有 9 个对齐选项可用。

☑ "宽度因子"按钮 Ω：扩展或收缩选定字符。

☑ "清除格式"下拉列表：删除选定字符的字符格式，或删除选定段落的段落格式，或删除选定段落中的所有格式。

☑ 关闭：如果选择该选项，将从应用了列表格式的选定文字中删除字母、数字和项目符号。不更改缩进状态。

☑ 以数字标记：应用将带有句点的数字用于列表中的项的列表格式。

☑ 以字母标记：应用将带有句点的字母用于列表中的项的列表格式。如果列表含有的项多于字母中含有的字母，可以使用双字母继续序列。

☑ 以项目符号标记：应用将项目符号用于列表中的项的列表格式。

☑ 起点：在列表格式中启动新的字母或数字序列。如果选定的项位于列表中间，则选定项下面的未选中的项也将成为新列表的一部分。

☑ 连续：将选定的段落添加到上面最后一个列表，然后继续序列。如果选择了列表项而非段落，选定项下面的未选中的项将继续序列。

☑ 允许自动项目符号和编号：在输入时应用列表格式。以下字符可以用作字母和数字后的标点，并不能用作项目符号：句点（.）、逗号（,）、右括号（)）、右尖括号（>）、右方括号（]）和右花括号（}）。

☑ 允许项目符号和列表：如果选择该选项，列表格式将应用到外观类似列表的多行文字对象中的所有纯文本。

☑ 段落：为段落和段落的第一行设置缩进。指定制表位和缩进，控制段落对齐方式、段落间距和段落行距，如图 5-26 所示。

（4）"拼写检查"面板

☑ 拼写检查：确定输入时拼写检查处于打开还是关闭状态。

☑ 编辑词典：显示"词典"对话框，从中可添加或删除在拼写检查过程中使用的自定义词典。

（5）"工具"面板

输入文字：选择该选项，系统打开"选择文件"对话框，如图 5-27 所示。选择任意 ASCII 或 RTF 格式的文件。输入的文字保留原始字符格式和样式特性，但可以在多行文字编辑器中编辑和格式化输入的文字。选择要输入的文本文件后，可以替换选定的文字或全部文字，或在文字边界内将插入的文字附加到选定的文字中。输入文字的文件必须小于 32KB。

图 5-26　"段落"对话框

图 5-27　"选择文件"对话框

（6）"选项"面板

标尺：在编辑器顶部显示标尺。拖曳标尺末尾的箭头可更改文字对象的宽度。列模式处于活动状态时，还显示高度和列夹点。

5.3.4 多行文本编辑

1. 执行方式

☑ 命令行：DDEDIT。

☑ 菜单栏："修改"→"对象"→"文字"→"编辑"。

☑ 工具栏："文字"→"编辑" **A**。

2. 操作步骤

```
命令：DDEDIT↙
选择注释对象或 [放弃(U)]：
```

要求选择想要修改的文本，同时光标变为拾取框。用拾取框单击对象，如果选取的文本是用 TEXT 命令创建的单行文本，可直接对其进行修改；如果选取的文本是用 MTEXT 命令创建的多行文本，选取后则打开多行文字编辑器（如图 5-21 所示），可根据前面的介绍对各项设置或内容进行修改。

5.3.5 实例——酒瓶

本实例主要介绍文本标注的绘制方法。首先利用"多段线"命令绘制酒瓶外轮廓，然后细化酒瓶，最后输入文字标注，绘制流程如图 5-28 所示。

图 5-28 酒瓶

操作步骤

（1）单击"默认"选项卡"图层"面板中的"图层特性"按钮，弹出"图层特性管理器"对话框，新建以下 3 个图层。

① "1"图层，颜色为绿色，其余属性默认。

② "2"图层，颜色为黑色，其余属性默认。

③ "3"图层，颜色为蓝色，其余属性默认。

（2）将当前图层设为"3"图层，单击"默认"选项卡"绘图"面板中的"多段线"按钮，绘制酒瓶轮廓。命令行提示与操作如下：

```
命令：_pline↙
指定起点：40,0↙
当前线宽为 0.0000
指定下一个点或 [圆弧(A)/半宽(H)/长度(L)/放弃(U)/宽度(W)]：@-40,0↙
指定下一点或 [圆弧(A)/闭合(C)/半宽(H)/长度(L)/ 放弃(U)/宽度(W)]：@0,119.8↙
指定下一点或 [圆弧(A)/闭合(C)/半宽(H)/长度(L)/放弃(U)/宽度(W)]：a↙
```

Note

指定圆弧的端点(按住 Ctrl 键以切换方向)或[角度(A)/圆心(CE)/闭合(CL)/方向(D)/半宽(H)/直线(L)/半径(R)/第二个点(S)/放弃(U)/宽度(W)]: 22,139.6↙
指定圆弧的端点(按住 Ctrl 键以切换方向)或[角度(A)/圆心(CE)/闭合(CL)/方向(D)/半宽(H)/直线(L)/半径(R)/第二个点(S)/放弃(U)/宽度(W)]: l↙
指定下一点或 [圆弧(A)/闭合(C)/半宽(H)/长度(L)/放弃(U)/宽度(W)]: 29,190.7↙
指定下一点或 [圆弧(A)/闭合(C)/半宽(H)/长度(L)/放弃(U)/宽度(W)]: 29,222.5↙
指定下一点或 [圆弧(A)/闭合(C)/半宽(H)/长度(L)/放弃(U)/宽度(W)]: a↙
指定圆弧的端点(按住 Ctrl 键以切换方向)或[角度(A)/圆心(CE)/闭合(CL)/方向(D)/半宽(H)/直线(L)/半径(R)/第二个点(S)/放弃(U)/宽度(W)]: s↙
指定圆弧上的第二个点: 40,227.6↙
指定圆弧的端点: 51.2,223.3↙
指定圆弧的端点(按住 Ctrl 键以切换方向)或[角度(A)/圆心(CE)/闭合(CL)/方向(D)/半宽(H)/直线(L)/半径(R)/第二个点(S)/放弃(U)/宽度(W)]:↙

绘制结果如图 5-29 所示。

（3）单击"默认"选项卡"修改"面板中的"镜像"按钮 ⚖，以（0,0）和（0,10）为镜像点，镜像绘制多段线，然后单击"默认"选项卡"修改"面板中的"修剪"按钮 ✂，修剪图形，如图 5-30 所示。

图 5-29　绘制多段线　　　　　　　　图 5-30　镜像处理

（4）单击"默认"选项卡"绘图"面板中的"直线"按钮 ╱，绘制坐标点为{（0,94.5），（@80,0）}、{（0,48.6），（@80,0）}、{（29,190.7），（@22,0）}、{（0,50.6），（@80,0）}、{（0,92.5），（@80,0）}的直线，如图 5-31 所示。

（5）单击"默认"选项卡"绘图"面板中的"椭圆"按钮 ⬭，绘制中心点为（40,120），轴端点为（@25,0），轴长度为（@0,10）的椭圆。单击"默认"选项卡"绘图"面板中的"圆弧"按钮 ╱，以三点方式绘制坐标为（22,139.6）、（40,136）和（58,139.6）的圆弧，如图 5-32 所示。

图 5-31　绘制直线　　　　　　　　图 5-32　绘制椭圆

（6）将"1"图层设置为当前图层，单击"默认"选项卡"注释"面板中的"多行文字"按钮 **A**，打开"文字编辑器"选项卡，设置字体为宋体，文字高度为 10，如图 5-33 所示，输入文字"Beer"。

图 5-33 "文字编辑器"选项卡

（7）同理，单击"默认"选项卡"注释"面板中的"多行文字"按钮 **A**，设置文字高度为 13，输入文字"HENKE"，结果如图 5-34 所示。

（8）将"2"图层设置为当前图层，单击"默认"选项卡"绘图"面板中的"直线"按钮／和"圆弧"按钮 ╱，细化酒瓶，最终完成酒瓶的绘制，结果如图 5-35 所示。

图 5-34 输入文字   图 5-35 酒瓶

5.4 表 格

在以前的版本中，要绘制表格必须采用绘制图线或者图线结合偏移或复制等编辑命令来完成，这样的操作过程烦琐而复杂，不利于提高绘图效率。从 AutoCAD 2010 开始，新增加了一个"表格"绘图功能，有了该功能，创建表格就变得非常容易，用户可以直接插入设置好样式的表格，而不用绘制由单独的图线组成的栅格。

5.4.1 设置表格样式

1.执行方式

☑ 命令行：ABLESTYLE。

☑ 菜单栏："格式"→"表格样式"。

☑ 工具栏："样式"→"表格样式管理器"。

☑ 功能区："默认"→"注释"→"表格样式"圃或"注释"→"表格"→"表格样式"→"管理表格样式"或"注释"→"表格"→"对话框启动器" ↘。

2. 操作步骤

执行上述命令,系统打开"表格样式"对话框,如图 5-36 所示。

图 5-36 "表格样式"对话框

3. 选项说明

(1)"新建"按钮

单击该按钮,系统弹出"创建新的表格样式"对话框,如图 5-37 所示。输入新的表格样式名后,单击"继续"按钮,系统打开"新建表格样式"对话框,如图 5-38 所示。从中可以定义新的表样式,分别控制表格中数据、列标题和总标题的有关参数,如图 5-39 所示。

图 5-37 "创建新的表格样式"对话框

图 5-38 "新建表格样式"对话框(1)

图 5-39 "新建表格样式"对话框(2)

如图 5-40 所示为数据"文字样式"为 Standard,"文字高度"为 4.5,"文字颜色"为"红色","填充颜色"为"黄色","对齐方式"为"右下";没有列标题行,标题"文字样式"为 Standard,"文字高度"为 6,"文字颜色"为"蓝色","填充颜色"为"无","对齐方式"为"正中";"表格方向"为"上",水平单元边距和垂直单元边距都为 1.5 的表格样式。

图 5-40　表格示例

（2）"修改"按钮

对当前表格样式进行修改的方式与新建表格样式相同。

5.4.2　创建表格

1. 执行方式

☑ 命令行：TABLE。

☑ 菜单栏："绘图"→"表格"。

☑ 工具栏："绘图"→"表格"囲。

☑ 功能区："默认"→"注释"→"表格"囲或"注释"→"表格"→"表格"囲。

2. 操作步骤

执行上述命令,系统弹出"插入表格"对话框,如图 5-41 所示。

图 5-41　"插入表格"对话框

3.选项说明

（1）表格样式：从创建表格的当前图形中选择表格样式。通过单击下拉列表框旁边的按钮，用户可以创建新的表格样式。

（2）插入选项：指定插入表格的方式。

☑ 从空表格开始：创建可以手动填充数据的空表格。

☑ 自数据链接：从外部电子表格中的数据创建表格。

☑ 自图形中的对象数据（数据提取）：启动"数据提取"向导。

（3）预览：显示当前表格样式的样例。

（4）插入方式：指定表格位置。

☑ 指定插入点：指定表格左上角的位置。可以使用定点设备，也可以在命令提示行中输入坐标值。

☑ 指定窗口：指定表格的大小和位置。可以使用定点设备，也可以在命令提示下输入坐标值。选定此选项时，行数、列数、列宽和行高取决于窗口的大小以及列和行设置。

（5）列和行设置：设置列和行的数目和大小。

☑ 列数：选中"指定窗口"单选按钮并指定列宽时，"自动"选项将被选定，且列数由表格的宽度控制。如果已经指定包含起始表格的表格样式，则可以选择要添加到此起始表格的其他列的数量。

☑ 列宽：指定列的宽度。选中"指定窗口"单选按钮并指定列数时，则选定"自动"选项，且列宽由表格的宽度控制，最小列宽为一个字符。

☑ 数据行数：指定行数。选中"指定窗口"单选按钮并指定行高时，则选定"自动"选项，且行数由表格的高度控制。带有标题行和表格头行的表格样式最少应有 3 行。最小行高为一个文字行。如果已指定包含起始表格的表格样式，则可以选择要添加到此起始表格的其他数据行的数量。

☑ 行高：按照行数指定行高。文字行高基于文字高度和单元边距，这两项均在表格样式中设置。选中"指定窗口"单选按钮并指定行数时，则选定"自动"选项，且行高由表格的高度控制。

（6）设置单元样式：对于不包含起始表格的表格样式，请指定新表格中行的单元格式。

☑ 第一行单元样式：指定表格中第一行的单元样式。默认情况下，使用标题单元样式。

☑ 第二行单元样式：指定表格中第二行的单元样式。默认情况下，使用表头单元样式。

☑ 所有其他行单元样式：指定表格中所有其他行的单元样式。默认情况下，使用数据单元样式。

在上面的"插入表格"对话框中进行相应设置后，单击"确定"按钮，系统在指定的插入点或窗口自动插入一个空表格，并显示多行文字编辑器，用户可以逐行逐列输入相应的文字或数据。

5.4.3 编辑表格文字

1.执行方式

☑ 命令行：TABLEDIT。

☑ 定点设备：表格内双击。

☑ 快捷菜单：编辑单元文字。

2.操作步骤

执行上述命令，系统打开多行文字编辑器，用户可以对指定表格单元的文字进行编辑。

5.4.4 实例——五金配件明细表

本实例利用表格命令绘制五金配件明细表。首先设置表格样式，然后插入表格并调整表格的大小，最后填写表格中的文字，绘制流程如图 5-42 所示。

产品五金配件明细表				
序号	零件名称	规格	数量	备注
1	木塞	Ø8*30	28	
2	偏心件	Ø15	12	
3	单头拆装件	标准件	12	
4	菠萝螺母	M6*12.5	18	
5	爆炸螺母	M6*12		
6	小叉盖	Ø16	12	
7	小圆盖	Ø16		
8	趟门盖	标准件	1	
9	自攻螺丝	M3*12	18	
10	十字脚钉	M6	6	
11	拉手	无标趟门拉手	2	
12	双路轨	标准件	2	
13	层板钉	6*8	4	
14	上门轮	标准件	4	
15	下门轮	标准件	4	
16				
备注				
制表:		审核:	批准:	

图 5-42 五金配件明细表绘制流程图

操作步骤

（1）单击"默认"选项卡"注释"面板中的"表格样式"按钮，系统打开"表格样式"对话框，如图 5-43 所示。

（2）单击"新建"按钮，系统打开"创建新的表格样式"对话框，如图 5-44 所示。输入新的表格名称为"五金配件表"，单击"继续"按钮，系统打开"新建表格样式"对话框，在"单元样式"对应的下拉列表中选择"数据"，其对应的"常规"选项卡设置如图 5-45 所示，"文字"选项卡设置如图 5-46 所示。同理，在"单元样式"对应的下拉列表中选择"标题"，分别设置"对齐"为"正中"，"页边距"为4，"文字高度"为25。"表头"单元样式的设置同"数据"单元样式，创建好表格样式后，确定并关闭退出"表格样式"对话框。

（3）单击"默认"选项卡"注释"面板中的"表格"按钮，系统打开"插入表格"对话框，设置如图 5-47 所示。

图 5-43 "表格样式"对话框

图 5-44 "创建新的表格样式"对话框

图 5-45　"常规"选项卡设置

图 5-46　"文字"选项卡设置

图 5-47　"插入表格"对话框

（4）单击"确定"按钮，系统在指定的插入点或窗口自动插入一个空表格，如图 5-48 所示。

（5）单击表格拖曳夹点，调整表格的宽度，选取要合并的单元，单击"表格单元"选项卡"合并"面板中的"合并单元"按钮，合并单元格，结果如图 5-49 所示。

（6）双击单元格，打开"文字编辑器"，输入对应的文字，完成明细表的创建，如图 5-50 所示。

图 5-48　插入表格

图 5-49　合并单元格

产品五金配件明细表				
序号	零件名称	规格	数量	备注
1	木塞	Ø8*30	28	
2	偏心件	Ø15	12	
3	单头拆装件	标准件	12	
4	菠萝螺母	M6*12.5	18	
5	爆炸螺母	M6*12		
6	小叉盖	Ø16	12	
7	小圆盖	Ø16		
8	趟门盖	标准件	1	
9	自攻螺丝	M3*12	18	
10	十字脚钉	M6	6	
11	拉手	无标趟门拉手	2	
12	双路轨	标准件	2	
13	层板钉	6*8	4	
14	上门轮	标准件	4	
15	下门轮	标准件	4	
16				
备注				
制表：		审核：	批准：	

图 5-50　填写文字

5.5　尺　寸　标　注

尺寸标注相关命令的菜单方式集中在"标注"菜单中，工具栏方式集中在"标注"工具栏中，本节将详细讲述。

5.5.1　设置尺寸样式

1. 执行方式

☑ 命令行：DIMSTYLE。

☑ 菜单栏："格式"→"标注样式"或"标注"→"样式"。

☑ 工具栏："标注"→"标注样式" 🖾。

☑ 功能区："默认"→"注释"→"标注样式" 🖾 或"注释"→"标注"→"标注样式"→"管理标注样式"或"注释"→"标注→"对话框启动器" 🡦。

2. 操作步骤

执行上述命令，系统弹出"标注样式管理器"对话框，如图 5-51 所示。利用该对话框可方便直观地定制和浏览尺寸标注样式，包括产生新的标注样式、修改已存在的样式、设置当前尺寸标注样式、样式重命名以及删除一个已有样式等。

图 5-51　"标注样式管理器"对话框

3. 选项说明

（1）"置为当前"按钮

单击该按钮，把在"样式"列表框中选中的样式设置为当前样式。

（2）"新建"按钮

定义一个新的尺寸标注样式。单击该按钮，AutoCAD 弹出"创建新标注样式"对话框，如图 5-52 所示，利用该对话框可创建一个新的尺寸标注样式，单击"继续"按钮，系统弹出"新建标注样式"对话框，如图 5-53 所示，利用该对话框可对新样式的各项特性进行设置。该对话框中各部分的含义和功能将在后面介绍。

图 5-52 "创建新标注样式"对话框

图 5-53 "新建标注样式"对话框

（3）"修改"按钮

修改一个已存在的尺寸标注样式。单击该按钮，AutoCAD 弹出"修改标注样式"对话框，该对话框中的各选项与"新建标注样式"对话框中完全相同，可以对已有标注样式进行修改。

（4）"替代"按钮

设置临时覆盖尺寸标注样式。单击该按钮，AutoCAD 弹出"替代当前样式"对话框，该对话框中各选项与"新建标注样式"对话框完全相同，用户可改变选项的设置，覆盖原来的设置，但这种修改只对指定的尺寸标注起作用，而不影响当前尺寸变量的设置。

（5）"比较"按钮

比较两个尺寸标注样式在参数上的区别或浏览一个尺寸标注样式的参数设置。单击该按钮，AutoCAD 打开"比较标注样式"对话框，如图 5-54 所示。可以把比较结果复制到剪贴板上，然后再粘贴到其他的 Windows 应用软件上。

在图 5-53 所示的"新建标注样式"对话框中有 7 个选项卡，分别说明如下。

☑ 线：在该选项卡中可对尺寸线、尺寸界线等参数进行设置。包括尺寸线的颜色、线宽、超出标记、基线间距、隐藏等参数。

☑ 符号和箭头：在该选项卡中可对箭头和圆心标记等各个参数进行设置。包括箭头的大小、圆心标记的类型和大小等参数。

☑ 文字：在该选项卡中可对文字的外观、位置、对齐方式等各个参数进行设置。如图 5-55 所示，包括文字外观的文字样式、文字颜色、填充颜色、文字高度、分数高度比例、是否绘制文字边框等参数，文字位置的垂直、水平和从尺寸线偏移量等参数。对齐方式有水平、与尺寸线对齐、ISO 标准 3 种方式。如图 5-56 所示为尺寸文本在垂直方向放置的 4 种情形，如图 5-57 所示为尺寸文本在水平方向放置的 5 种情形。

图 5-54 "比较标注样式"对话框

图 5-55 "新建标注样式"对话框的"文字"选项卡

图 5-56 尺寸文本在垂直方向的放置

图 5-57 尺寸文本在水平方向的放置

☑ 调整：在该选项卡中可对调整选项、文字位置、标注特征比例、优化等各个参数进行设置。如图 5-58 所示，包括调整选项选择、文字不在默认位置时的放置位置、标注特征比例选择以及调整尺寸要素位置等参数。如图 5-59 所示为文字不在默认位置时放置位置的 3 种不同情形。

图 5-58 "新建标注样式"对话框的"调整"选项卡

图 5-59 尺寸文本的位置

☑ **主单位**：该选项卡用来设置尺寸标注的主单位和精度，以及给尺寸文本添加固定的前缀或后缀。本选项卡含两个选项组，分别对线性标注和角度标注进行设置，如图 5-60 所示。

☑ **换算单位**：该选项卡用于对替换单位进行设置，如图 5-61 所示。

图 5-60　"新建标注样式"对话框的　　　　图 5-61　"新建标注样式"对话框的
　　　　"主单位"选项卡　　　　　　　　　　　　　"换算单位"选项卡

☑ **公差**：该选项卡用于对尺寸公差进行设置。其中"方式"下拉列表框列出了 AutoCAD 提供的 5 种标注公差的形式，用户可从中选择，这 5 种形式分别是无、对称、极限偏差、极限尺寸和基本尺寸。其中"无"表示不标注公差，即上述常用标注情形。其余 4 种标注情况如图 5-62 所示，可在"精度""上偏差""下偏差""高度比例""垂直位置"等文本框中输入或选择相应的参数值。

图 5-62　公差标注的形式

5.5.2　尺寸标注——线性标注

1. 执行方式

☑ 命令行：DIMLINEAR。

☑ 菜单栏："标注"→"线性"。

☑ 工具栏："标注"→"线性标注" ┝┥。

☑ 功能区：功能区："默认"→"注释"→"线性"┝╌┥或"注释"→"标注"→"线性"┝╌┥。

2. 操作步骤

命令：DIMLINEAR✔
指定第一个尺寸界线原点或 <选择对象>：

在此提示下有两种选择，直接按 Enter 键选择要标注的对象或确定尺寸界线的起始点，按 Enter 键并选择要标注的对象或指定两条尺寸界线的起始点后，命令行提示如下：

指定尺寸线位置或[多行文字(M)/文字(T)/角度(A)/水平(H)/垂直(V)/旋转(R)]

3. 选项说明

（1）指定尺寸线位置：确定尺寸线的位置。用户可移动鼠标选择合适的尺寸线位置，然后按 Enter 键或单击，AutoCAD 则自动测量所标注线段的长度并标注出相应的尺寸。

（2）多行文字（M）：用多行文本编辑器确定尺寸文本。

（3）文字（T）：在命令行提示下输入或编辑尺寸文本。选择该选项后，命令行提示如下：

输入标注文字 <默认值>：

其中的默认值是 AutoCAD 自动测量得到的被标注线段的长度，直接按 Enter 键即可采用此长度值，也可输入其他数值代替默认值。当尺寸文本中包含默认值时，可使用尖括号 "<>" 表示默认值。

（4）角度（A）：确定尺寸文本的倾斜角度。

（5）水平（H）：水平标注尺寸，不论被标注线段沿什么方向，尺寸线均水平放置。

（6）垂直（V）：垂直标注尺寸，不论被标注线段沿什么方向，尺寸线均垂直放置。

（7）旋转（R）：输入尺寸线旋转的角度值，旋转标注尺寸。

对齐标注的尺寸线与所标注的轮廓线平行；坐标尺寸标注点的纵坐标或横坐标；角度标注两个对象之间的角度；直径或半径标注圆或圆弧的直径或半径；圆心标记则标注圆或圆弧的中心或中心线，具体由"新建（修改）标注样式"对话框中"符号和箭头"选项卡中的"圆心标记"选项组决定。上面所述这几种尺寸标注与线性标注类似，此处不再赘述。

5.5.3 尺寸标注——基线标注

基线标注用于产生一系列基于同一条尺寸界线的尺寸标注，适用于长度尺寸标注、角度标注和坐标标注等。在使用基线标注方式之前，应该先标注出一个相关的尺寸，如图 5-63 所示。基线标注两平行尺寸线间距由"新建（修改）标注样式"对话框中"符号和箭头"选项卡下"尺寸线"选项组中的"基线间距"文本框中的值决定。

1. 执行方式

☑ 命令行：DIMLINEAR。

☑ 菜单栏："标注" → "基线"。

☑ 工具栏："标注" → "基线标注" 🔲。

☑ 功能区："注释" → "标注" → "基线" 🔲。

2. 操作步骤

命令：DIMLINEAR↙
指定第二条尺寸界线原点或[选择(S)/放弃(U)] <选择>

直接确定另一个尺寸的第二条尺寸界线的起点，AutoCAD 以上次标注的尺寸为基准标注，标注出相应尺寸。

直接按 Enter 键，命令行提示如下：

选择基准标注：（选取作为基准的尺寸标注）

连续标注又叫尺寸链标注，用于产生一系列连续的尺寸标注，后一个尺寸标注均把前一个标注的第二条尺寸界线作为它的第一条尺寸界线。与基线标注一样，在使用连续标注方式之前，应该先标注出一个相关的尺寸。其标注过程与基线标注类似，如图 5-64 所示。

图 5-63　基线标注

图 5-64　连续标注

5.5.4　尺寸标注——快速标注

快速标注使用户可以交互地、动态地、自动化地进行尺寸标注。在该命令中可以同时选择多个圆或圆弧标注直径或半径，也可同时选择多个对象进行基线标注和连续标注，选择一次即可完成多个标注，可节省时间，提高工作效率。

1. 执行方式

☑ 命令行：QDIM。

☑ 菜单栏："标注"→"快速标注"。

☑ 工具栏："标注"→"快速标注" 🗗 。

☑ 功能区："注释"→"标注"→"快速标注" 🗗 。

2. 操作步骤

```
命令：QDIM↙
关联标注优先级 = 端点
选择要标注的几何图形：↙（选择要标注尺寸的多个对象后按 Enter 键）
指定尺寸线位置或 [连续(C)/并列(S)/基线(B)/坐标(O)/半径(R)/直径(D)/基准点(P)/编辑
(E)/设置(T)] <连续>：
```

3. 选项说明

（1）指定尺寸线位置：直接确定尺寸线的位置，按默认尺寸标注类型标注出相应尺寸。

（2）连续（C）：产生一系列连续标注的尺寸。

（3）并列（S）：产生一系列交错的尺寸标注，如图 5-65 所示。

（4）基线（B）：产生一系列基线标注的尺寸。后面的"坐标（O）""半径（R）""直径（D）"含义与此类同。

（5）基准点（P）：为基线标注和连续标注指定一个新的基准点。

（6）编辑（E）：对多个尺寸标注进行编辑。系统允许对已存在的尺寸标注添加或移去尺寸点。选择该选项，命令行提示如下：

```
指定要删除的标注点或 [添加(A)/退出(X)] <退出>：
```

在此提示下确定要移去的点之后按 Enter 键，AutoCAD 对尺寸标注进行更新。如图 5-66 所示为删除中间 4 个标注点后的尺寸标注。

图 5-65 交错尺寸标注

图 5-66 删除标注点

5.5.5 尺寸标注——引线标注

1. 执行方式

☑ 命令行：QLEADER。

2. 操作步骤

```
命令：QLEADER↙
指定第一个引线点或[设置(S)] <设置>
指定下一点：（输入指引线的第二点）
指定下一点：（输入指引线的第三点）
指定文字宽度<0.0000>：（输入多行文本的宽度）
输入注释文字的第一行 <多行文字(M)>：（输入单行文本或按 Enter 键，打开多行文字编辑器输入多
行文本）
输入注释文字的下一行：（输入另一行文本）
输入注释文字的下一行：（输入另一行文本或按 Enter 键）
```

也可以在上面操作过程中选择"设置（S）"选项，在弹出的"引线设置"对话框中进行相关参数设置，如图 5-67 所示。

图 5-67 "引线设置"对话框

另外，使用 LEADER 命令也可以进行引线标注，方法与 QLEADER 命令类似，此处不再赘述。

5.5.6 实例——给居室平面图标注尺寸

本实例主要介绍尺寸标注的绘制方法。首先利用二维绘制和编辑命令绘制居室平面图，然后标注居室平面图，绘制流程如图 5-68 所示。

视频讲解

图 5-68　居室平面图

操作步骤

1. 绘制图形

单击"默认"选项卡"绘图"面板中的"直线"按钮╱、"矩形"按钮▢ 和"圆弧"按钮╱，执行菜单栏中的"绘图"→"多线"命令，然后单击"默认"选项卡"修改"面板中的"镜像"按钮◢、"复制"按钮❀、"偏移"按钮⊆、"倒角"按钮╱ 和"旋转"按钮↻ 等绘制图形。

2. 设置尺寸标注样式

单击"默认"选项卡"注释"面板中的"标注样式"按钮┗┙，弹出"标注样式管理器"对话框，如图 5-69 所示。单击"新建"按钮，在弹出的"创建新标注样式"对话框中设置"新样式"名为"S_50_轴线"。单击"继续"按钮，弹出"新建标注样式"对话框。在如图 5-70 所示的"符号和箭头"选项卡中，设置"箭头"为"建筑标记"，其他设置保持默认，完成后单击"确定"按钮退出。

图 5-69　"标注样式管理器"对话框

图 5-70　设置"符号和箭头"选项卡

3. 水平轴线尺寸

首先将"S_50_轴线"样式置为当前状态，并把墙体和轴线的上侧放大显示，如图 5-71 所示。然后单击"注释"选项卡"标注"面板中的"快速标注"按钮╠，当命令行提示"选择要标注的几何图形"时，依次选中竖向的 4 条轴线，右击确定选择，向外拖曳鼠标到适当位置并确定，该尺寸即标注完成，如图 5-72 所示。

图 5-71　放大显示墙体

4. 竖向轴线尺寸

单击"注释"选项卡"标注"面板中的"快速标注"按钮，标注竖向轴线尺寸，结果如图 5-73 所示。

图 5-72　水平标注操作过程示意图

图 5-73　完成轴线标注

5. 门窗洞口尺寸

对于门窗洞口尺寸，有时用"快速标注"不太方便，现改用"线性标注"。单击"默认"选项卡"注释"面板中的"线性"按钮，依次单击尺寸的两个界线源点，完成每一个需要标注的尺寸，结果如图 5-74 所示。

6. 标注编辑

对于其中自动生成指引线标注的尺寸值，在命令行中输入"DIMEDIT"命令，然后选中尺寸值，将其逐个调整到适当位置，结果如图 5-75 所示。为了便于操作，在调整时可暂时将"对象捕捉"关闭。

图 5-74　门窗尺寸标注

图 5-75　门窗尺寸调整

7. 其他细部尺寸和总尺寸

按照上述方法完成其他细部尺寸和总尺寸的标注，结果如图 5-76 所示。注意总尺寸的标注位置。

图 5-76　标注居室平面图尺寸

5.6　设计中心与工具选项板

使用 AutoCAD 2020 设计中心可以很容易地组织设计内容，并把它们拖曳到当前图形中。工具选项板是"工具选项板"对话框中选项卡形式的区域，提供组织、共享和放置块及填充图案的有效方法。工具选项板还可以包含由第三方开发人员提供的自定义工具。也可以利用设置组织内容，并将其创建为工具选项板。设计中心与工具选项板的使用大大方便了绘图，提高了绘图的效率。

5.6.1　设计中心

1. 启动设计中心

启动设计中心主要有以下几种方式。

☑ 命令行：ADCENTER。

☑ 菜单栏："工具"→"选项板"→"设计中心"。

☑ 工具栏："标准"→"设计中心" 。

☑ 功能区："视图"→"选项板"→"设计中心" 。

☑ 快捷键：Ctrl+2。

执行上述命令，系统打开设计中心。第一次启动设计中心时，默认选项卡为"文件夹"。内容显示区采用大图标显示，左边的资源管理器采用 Tree View 显示方式显示系统的树形结构，浏览资源的同时，在内容显示区显示所浏览资源的有关细目或内容，如图 5-77 所示。也可以搜索资源，方法与 Windows 资源管理器类似。

图 5-77　AutoCAD 2020 设计中心的资源管理器和内容显示区

2. 利用设计中心插入图形

设计中心一个最大的优点是可以将系统文件夹中的 DWG 图形当成图块插入当前图形中。

（1）从查找结果列表框选择要插入的对象，双击对象。

（2）弹出"插入"对话框，如图 5-78 所示。

图 5-78　"插入"对话框

（3）在对话框中指定插入点、比例和旋转角度等数值。

被选择的对象将根据指定的参数插入图形中。

5.6.2　工具选项板

1. 打开工具选项板

打开工具选项板主要有以下几种方式。

☑ 命令行：TOOLPALETTES。

☑ 菜单栏："工具"→"选项板"→"工具选项板"。

☑ 工具栏："标准"→"工具选项板窗口" 📋。

☑ 功能区："视图"→"选项板"→"工具选项板" 📋。

☑ 快捷键：Ctrl+3。

执行上述操作后，系统自动弹出工具选项板，如图 5-79 所示。右击，在弹出的快捷菜单中执行"新建选项板"命令，如图 5-80 所示。系统新建一个空白选项板，可以命名该选项板，如图 5-81 所示。

图 5-79 工具选项板

图 5-80 快捷菜单

图 5-81 新建选项板

2. 将设计中心内容添加到工具选项板

在 Home-Space Planner 文件上右击，系统打开快捷菜单，从中执行"创建块的工具选项板"命令，如图 5-82 所示。设计中心中存储的图元则出现在工具选项板中新建的 DesignCenter 选项卡上，如图 5-83 所示。这样即可将设计中心与工具选项板结合起来，建立一个快捷方便的工具选项板。

图 5-82 快捷菜单

图 5-83 创建工具选项板

3. 利用工具选项板绘图

只需将工具选项板中的图形单元拖曳到当前图形，该图形单元就以图块的形式插入当前图形中。如图 5-84 所示是将前面创建的工具选项板中 Home-Space Planner 选项卡中的"床—双人"图形单元拖到当前图形。

图 5-84 双人床

视频讲解

5.7 综合实例——绘制居室家具布置平面图

居室家具布置平面图利用设计中心和工具选项板辅助绘制，绘制流程如图 5-85 所示。

图 5-85 流程图

5.7.1 绘制建筑主体图

单击"默认"选项卡"绘图"面板中的"直线"按钮 ╱ 和"圆弧"按钮 ⌒，绘制建筑主体图，或者直接打开"源文件\第 5 章\标注尺寸\居室平面图"文件，结果如图 5-86 所示。

图 5-86 建筑主体

5.7.2　启动设计中心

（1）单击"视图"选项卡"选项板"面板中的"设计中心"按钮▦，出现如图 5-87 所示的"设计中心"对话框，其中对话框的左侧为资源管理器。

图 5-87　"设计中心"对话框

（2）双击左侧的 Kitchens.dwg，弹出如图 5-88 所示的对话框；单击面板左侧的块图标▦，出现如图 5-89 所示的厨房设计常用的燃气灶、水龙头、橱柜等模块。

图 5-88　Kitchens.dwg

图 5-89　图形模块

5.7.3　插入图块

新建"内部布置"图层，在如图 5-89 所示对话框中双击"微波炉"图标，弹出如图 5-90 所示的对话框，设置适当的插入点、缩放比例等，插入的图块如图 5-91 所示，绘制结果如图 5-92 所示。重复上述操作，把 Home-Space Planner 与 House Designer 中的相应模块插入图形中，绘制结果如图 5-93 所示。

图 5-90 "插入"对话框

图 5-91 插入的图块

图 5-92 插入图块效果

图 5-93 室内布局

5.7.4 标注文字

单击"默认"选项卡"注释"面板中的"多行文字"按钮 **A**，将"客厅"和"厨房"等名称输入相应的位置，结果如图 5-94 所示。

图 5-94 居室平面图

5.8 综合实例——绘制 A3 图纸样板图形

本实例主要介绍样板图的绘制方法。首先利用二维绘制和编辑命令绘制图框，然后绘制标题栏，再次绘制会签栏，最后保存为样板图的形式，绘制流程如图 5-95 所示。

图 5-95 绘制流程

操作步骤

1. 设置单位和图形边界

（1）打开 AutoCAD 2020，新建一个图形文件。

（2）执行菜单栏中的"格式"→"单位"命令，弹出"图形单位"对话框，如图 5-96 所示。将"长度"的"类型"设置为"小数"，"精度"为 0；将"角度"的"类型"设置为"十进制度数"，"精度"为 0，系统默认逆时针方向为正，单击"确定"按钮。

图 5-96 "图形单位"对话框

（3）设置图形边界。国标对图纸的幅面大小做了严格规定，此处不妨按国标 A3 图纸幅面设置图形边界。A3 图纸的幅面为 420mm×297mm，执行菜单栏中的"格式"→"图层界限"命令，命令行提示与操作如下：

```
命令：LIMITS↙
重新设置模型空间界限：
指定左下角点或 [开(ON)/关(OFF)] <0.0000,0.0000>: ↙
指定右上角点 <12.0000,9.0000>: 420,297↙
```

2. 设置图层

（1）单击"默认"选项卡"图层"面板中的"图层特性"按钮，系统弹出"图层特性管理器"对话框，如图 5-97 所示。在该对话框中单击"新建图层"按钮，建立不同名称的新图层，这些不同的图层分别存放不同的图线或图形的不同部分。

图 5-97 "图层特性管理器"对话框

（2）设置图层颜色。为了区分不同图层上的图线，增加图形不同部分的对比性，可以在"图层特性管理器"对话框中单击相应图层"颜色"标签下的颜色色块，打开"选择颜色"对话框，如图5-98 所示，在该对话框中选择需要的颜色。

（3）设置线型。在常用的工程图样中，通常要用到不同的线型，这是因为不同的线型表示不同的含义。在"图层特性管理器"对话框中单击"线型"标签下的线型选项，打开"选择线型"对话框，如图 5-99 所示，在该对话框中选择对应的线型，如果在"已加载的线型"列表框中没有需要的线型，可以单击"加载"按钮，打开"加载或重载线型"对话框加载线型，如图 5-100 所示。

图 5-98 "选择颜色"对话框

图 5-99 "选择线型"对话框

（4）设置线宽。在工程图纸中，不同的线宽表示不同的含义，因此要对不同的图层的线宽界线进行设置，单击"图层特性管理器"对话框中"线宽"标签下的选项，打开"线宽"对话框，如图 5-101 所示，在该对话框中选择适当的线宽。需要注意的是，应尽量保持细线与粗线之间的比例为 1∶2。

图 5-100 "加载或重载线型"对话框

图 5-101 "线宽"对话框

3. 设置文本样式

下面列出一些本练习中的格式，请按如下约定进行设置：文本高度一般注释为 7mm，零件名称为 10mm，图标栏和会签栏中其他文字为 5mm，尺寸文字为 5mm，线型比例为 1，图纸空间线型比例为 1，单位为十进制，小数点后为 0 位，角度小数点后为 0 位。

可以生成 4 种文字样式，分别用于一般注释、标题块中零件名、标题块注释及尺寸标注。

（1）单击"默认"选项卡"注释"面板中的"文字样式"按钮 **A**，系统打开"文字样式"对话框，单击"新建"按钮，系统打开"新建文字样式"对话框，如图 5-102 所示，接受默认的"样式 1"文字样式名，单击"确定"按钮退出。

图 5-102 "新建文字样式"对话框

（2）返回"文字样式"对话框，在"字体名"下拉列表框中选择"宋体"选项，将"高度"设置为 5，将"宽度因子"设置为 0.7，如图 5-103 所示。单击"应用"按钮，再单击"关闭"按钮。其他文字样式按照类似的方法设置。

4. 设置尺寸标注样式

（1）单击"默认"选项卡"注释"面板中的"标注样式"按钮 ，系统弹出"标注样式管理器"对话框，如图 5-104 所示。在"预览"列表框中显示出标注样式的预览图形。

图 5-103 "文字样式"对话框

图 5-104 "标注样式管理器"对话框

（2）单击"修改"按钮，系统弹出"修改标注样式"对话框，在该对话框中可对标注样式的选项按照需要进行修改，如图 5-105 所示。

（3）在"线"选项卡中，设置"颜色"和"线宽"为 ByBlock，"基线间距"为 6，其他不变。在"符号和箭头"选项卡中，设置"箭头大小"为 1，其他设置不变。在"文字"选项卡中设置"颜色"为 ByBlock，"文字高度"为 5，其他设置不变。在"主单位"选项卡中，设置"精度"为 0，其他设置不变。其余选项卡设置也不变。

5. 绘制图框

单击"默认"选项卡"绘图"面板中的"矩形"按钮 ，绘制角点坐标为（25,10）和（410,287）的矩形，如图 5-106 所示。

图 5-105　"修改标注样式"对话框

图 5-106　绘制矩形

> **注意**：国家标准规定 A3 图纸的幅面大小是 420mm×297mm，这里留出了带装订边的图框到图纸边界的距离。

6. 绘制标题栏

标题栏示意图如图 5-107 所示，由于分隔线并不整齐，因此可以先绘制一张 20×10（每个单元格的尺寸是 20×10）的标准表格，然后在此基础上编辑或合并单元格，形成如图 5-106 所示的形式。

（1）单击"默认"选项卡"注释"面板中的"表格样式"按钮，系统弹出"表格样式"对话框，如图 5-108 所示。

图 5-107　标题栏示意图

图 5-108　"表格样式"对话框

（2）单击"表格样式"对话框中的"修改"按钮，系统弹出"修改表格样式"对话框，在"单元样式"下拉列表框中选择"数据"选项，在下面的"文字"选项卡中将"文字高度"设置为 6，如图 5-109 所示。再打开"常规"选项卡，将"页边距"选项组中的"水平"和"垂直"都设置为 1，如图 5-110 所示。

图 5-109 "修改表格样式"对话框   图 5-110 设置"常规"选项卡

（3）返回"表格样式"对话框，单击"关闭"按钮退出。

（4）单击"默认"选项卡"注释"面板中的"表格"按钮，系统弹出"插入表格"对话框。在"列和行设置"选项组中将"列数"设置为9，将"列宽"设置为20，将"数据行数"设置为2（加上标题行和表头行共4行），将"行高"设置为1行（即为10）；在"设置单元样式"选项组中，将"第一行单元样式""第二行单元样式""所有其他行单元样式"都设置为"数据"，如图5-111所示。

图 5-111 "插入表格"对话框

（5）在图框线右下角附近指定表格位置，系统生成表格，同时打开表格和文字编辑器，如图 5-112 所示。直接按 Enter 键，不输入文字，生成表格，如图 5-113 所示。

7. 移动标题栏

无法准确确定刚生成的标题栏与图框的相对位置，因此需要移动标题栏。单击"默认"选项卡"修改"面板中的"移动"按钮，将刚绘制的表格准确放置在图框的右下角，如图 5-114 所示。

图 5-112 表格和文字编辑器

Note

图 5-113　生成表格

图 5-114　移动表格

8. 编辑标题栏表格

（1）单击标题栏表格的 A 单元格，按住 Shift 键，同时选择 B 和 C 单元格，在"表格"编辑器中选择"合并单元"下拉菜单中的"合并全部"选项，如图 5-115 所示。

图 5-115　合并单元格

（2）重复上述方法，对其他单元格进行合并，结果如图 5-116 所示。

图 5-116　完成标题栏单元格编辑

9. 绘制会签栏

会签栏具体大小和样式如图 5-117 所示。用户可以采取和标题栏相同的绘制方法来绘制会签栏。

图 5-117　会签栏示意图

（1）在"修改表格样式"对话框的"文字"选项卡中，将"文字高度"设置为 4，如图 5-118所示；再把"常规"选项卡"页边距"选项组中的"水平"和"垂直"都设置为 0.5。

（2）单击"默认"选项卡"注释"面板中的"表格"按钮圃，系统弹出"插入表格"对话框，在"列和行设置"选项组中，将"列数"设置为 3，"列宽"为 25，"数据行数"为 2，"行高"为 1；在"设置单元样式"选项组中，将"第一行单元样式""第二行单元样式""所有其他行单元样式"都设置为"数据"，如图 5-119 所示。

图 5-118　设置表格样式

图 5-119　设置表格行和列

（3）在表格中输入文字，结果如图 5-120 所示。

单位	姓名	日期

图 5-120　会签栏的绘制

10. 旋转和移动会签栏

（1）单击"默认"选项卡"修改"面板中的"旋转"按钮 ↺，旋转会签栏，结果如图 5-121 所示。

（2）单击"默认"选项卡"修改"面板中的"移动"按钮 ✣，将会签栏移动到图框的左上角，结果如图 5-122 所示。

图 5-121　旋转会签栏

图 5-122　绘制完成的样板图

11. 保存样板图

单击快速访问工具栏中的"另存为"按钮 🖫，系统弹出"图形另存为"对话框，将图形保存为.dwt 格式的文件即可，如图 5-123 所示。

图 5-123　"图形另存为"对话框

5.9　实践与操作

通过前面的学习，相信读者对本章知识也有了大体的了解，本节通过几个操作练习使读者进一步掌握本章知识要点。

5.9.1　绘制会议桌椅

1. 目的要求

本实践利用"图块"方法绘制如图 5-124 所示的会议桌椅。在实际绘图过程中，会经常遇到重复性的图形单元。解决这类问题最简单、最快捷的办法是将重复性的图形单元制作成图块，然后将图块插入图形。本实践通过对会议桌椅进行标注，使读者掌握图块相关的操作。

图 5-124　会议桌椅

2. 操作提示

（1）打开前面绘制的办公椅图形。

（2）定义成图块并保存。

（3）绘制圆桌。

（4）插入办公椅图块。

（5）阵列处理。

5.9.2 绘制居室家具布置平面图

1. 目的要求

本实践绘制的是如图 5-125 所示的居室家具布置平面图。在绘图过程中，出现多个家具图形，运用"设计中心"命令，将家具图块插入居室平面图中，通过本实践的绘制，要求读者进一步掌握设计中心的运用。

图 5-125　居室家具布置平面图

2. 操作提示

（1）利用学过的绘图命令与编辑命令，绘制住房结构截面图。

（2）利用"设计中心"命令，将多个家具图块插入居室平面图中。

第 2 篇

典型家具设计篇

　　本篇主要介绍各种典型家具样式的设计实例，包括椅凳类家具、床类家具、桌台类家具、储存类家具和古典家具的设计方法和技巧。

　　通过学习本篇，读者可以加深对 AutoCAD 功能的理解，快速掌握典型家具设计的基本方法和技巧。

第6章

椅凳类家具

本章将详细叙述各种椅凳类家具的绘制实例，使读者进一步巩固二维图形的绘制和编辑，并熟练掌握应用各种 AutoCAD 命令绘制椅凳类家具的具体思路和方法。

- ☑ 转角沙发
- ☑ 西式沙发
- ☑ 办公座椅
- ☑ 餐桌和椅子
- ☑ 电脑桌椅

任务驱动&项目案例

6.1 转 角 沙 发

本实例先利用"矩形""直线""多段线"命令绘制初步图形,然后利用"圆角"命令对图形进行倒圆角,绘制流程如图 6-1 所示。

图 6-1 转角沙发

操作步骤

(1)单击"默认"选项卡"图层"面板中的"图层特性"按钮 ,打开"图层特性管理器"对话框,新建图层,如图 6-2 所示。

图 6-2 新建图层

(2)将"1"图层设置为当前图层,单击"默认"选项卡"绘图"面板中的"矩形"按钮 □ ,绘制矩形。命令行提示与操作如下:

```
命令: _rectang↙
指定第一个角点或 [倒角(C)/标高(E)/圆角(F)/厚度(T)/宽度(W)]: 0,0↙
指定另一个角点或 [面积(A)/尺寸(D)/旋转(R)]: @125,750↙
命令: _rectang↙
指定第一个角点或 [倒角(C)/标高(E)/圆角(F)/厚度(T)/宽度(W)]: 125,0↙
指定另一个角点或 [面积(A)/尺寸(D)/旋转(R)]: @1950,800↙
命令: _rectang↙
指定第一个角点或 [倒角(C)/标高(E)/圆角(F)/厚度(T)/宽度(W)]: 2075,0↙
指定另一个角点或 [面积(A)/尺寸(D)/旋转(R)]: @125,750↙
```

绘制结果如图 6-3 所示。

(3)将"2"图层设置为当前图层,单击"默认"选项卡"绘图"面板中的"直线"按钮 ╱ ,绘制直线。命令行提示与操作如下:

```
命令: line↙
指定第一个点: 125,75↙
指定下一点或 [放弃(U)]: @1950,0↙
指定下一点或 [放弃(U)]:
```

重复"直线"命令，绘制另外 4 条端点坐标分别为{（125,200），（@1950,0）}、{（125,275），（@1950,0）}、{（775,75），（@0,725）}、{（1425,75），（@0,725）}的直线，绘制结果如图 6-4 所示。

图 6-3 绘制矩形

图 6-4 绘制直线

（4）将"1"图层设置为当前图层，单击"默认"选项卡"绘图"面板中的"多段线"按钮，绘制多段线。命令行提示与操作如下：

```
命令: _pline↙
指定起点: 2500,-50↙
当前线宽为 0.0000
指定下一个点或 [圆弧(A)/半宽(H)/长度(L)/放弃(U)/宽度(W)]: @200,0↙
指定下一点或 [圆弧(A)/闭合(C)/半宽(H)/长度(L)/放弃(U)/宽度(W)]: a↙
指定圆弧的端点(按住 Ctrl 键以切换方向)或[角度(A)/圆心(CE)/闭合(CL)/方向(D)/半宽(H)/
直线(L)/半径(R)/第二个点(S)/放弃(U)/宽度(W)]: a↙
指定夹角: 90↙
指定圆弧的端点(按住 Ctrl 键以切换方向)或[圆心(CE)/半径(R)]: r↙
指定圆弧的半径: 800↙
指定圆弧的弦方向(按住 Ctrl 键以切换方向)<0>: 45↙
指定圆弧的端点(按住 Ctrl 键以切换方向)或[角度(A)/圆心(CE)/闭合(CL)/方向(D)/半宽(H)/
直线(L)/半径(R)/第二个点(S)/放弃(U)/宽度(W)]: l↙
指定下一点或 [圆弧(A)/闭合(C)/半宽(H)/长度(L)/放弃(U)/宽度(W)]: @0,200↙
指定下一点或 [圆弧(A)/闭合(C)/半宽(H)/长度(L)/放弃(U)/宽度(W)]: @-800,0↙
指定下一点或 [圆弧(A)/闭合(C)/半宽(H)/长度(L)/放弃(U)/宽度(W)]: a↙
指定圆弧的端点(按住 Ctrl 键以切换方向)或
[角度(A)/圆心(CE)/闭合(CL)/方向(D)/半宽(H)/直线(L)/半径(R)/第二个点(S)/放弃(U)/宽
度(W)]: a↙
指定夹角: -90↙
指定圆弧的端点(按住 Ctrl 键以切换方向)或 [圆心(CE)/半径(R)]: r↙
指定圆弧的半径: 200↙
指定圆弧的弦方向(按住 Ctrl 键以切换方向)<180>: 225↙
指定圆弧的端点(按住 Ctrl 键以切换方向)或[角度(A)/圆心(CE)/闭合(CL)/方向(D)/半宽(H)/
直线(L)/半径(R)/第二个点(S)/放弃(U)/宽度(W)]: l↙
指定下一点或 [圆弧(A)/闭合(C)/半宽(H)/长度(L)/放弃(U)/宽度(W)]: c↙
```

绘制结果如图 6-5 所示。

图 6-5 绘制多段线

> 📢 **注意**：多段线可以绘制直线、圆弧，并且可以指定所要绘制的图形元素的半宽。用多段线绘制直线时与执行"绘图"→"直线"命令一样，根据提示指定下一点即可。绘制圆弧时可以运用各种约束条件，如半径、角度、弦长等。

（5）将"2"图层设置为当前图层，单击"默认"选项卡"绘图"面板中的"多段线"按钮 ，绘制多段线。命令行提示与操作如下：

```
命令：_pline↙
指定起点：2500,25↙
当前线宽为 0.0000
指定下一个点或 [圆弧(A)/半宽(H)/长度(L)/放弃(U)/宽度(W)]：@200,0↙
指定下一点或 [圆弧(A)/闭合(C)/半宽(H)/长度(L)/放弃(U)/宽度(W)]：a↙
指定圆弧的端点(按住 Ctrl 键以切换方向)或[角度(A)/圆心(CE)/闭合(CL)/方向(D)/半宽(H)/
直线(L)/半径(R)/第二个点(S)/放弃(U)/宽度(W)]：a↙
指定夹角：90↙
指定圆弧的端点(按住 Ctrl 键以切换方向)或 [圆心(CE)/半径(R)]：r↙
指定圆弧的半径：725↙
指定圆弧的弦方向(按住 Ctrl 键以切换方向)<0>：45↙
指定圆弧的端点(按住 Ctrl 键以切换方向)或[角度(A)/圆心(CE)/闭合(CL)/方向(D)/半宽(H)/
直线(L)/半径(R)/第二个点(S)/放弃(U)/宽度(W)]：l↙
指定下一点或 [圆弧(A)/闭合(C)/半宽(H)/长度(L)/放弃(U)/宽度(W)]：@0,200↙
指定下一点或 [圆弧(A)/闭合(C)/半宽(H)/长度(L)/放弃(U)/宽度(W)]：↙
命令：PLINE↙
指定起点：2500,150↙
当前线宽为 0.0000
指定下一个点或 [圆弧(A)/半宽(H)/长度(L)/放弃(U)/宽度(W)]：@200,0↙
指定下一点或 [圆弧(A)/闭合(C)/半宽(H)/长度(L)/放弃(U)/宽度(W)]：a↙
指定圆弧的端点(按住 Ctrl 键以切换方向)或[角度(A)/圆心(CE)/闭合(CL)/方向(D)/半宽(H)/
直线(L)/半径(R)/第二个点(S)/放弃(U)/宽度(W)]：a↙
指定夹角：90↙
指定圆弧的端点(按住 Ctrl 键以切换方向)或 [圆心(CE)/半径(R)]：r↙
指定圆弧的半径：600↙
指定圆弧的弦方向(按住 Ctrl 键以切换方向) <0>：45↙
指定圆弧的端点(按住 Ctrl 键以切换方向)或[角度(A)/圆心(CE)/闭合(CL)/方向(D)/半宽(H)/
直线(L)/半径(R)/第二个点(S)/放弃(U)/宽度(W)]：l↙
指定下一点或 [圆弧(A)/闭合(C)/半宽(H)/长度(L)/放弃(U)/宽度(W)]：@0,200↙
指定下一点或 [圆弧(A)/闭合(C)/半宽(H)/长度(L)/放弃(U)/宽度(W)]：↙
```

绘制结果如图 6-6 所示。

图 6-6 绘制多段线

（6）单击"默认"选项卡"修改"面板中的"圆角"按钮 ，将所有圆角半径均设为 37.5，对图形进行圆角处理，效果如图 6-1 所示，命令行提示与操作如下：

```
命令：_fillet↙
```

视频讲解

```
当前设置: 模式 = 修剪, 半径 = 37.5000
选择第一个对象或 [放弃(U)/多段线(P)/半径(R)/修剪(T)/多个(M)]: r↙
指定圆角半径 <37.5000>: 37.5↙
选择第一个对象或 [放弃(U)/多段线(P)/半径(R)/修剪(T)/多个(M)]: m↙
选择第一个对象或 [放弃(U)/多段线(P)/半径(R)/修剪(T)/多个(M)]:
选择第二个对象, 或按住 Shift 键选择对象以应用角点或 [半径(R)]:
选择第一个对象或 [放弃(U)/多段线(P)/半径(R)/修剪(T)/多个(M)]:
选择第二个对象, 或按住 Shift 键选择对象以应用角点或 [半径(R)]:
...
选择第一个对象或 [放弃(U)/多段线(P)/半径(R)/修剪(T)/多个(M)]:
```

6.2 西式沙发

本实例利用"矩形""圆""圆弧""多线""圆角"命令绘制初步图形，然后利用"矩形阵列"和"镜像"命令细化图形，绘制流程如图 6-7 所示。

图 6-7 西式沙发

操作步骤

（1）单击"默认"选项卡"绘图"面板中的"矩形"按钮 ▭，绘制一个矩形，矩形的长为 100，宽为 40，如图 6-8 所示。

（2）单击"默认"选项卡"绘图"面板中的"圆"按钮 ⊙，以矩形左侧上端点为圆心，绘制半径为 8 的圆，如图 6-9 所示。命令行提示与操作如下：

```
命令: _circle↙
指定圆的圆心或 [三点(3P)/两点(2P)/切点、切点、半径(T)]: 捕捉矩形的左上端点
指定圆的半径或 [直径(D)]: 4↙
```

图 6-8 绘制矩形   图 6-9 绘制圆

（3）单击"默认"选项卡"修改"面板中的"复制"按钮 ❏，以矩形角点为参考点，将圆复制到另外一个角点处，如图 6-10 所示。命令行提示与操作如下：

```
命令: _copy↙
选择对象: 找到 1 个（选择圆）
选择对象: ↙
```

当前设置：复制模式 = 多个
指定基点或 [位移(D)/模式(O)] <位移>：
指定第二个点或 [阵列(A)] <使用第一个点作为位移>：
指定第二个点或 [阵列(A)/退出(E)/放弃(U)] <退出>：

（4）在命令行中输入"MLSTYLE"命令，打开"多线样式"对话框，如图 6-11 所示。单击"新建"按钮，打开"创建新的多线样式"对话框，输入新的样式名为"mline1"，如图 6-12 所示。然后单击"继续"按钮，打开"新建多线样式：MLINE1"对话框，在"偏移"文本框中输入"4"和"-4"，如图 6-13 所示。单击"确定"按钮，关闭所有对话框。

图 6-10　复制圆

图 6-11　"多线样式"对话框

图 6-12　设置样式名

图 6-13　设置多线样式

（5）在命令行中输入"mline"，再输入"st"，选择多线样式为"mline1"；然后输入"j"，设置对正方式为"无"，再输入"s"，将比例设置为"1"，以图 6-10 中左圆的圆心为起点，沿矩形边界绘制多线。命令行提示与操作如下：

命令：mline↙
当前设置：对正 = 上，比例 = 20.00，样式 = STANDARD
指定起点或 [对正(J)/比例(S)/样式(ST)]：st（设置当前多线样式）
输入多线样式名或 [?]：mline1（选择样式 mline1）

Note

当前设置：对正 = 上，比例 = 20.00，样式 = MLINE1
指定起点或 [对正(J)/比例(S)/样式(ST)]：j（设置对正方式）
输入对正类型 [上(T)/无(Z)/下(B)] <上>：z（设置对正方式为无）
当前设置：对正 = 无，比例 = 20.00，样式 = MLINE1
指定起点或 [对正(J)/比例(S)/样式(ST)]：s
输入多线比例 <20.00>：1（设定多线比例为1）
当前设置：对正 = 无，比例 = 1.00，样式 = MLINE1
指定起点或 [对正(J)/比例(S)/样式(ST)]：（单击圆心）
指定下一点：（单击矩形角点）
指定下一点或 [放弃(U)]：
指定下一点或 [闭合(C)/放弃(U)]：（单击另外一侧圆心）
指定下一点或 [闭合(C)/放弃(U)]：

（6）绘制完成，如图 6-14 所示。选择刚刚绘制的多线和矩形，单击"默认"选项卡"修改"面板中的"分解"按钮，将多线和矩形分解。

（7）单击"默认"选项卡"修改"面板中的"删除"按钮，将多线中间的矩形轮廓线删除，如图 6-15 所示。

图 6-14 绘制多线

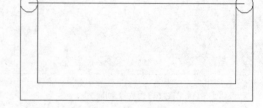

图 6-15 删除直线

（8）单击"默认"选项卡"修改"面板中的"移动"按钮，然后按空格键或 Enter 键，再选择直线的左端点，将其移动到圆的下象限点，如图 6-16 所示。

（9）单击"默认"选项卡"修改"面板中的"修剪"按钮，修剪掉多余的直线，效果如图 6-17 所示。

图 6-16 移动直线

图 6-17 修剪直线

（10）单击"默认"选项卡"修改"面板中的"圆角"按钮，设置内侧倒角半径为 16，对图形进行倒角处理，如图 6-18 所示。

（11）单击"默认"选项卡"修改"面板中的"圆角"按钮，设置外侧倒角半径为 24，完成沙发扶手及靠背的转角绘制，如图 6-19 所示。

图 6-18　修改内侧倒角　　　　　　　　　　　图 6-19　修改外侧倒角

Note

（12）单击"默认"选项卡"绘图"面板中的"直线"按钮 ╱，在沙发中心绘制一条垂直的直线，如图 6-20 所示。

（13）单击"默认"选项卡"绘图"面板中的"圆弧"按钮 ╱，在沙发扶手的拐角处绘制 3 条弧线，两边对称复制，如图 6-21 所示。

图 6-20　绘制中线　　　　　　　　　　　　图 6-21　绘制沙发转角纹路

技巧：在绘制转角处的纹路时，弧线上的点不易捕捉，这时需要利用 AutoCAD 2020 的"延长线捕捉"功能。此时要确保绘图窗口下部状态栏上的"对象捕捉"功能处于激活状态，其状态可以用鼠标单击进行切换。然后单击"默认"选项卡"绘图"面板中的"圆弧"按钮 ╱，将光标停留在沙发转角弧线的起点，如图 6-22 所示。此时在起点会出现绿色的方块，沿弧线缓慢移动鼠标，可以看到一个小型的十字随鼠标移动，且十字中心与弧线起点由虚线相连，如图 6-23 所示。移动到合适的位置后，再单击鼠标即可。

图 6-22　端点停留　　　　　　　　　　　　图 6-23　延伸功能

（14）在沙发左侧空白处用"直线"命令绘制一个"×"形图案，如图 6-24 所示。单击"默认"选项卡"修改"面板中的"矩形阵列"按钮 ⊞，设置行数、列数均为"3"，然后将"行间距"设置为"−10"，"列间距"设置为"10"。将刚刚绘制的"×"图形进行阵列，如图 6-25 所示。命令行提示与操作如下：

命令: _arrayrect↙

```
    选择对象：（选取绘制的"×"形图案）
    选择对象：↙
    类型 = 矩形   关联 = 否
    选择夹点以编辑阵列或 ［关联(AS)/基点(B)/计数(COU)/间距(S)/列数(COL)/行数(R)/层数
(L)/退出(X)］<退出>：R↙
    输入行数数或 ［表达式(E)］<3>：3
    指定 行数 之间的距离或 ［总计(T)/表达式(E)］<1232.089>：-10↙
    指定 行数 之间的标高增量或 ［表达式(E)］<0>：↙
    选择夹点以编辑阵列或 ［关联(AS)/基点(B)/计数(COU)/间距(S)/列数(COL)/行数(R)/层数
(L)/退出(X)］<退出>：COL↙
    输入列数数或 ［表达式(E)］<4>：3↙
    指定 列数 之间的距离或 ［总计(T)/表达式(E)］<2605.4068>：10↙
    选择夹点以编辑阵列或 ［关联(AS)/基点(B)/计数(COU)/间距(S)/列数(COL)/行数(R)/层数
(L)/退出(X)］<退出>：
```

图 6-24　绘制"×"

图 6-25　阵列图形

（15）单击"默认"选项卡"修改"面板中的"镜像"按钮 ◁△，将左侧的花纹复制到右侧，最后绘制结果如图 6-7 所示。

6.3　办 公 座 椅

本实例主要介绍二维图形的绘制和编辑命令的运用。首先绘制办公座椅的轮廓，然后细化办公座椅，最后绘制轮子，绘制流程如图 6-26 所示。

图 6-26　办公座椅

操作步骤

（1）单击"默认"选项卡"图层"面板中的"图层特性"按钮 ⧉，打开"图层特性管理器"对话框，新建图层，如图 6-27 所示。

图 6-27　新建图层

（2）在命令行中输入"ZOOM"，缩放视图。命令行提示与操作如下：

```
命令：ZOOM↙
指定窗口角点，输入比例因子 (nX 或 nXP)，或
[全部(A)/中心(C)/动态(D)/范围(E)/上一个(P)/比例(S)/窗口(W) /对象(O)] <实时>：c↙
指定中心点：350,500↙
输入比例或高度 <875.4637>：1000↙
```

（3）将当前图层设置为"1"图层，单击"默认"选项卡"绘图"面板中的"圆弧"按钮。命令行提示与操作如下：

```
命令：_arc↙
指定圆弧的起点或 [圆心(C)]：15,35.6↙
指定圆弧的第二个点或 [圆心(C)/端点(E)]：170,44.6↙
指定圆弧的端点：325,38.4↙
命令：ARC↙
指定圆弧的起点或 [圆心(C)]：8,35.6↙
指定圆弧的第二个点或 [圆心(C)/端点(E)]：10.7,42.8↙
指定圆弧的端点：15.7,48.5↙
命令：ARC↙
指定圆弧的起点或 [圆心(C)]：15.7,48.5↙
指定圆弧的第二个点或 [圆心(C)/端点(E)]：159.2,64.7↙
指定圆弧的端点：303.5,64.6↙
命令：ARC↙
指定圆弧的起点或 [圆心(C)]：303.5,64.6↙
指定圆弧的第二个点或 [圆心(C)/端点(E)]：305.4,52.7↙
指定圆弧的端点：300,40.4↙
命令：ARC↙
指定圆弧的起点或 [圆心(C)]：303.5,64.6↙
指定圆弧的第二个点或 [圆心(C)/端点(E)]：308,70.4↙
指定圆弧的端点：310,77.7↙
```

绘制结果如图 6-28 所示。

图 6-28　绘制圆弧

（4）单击"默认"选项卡"绘图"面板中的"直线"按钮／，绘制直线。命令行提示与操作如下：

```
命令: _line↙
指定第一个点: 310,77.7↙
指定下一点或 [放弃(U)]: 330,77.7↙
指定下一点或 [放弃(U)]:
命令: LINE↙
指定第一个点: 310,77.7↙
指定下一点或 [放弃(U)]: 310,146↙
指定下一点或 [放弃(U)]:
命令: LINE↙
指定第一个点: 330,146↙
指定下一点或 [放弃(U)]: 180.6,146↙
指定下一点或 [放弃(U)]: 180.6,183.4↙
指定下一点或 [闭合(C)/放弃(U)]: 199,183.4↙
指定下一点或 [闭合(C)/放弃(U)]: 199,166↙
指定下一点或 [闭合(C)/放弃(U)]: 330,166↙
指定下一点或 [闭合(C)/放弃(U)]:
命令: LINE↙
指定第一个点: 330,377.4↙
指定下一点或 [放弃(U)]: 180,377.4↙
指定下一点或 [放弃(U)]: 180,355↙
指定下一点或 [闭合(C)/放弃(U)]: 180,354.7↙
指定下一点或 [闭合(C)/放弃(U)]: 198,354.7↙
指定下一点或 [闭合(C)/放弃(U)]: 198,362.7↙
指定下一点或 [闭合(C)/放弃(U)]: 214.3,362.7↙
指定下一点或 [闭合(C)/放弃(U)]: 214.3,377.4↙
指定下一点或 [闭合(C)/放弃(U)]:
命令: LINE↙
指定第一个点: 214.3,367.5↙
指定下一点或 [放弃(U)]: 330,367.5↙
指定下一点或 [放弃(U)]:
```

绘制结果如图 6-29 所示。

（5）将"2"图层设置为当前图层，单击"默认"选项卡"绘图"面板中的"矩形"按钮 □，绘制矩形。命令行提示与操作如下：

```
命令: _rectang↙
指定第一个角点或 [倒角(C)/标高(E)/圆角(F)/厚度(T)/宽度(W)]: 319.5,367.5↙
指定另一个角点或[面积(A)/尺寸(D)/旋转(R)]: @21.9,9.9↙
命令: RECTANG↙
指定第一个角点或 [倒角(C)/标高(E)/圆角(F)/厚度(T)/宽度(W)]: 310,166↙
指定另一个角点或[面积(A)/尺寸(D)/旋转(R)]: @40,187.2↙
命令: RECTANG↙
指定第一个角点或 [倒角(C)/标高(E)/圆角(F)/厚度(T)/宽度(W)]: 185.3,183.4↙
指定另一个角点或 [面积(A)/尺寸(D)/旋转(R)]: @8.6,171.3↙
命令: RECTANG↙
指定第一个角点或 [倒角(C)/标高(E)/圆角(F)/厚度(T)/宽度(W)]: 310,282.4↙
指定另一个角点或 [面积(A)/尺寸(D)/旋转(R)]: @11.9,4.8↙
命令: RECTANG↙
```

Note

```
指定第一个角点或 [倒角(C)/标高(E)/圆角(F)/厚度(T)/宽度(W)]: 321.9,278.7↵
指定另一个角点或 [面积(A)/尺寸(D)/旋转(R)]: @16.4,12.3↵

命令: RECTANG↵
指定第一个角点或 [倒角(C)/标高(E)/圆角(F)/厚度(T)/宽度(W)]: 40,681.8↵
指定另一个角点或 [面积(A)/尺寸(D)/旋转(R)]: @40,-218.5↵
```

（6）单击"默认"选项卡"绘图"面板中的"直线"按钮 ╱，在第一个矩形的中点处绘制竖直直线，然后单击"默认"选项卡"修改"面板中的"偏移"按钮 ⊑，将竖直线向两侧偏移，偏移距离为 3.88，然后删除多余的线段，整理图形，结果如图 6-30 所示。

图 6-29　绘制直线

图 6-30　绘制矩形

（7）将"1"图层设置为当前图层，单击"默认"选项卡"绘图"面板中的"圆弧"按钮 ⌒，绘制圆弧。命令行提示与操作如下：

```
命令: _arc↵
指定圆弧的起点或 [圆心(C)]: 327.7,377.4↵
指定圆弧的第二个点或 [圆心(C)/端点(E)]: 179.9,387.1↵
指定圆弧的端点: 63.1,412↵

命令: ARC↵
指定圆弧的起点或 [圆心(C)]: 63.1,412↵
指定圆弧的第二个点或 [圆心(C)/端点(E)]: 53.0,440.7↵
指定圆弧的端点: 69.3,462.4↵

命令: ARC↵
指定圆弧的起点或 [圆心(C)]: 69.3,462.4↵
指定圆弧的第二个点或 [圆心(C)/端点(E)]: 197.0,442.7↵
指定圆弧的端点: 330,434.5↵
```

结果如图 6-31 所示。

（8）单击"默认"选项卡"绘图"面板中的"直线"按钮 ╱，绘制直线。命令行提示与操作如下：

```
命令: _line↵
指定第一个点: 107.4,455.2↵
指定下一点或 [放弃(U)]: @-37.8,269.9↵
指定下一点或 [放弃(U)]: @60.7,124.1↵
指定下一点或 [闭合(C)/放弃(U)]: @199.7,0↵
指定下一点或 [闭合(C)/放弃(U)]:
```

将当前图层设置为"2"图层，重复"直线"命令，继续绘制直线，坐标为（206.8,849.2）和（238.4,438.8），结果如图 6-32 所示。

（9）单击"默认"选项卡"修改"面板中的"圆角"按钮，设置圆角半径为 30，对图形进行圆角操作，然后单击"默认"选项卡"修改"面板中的"修剪"按钮，修剪掉多余的直线，如图 6-33 所示。

图 6-31　绘制圆弧　　　　　图 6-32　绘制直线　　　　　图 6-33　绘制圆角

（10）单击"默认"选项卡"绘图"面板中的"直线"按钮，绘制直线，坐标分别为（0,3.5）、（@7.2,29.7）、（@9.3,0）和（@7.2,-29.7）。

（11）单击"默认"选项卡"绘图"面板中的"矩形"按钮，绘制两个矩形，坐标分别为（0,0）、（@23.7,3.5）和（8.8,33.2）、（@6.1,2.5），然后单击"默认"选项卡"绘图"面板中的"直线"按钮，在合适的位置绘制一条水平直线，最终完成轮子的绘制，结果如图 6-34 所示。

（12）单击"默认"选项卡"修改"面板中的"复制"按钮，将绘制的轮子复制到图中其他位置处，利用绘图和编辑命令整理图形，结果如图 6-35 所示。

（13）单击"默认"选项卡"修改"面板中的"镜像"按钮，镜像图形，结果如图 6-36 所示。

图 6-34　绘制轮子　　　　　图 6-35　复制轮子　　　　　图 6-36　镜像处理

（14）将当前图层设置为"0"图层，单击"默认"选项卡"绘图"面板中的"图案填充"按钮，打开"图案填充创建"选项卡，在"图案填充图案"列表中，选择 AR-CONC 图案，如图 6-37 所示。设置填充比例为 0.2，选择填充区域，然后填充图形，最终效果如图 6-38 所示。

图 6-37　选择图案

图 6-38　填充图形

6.4　餐桌和椅子

本实例主要介绍二维图形的绘制和编辑命令的运用。首先利用"多段线"命令绘制长方形桌面，然后绘制椅子造型，最后复制并镜像椅子，绘制流程如图 6-39 所示。

图 6-39　餐桌与椅子

操作步骤

（1）单击"默认"选项卡"绘图"面板中的"多段线"按钮 ，绘制长方形桌面，如图 6-40 所示。

注意：先绘制长方形桌面造型。

（2）单击"默认"选项卡"绘图"面板中的"圆弧"按钮 ，绘制椅子造型前端弧线的一半，如图 6-41 所示。

（3）单击"默认"选项卡"绘图"面板中的"矩形"按钮 ，绘制椅子扶手部分造型，即弧线上的矩形。

（4）单击"默认"选项卡"绘图"面板中的"直线"按钮 ，以刚绘制圆弧的端点为起点，绘制一段直线，如图 6-42 所示。

图 6-40　绘制桌面

图 6-41　绘制前端弧线

图 6-42　绘制小矩形部分

（5）单击"默认"选项卡"绘图"面板中的"多段线"按钮 ，根据扶手的大体位置绘制稍大的近似矩形，如图 6-43 所示。

（6）单击"默认"选项卡"绘图"面板中的"圆弧"按钮 和"修改"面板中的"偏移"按钮 ，绘制椅子弧线靠背造型，如图 6-44 所示。命令行提示与操作如下：

```
命令：ARC↙（绘制弧线）
指定圆弧的起点或 [圆心(C)]：（指定起始点位置）
指定圆弧的第二个点或 [圆心(C)/端点(E)]：（指定中间点位置）
指定圆弧的端点：（指定终点位置）
命令：OFFSET↙（偏移生成平行线）
当前设置：删除源=否　图层=源　OFFSETGAPTYPE=0
指定偏移距离或 [通过(T)/删除(E)/图层(L)] <通过>：（输入偏移距离或指定通过点位置）
选择要偏移的对象，或 [退出(E)/放弃(U)] <退出>：（选择要偏移的图形）
指定要偏移的那一侧上的点，或 [退出(E)/多个(M)/放弃(U)] <退出>：
选择要偏移的对象，或 [退出(E)/放弃(U)] <退出>：↙（按 Enter 键结束）
```

图 6-43　绘制矩形

图 6-44　绘制弧线靠背

（7）单击"默认"选项卡"绘图"面板中的"直线"按钮 和"圆弧"按钮 ，并结合"修改"面板中的"偏移"按钮 ，绘制椅子背部造型，如图 6-45 所示。

注意：按椅子环形扶手及其靠背造型绘制另外一段图形，构成椅子背部造型。

（8）单击"默认"选项卡"绘图"面板中的"圆弧"按钮 ⌒，在靠背造型内侧绘制弧线造型，如图 6-46 所示。

图 6-45　绘制椅子背部造型 　　　　　　　　　　　　图 6-46　绘制内侧弧线

（9）单击"默认"选项卡"修改"面板中的"镜像"按钮 ◁▷，得到整个椅子造型，如图 6-47 所示。命令行提示与操作如下：

```
命令：MIRROR↙（镜像生成对称图形）
选择对象：（选取椅子造型）
选择对象:↙（按 Enter 键）
指定镜像线的第一点：（以中间的轴线位置作为镜像线）
指定镜像线的第二点：
要删除源对象吗？[是(Y)/否(N)] <否>：N↙（输入"N"后按 Enter 键保留原有图形）
```

📢 **注意**：因为椅子造型是左右对称的，所以此处可以使用"镜像"功能。

（10）单击"默认"选项卡"修改"面板中的"移动"按钮 ✛，调整椅子与餐桌的位置，如图 6-48 所示。命令行提示与操作如下：

```
命令：MOVE（移动命令）↙
选择对象：（选取椅子造型）
…
选择对象：↙（按 Enter 键）
指定基点或 [位移(D)] <位移>：（指定移动基点位置）
指定第二个点或 <使用第一个点作为位移>：（指定移动位置）
```

（11）单击"默认"选项卡"修改"面板中的"镜像"按钮 ◁▷，得到餐桌另外一端对称的椅子，如图 6-49 所示。

图 6-47　得到椅子造型　　　　　图 6-48　调整椅子位置　　　　　图 6-49　得到对称椅子

（12）单击"默认"选项卡"修改"面板中的"复制"按钮 ❖，复制一个椅子造型，如图 6-50 所示。

◁》注意：先复制椅子，再通过旋转或移动来布置椅子。

（13）单击"默认"选项卡"修改"面板中的"旋转"按钮 ↻，将复制的椅子旋转 90°。命令行提示与操作如下：

```
命令：ROTATE↙（将图形对象进行旋转）
UCS 当前的正角方向：ANGDIR=逆时针  ANGBASE=0
选择对象：（选取椅子）
选择对象：↙（按 Enter 键）
指定基点：拾取椅子上的任意一点
指定旋转角度，或 [复制(C)/参照(R)] <0>：90↙（输入旋转角度为正值按顺时针旋转，若输入为
负值则按逆时针旋转）
```

结果如图 6-51 所示。

图 6-50　复制椅子　　　　　　　　　　　　图 6-51　旋转椅子

（14）单击"默认"选项卡"修改"面板中的"复制"按钮 ❖，得到餐桌一侧的椅子造型，如图 6-52 所示。

（15）单击"默认"选项卡"修改"面板中的"镜像"按钮 ⚎，得到餐桌另外一侧的椅子造型，如图 6-53 所示。

图 6-52　复制得到侧面椅子　　　　　　　　图 6-53　镜像得到餐桌另一侧椅子造型

（16）在命令行中输入"ZOOM"，缩放视图。命令行提示与操作如下：

> 命令：ZOOM↙（缩放视图）
> 指定窗口的角点，输入比例因子 (nX 或 nXP)，或者
> [全部(A)/中心(C)/动态(D)/范围(E)/上一个(P)/比例(S)/窗口(W)/对象(O)] <实时>：E↙

6.5　电脑桌椅

本实例主要介绍二维图形的绘制和编辑命令的运用。首先绘制桌子，然后绘制椅子，再绘制电脑，最后绘制键盘，绘制流程如图 6-54 所示。

图 6-54　电脑桌椅

操作步骤

（1）单击"默认"选项卡"图层"面板中的"图层特性"按钮 ，打开"图层特性管理器"对话框，新建图层，如图 6-55 所示。

图 6-55　新建图层

（2）将"2"图层设置为当前图层，单击"默认"选项卡"绘图"面板中的"矩形"按钮 □，绘制矩形。命令行提示与操作如下：

> 命令：_rectang↙
> 指定第一个角点或 [倒角(C)/标高(E)/圆角(F)/厚度(T)/宽度(W)]：0,589↙
> 指定另一个角点或 [面积(A)/尺寸(D)/旋转(R)]：1100,1069↙

重复"矩形"命令，绘制角点坐标分别为{（50,589），（1050,1069）}、{（129,589），（700,471）}的另外两个矩形。

将"1"图层设置为当前图层，重复"矩形"命令，绘制两角点坐标为{（144,589），（684,486）}

Note

的矩形。

绘制结果如图 6-56 所示。

（3）单击"默认"选项卡"修改"面板中的"圆角"按钮，将圆角半径设为 20，将桌子的拐角与键盘抽屉均做圆角处理，绘制结果如图 6-57 所示。

图 6-56　绘制矩形　　　　　　　　　　　　图 6-57　圆角处理

（4）将"2"图层设置为当前图层，单击"默认"选项卡"绘图"面板中的"矩形"按钮 ，绘制矩形。命令行提示与操作如下：

```
命令: _rectang↙
指定第一个角点或 [倒角(C)/标高(E)/圆角(F)/厚度(T)/宽度(W)]: 212,150↙
指定另一个角点或 [面积(A)/尺寸(D)/旋转(R)]: 283,400↙
```

重复"矩形"命令，绘制角点坐标分别为{（263,100），（612,450）}、{（593,150），（663,400）}、{（418,74），（468,100）}、{（264,0），（612,74）}的另外 4 个矩形。

将"1"图层设置为当前图层，重复"矩形"命令，绘制角点坐标分别为{（228,165），（268,385）}、{（278,115），（598,435）}、{（608,165），（647,385）}、{（279,15），（597,59）}的矩形。

绘制结果如图 6-58 所示。

（5）单击"默认"选项卡"修改"面板中的"圆角"按钮，将座椅外围的圆角半径设为 20，内侧矩形的圆角半径设为 10，进行倒圆角处理，椅子倒圆角之后的效果如图 6-59 所示。

图 6-58　绘制椅子　　　　　　　　　　　　图 6-59　倒圆角处理

（6）单击"默认"选项卡"修改"面板中的"修剪"按钮，修剪图形，将图 6-59 中的图形修剪成为如图 6-60 所示的结果。

（7）单击"默认"选项卡"绘图"面板中的"多段线"按钮，绘制电脑。命令行提示与操作如下：

```
命令: _pline↙
指定起点: 100,627↙
当前线宽为 0.0000
```

指定下一个点或 [圆弧(A)/半宽(H)/长度(L)/放弃(U)/宽度(W)]: @0,50↙
指定下一点或 [圆弧(A)/闭合(C)/半宽(H)/长度(L)/放弃(U)/宽度(W)]: a↙
指定圆弧的端点(按住 Ctrl 键以切换方向)或[角度(A)/圆心(CE)/闭合(CL)/方向(D)/半宽(H)/
直线(L)/半径(R)/第二个点(S)/放弃(U)/宽度(W)]: 128,757↙
指定圆弧的端点(按住 Ctrl 键以切换方向)或[角度(A)/圆心(CE)/闭合(CL)/方向(D)/半宽(H)/
直线(L)/半径(R)/第二个点(S)/放弃(U)/宽度(W)]: s↙
指定圆弧上的第二个点: 155,776↙
指定圆弧的端点: 174,824↙
指定圆弧的端点(按住 Ctrl 键以切换方向)或[角度(A)/圆心(CE)/闭合(CL)/方向(D)/半宽(H)/
直线(L)/半径(R)/第二个点(S)/放弃(U)/宽度(W)]: l↙
指定下一点或 [圆弧(A)/闭合(C)/半宽(H)/长度(L)/放弃(U)/宽度(W)]: 174,1004↙
指定下一点或 [圆弧(A)/闭合(C)/半宽(H)/长度(L)/放弃(U)/宽度(W)]: 374,1004↙
指定下一点或 [圆弧(A)/闭合(C)/半宽(H)/长度(L)/放弃(U)/宽度(W)]: 374,824↙
指定下一点或 [圆弧(A)/闭合(C)/半宽(H)/长度(L)/放弃(U)/宽度(W)]: a↙
指定圆弧的端点(按住 Ctrl 键以切换方向)或[角度(A)/圆心(CE)/闭合(CL)/方向(D)/半宽(H)/
直线(L)/半径(R)/第二个点(S)/放弃(U)/宽度(W)]: s↙
指定圆弧上的第二个点: 390,780↙
指定圆弧的端点: 420,757↙
指定圆弧的端点(按住 Ctrl 键以切换方向)或[角度(A)/圆心(CE)/闭合(CL)/方向(D)/半宽(H)/
直线(L)/半径(R)/第二个点(S)/放弃(U)/宽度(W)]: s↙
指定圆弧上的第二个点: 439,722↙
指定圆弧的端点: 449,677↙
指定圆弧的端点(按住 Ctrl 键以切换方向)或[角度(A)/圆心(CE)/闭合(CL)/方向(D)/半宽(H)/
直线(L)/半径(R)/第二个点(S)/放弃(U)/宽度(W)]: l↙
指定下一点或 [圆弧(A)/闭合(C)/半宽(H)/长度(L)/放弃(U)/宽度(W)]: 449,627↙
指定下一点或 [圆弧(A)/闭合(C)/半宽(H)/长度(L)/放弃(U)/宽度(W)]: a↙
指定圆弧的端点(按住 Ctrl 键以切换方向)或[角度(A)/圆心(CE)/闭合(CL)/方向(D)/半宽(H)/
直线(L)/半径(R)/第二个点(S)/放弃(U)/宽度(W)]: s↙
指定圆弧上的第二个点: 287,611↙
指定圆弧的端点: 100,627↙
指定圆弧的端点(按住 Ctrl 键以切换方向)或[角度(A)/圆心(CE)/闭合(CL)/方向(D)/半宽(H)/
直线(L)/半径(R)/第二个点(S)/放弃(U)/宽度(W)]:↙
命令: _pline↙
指定起点: 174,1004↙
当前线宽为 0.0000↙
指定下一个点或 [圆弧(A)/半宽(H)/长度(L)/放弃(U)/宽度(W)]: 164,1004↙
指定下一点或 [圆弧(A)/闭合(C)/半宽(H)/长度(L)/放弃(U)/宽度(W)]: a↙
指定圆弧的端点(按住 Ctrl 键以切换方向)或[角度(A)/圆心(CE)/闭合(CL)/方向(D)/半宽(H)/
直线(L)/半径(R)/第二个点(S)/放弃(U)/宽度(W)]: 154,995↙
指定圆弧的端点(按住 Ctrl 键以切换方向)或[角度(A)/圆心(CE)/闭合(CL)/方向(D)/半宽(H)/
直线(L)/半径(R)/第二个点(S)/放弃(U)/宽度(W)]: l↙
指定下一点或 [圆弧(A)/闭合(C)/半宽(H)/长度(L)/放弃(U)/宽度(W)]: 128,757↙
指定下一点或 [圆弧(A)/闭合(C)/半宽(H)/长度(L)/放弃(U)/宽度(W)]: ↙
命令: _pline↙
指定起点: 374,1004↙
当前线宽为 0.0000
指定下一个点或 [圆弧(A)/半宽(H)/长度(L)/放弃(U)/宽度(W)]: 384,1004↙
指定下一点或 [圆弧(A)/闭合(C)/半宽(H)/长度(L)/放弃(U)/宽度(W)]: a↙
指定圆弧的端点(按住 Ctrl 键以切换方向)或[角度(A)/圆心(CE)/闭合(CL)/方向(D)/半宽(H)/
直线(L)/半径(R)/第二个点(S)/放弃(U)/宽度(W)]: 394,996↙

指定圆弧的端点(按住 Ctrl 键以切换方向)或[角度(A)/圆心(CE)/闭合(CL)/方向(D)/半宽(H)/直线(L)/半径(R)/第二个点(S)/放弃(U)/宽度(W)]: l↙
　指定下一点或[圆弧(A)/闭合(C)/半宽(H)/长度(L)/放弃(U)/宽度(W)]: 420,757↙
　指定下一点或[圆弧(A)/闭合(C)/半宽(H)/长度(L)/放弃(U)/宽度(W)]:
　命令: _arc 指定圆弧的起点或 [圆心(C)]: 100,677↙
　指定圆弧的第二个点或 [圆心(C)/端点(E)]: 272,668↙
　指定圆弧的端点: 449,677↙
　命令: _arc 指定圆弧的起点或 [圆心(C)]: 190,800↙
　指定圆弧的第二个点或 [圆心(C)/端点(E)]: 275,850↙
　指定圆弧的端点: 360,800↙

绘制结果如图 6-61 所示。

图 6-60　修剪处理　　　　　　　　　　　　图 6-61　绘制电脑

（8）单击"默认"选项卡"绘图"面板中的"矩形"按钮 ▭ ，绘制两个角点坐标分别是（120,690）和（130,700）的矩形。

（9）单击"默认"选项卡"修改"面板中的"矩形阵列"按钮 ▦ ，设置行数为 20，列数为 11，行间距为 15，列间距为 30，将矩形进行阵列，绘制结果如图 6-62 所示。命令行提示与操作如下：

　命令: _arrayrect↙
　选择对象:（选取步骤（8）绘制的矩形）
　选择对象: ↙
　类型 = 矩形　关联 = 否
　选择夹点以编辑阵列或 [关联(AS)/基点(B)/计数(COU)/间距(S)/列数(COL)/行数(R)/层数(L)/ 退出(X)] <退出>: COL↙
　输入列数数或 [表达式(E)] <4>: 11↙
　指定 列数 之间的距离或 [总计(T)/表达式(E)] <15>: 30↙
　选择夹点以编辑阵列或 [关联(AS)/基点(B)/计数(COU)/间距(S)/列数(COL)/行数(R)/层数(L)/ 退出(X)] <退出>: R↙
　输入行数数或 [表达式(E)] <3>: 20↙
　指定 行数 之间的距离或 [总计(T)/表达式(E)] <15>: 15↙
　指定 行数 之间的标高增量或 [表达式(E)] <0>:↙
　选择夹点以编辑阵列或 [关联(AS)/基点(B)/计数(COU)/间距(S)/列数(COL)/行数(R)/层数(L)/ 退出(X)] <退出>:

（10）单击"默认"选项卡"修改"面板中的"删除"按钮 ✐ ，将多余的矩形删除。

（11）单击"默认"选项卡"修改"面板中的"旋转"按钮 ↻ ，将电脑旋转 25°，效果如图 6-63 所示。命令行提示与操作如下：

　命令: _rotate↙
　UCS 当前的正角方向: ANGDIR=逆时针　ANGBASE=0
　选择对象: 找到 1 个（选择电脑）

选择对象：↙
指定基点：选取电脑上任意一点
指定旋转角度，或［复制(C)/参照(R)］<0>：25↙

图 6-62　绘制矩形并阵列处理

图 6-63　删除图形并旋转

（12）单击"默认"选项卡"绘图"面板中的"矩形"按钮 ▭，绘制键盘，绘制结果如图 6-64 所示。

图 6-64　键盘

6.6　实践与操作

通过前面的学习，相信读者对本章知识已经有了大体的了解，本节将通过几个操作练习使读者进一步掌握本章的知识要点。

6.6.1　绘制方形椅子

1. 目的要求

本实践绘制的是如图 6-65 所示的椅子，涉及的命令有"矩形""直线""圆角""创建块"。通过本实践，要求读者掌握"创建块"命令的运用。

2. 操作提示

（1）利用"直线"和"矩形"命令绘制椅子轮廓线。

（2）利用"圆角"命令对图形进行圆角处理。

（3）利用"创建块"命令将椅子创建为块，以便调用。

图 6-65　方形椅子

6.6.2　绘制圆形椅子

1. 目的要求

该椅子主要由圆和圆弧组成，如图 6-66 所示。通过本实践，读者可进一步掌握常见的椅凳类家具的绘制方法。

2. 操作提示

（1）利用"圆"命令绘制椅子主体。

（2）利用"直线"和"圆弧"命令完成椅子绘制。

图 6-66　圆形椅子

6.6.3　绘制客厅沙发

1. 目的要求

该客厅沙发主要由一组沙发、茶几和台灯座组成，如图 6-67 所示，通过本实践，要求读者进一步掌握组合椅凳类家具的绘制方法。

图 6-67　客厅沙发

2. 操作提示

（1）利用"矩形""直线""圆弧""镜像"等命令绘制单人沙发。

（2）利用相似方法绘制双人沙发。

（3）利用"矩形""圆""直线"等命令绘制台灯座。

（4）镜像单人沙发和台灯座。

（5）利用"椭圆"和"图案填充"命令绘制茶几。

床类家具

在家具设计图中，床是必不可少的内容。床分单人床和双人床。一般的住宅建筑中，卧室的位置及床的摆放均需要进行精心的设计，以方便房主居住生活，同时要考虑舒适、采光、美观等因素。本章将详细叙述床类家具的绘制方法，使读者进一步巩固二维图形的绘制和编辑。

☑ 按摩床　　　　　　　　☑ 双人床和地毯

☑ 单人床　　　　　　　　☑ 床和床头柜

任务驱动&项目案例

7.1 按摩床

本节将详细介绍按摩床的绘制方法和技巧，首先绘制按摩床的轮廓，然后细化图形，绘制流程如图 7-1 所示。

图 7-1 绘制按摩床

操作步骤

（1）单击"默认"选项卡"绘图"面板中的"矩形"按钮 ▭，绘制 2210×1040 的矩形，如图 7-2 所示。

图 7-2 绘制矩形

（2）单击"默认"选项卡"修改"面板中的"偏移"按钮 ⊜，将矩形向内侧偏移 100，如图 7-3 所示。命令行提示与操作如下：

```
命令：_offset↙
当前设置：删除源=否    图层=源 OFFSETGAPTYPE=0
指定偏移距离或 [通过(T)/删除(E)/图层(L)] <通过>：100↙
选择要偏移的对象，或 [退出(E)/放弃(U)] <退出>：（选取步骤（1）绘制的矩形）
指定要偏移的那一侧上的点，或 [退出(E)/多个(M)/放弃(U)] <退出>：（在矩形内单击鼠标）
选择要偏移的对象，或 [退出(E)/放弃(U)] <退出>：
```

（3）单击"默认"选项卡"绘图"面板中的"矩形"按钮 ▭，以内部矩形左下角为起点，绘制 1910×840 的矩形，并删除内部的矩形，如图 7-4 所示。

图 7-3 偏移矩形   图 7-4 绘制新矩形

（4）单击"默认"选项卡"修改"面板中的"偏移"按钮 ⊜，将内部的矩形向内偏移 20，如图7-5 所示。

（5）单击"默认"选项卡"修改"面板中的"圆角"按钮，对所有矩形的角倒圆角，半径为60，如图7-6所示。

图7-5 偏移内部矩形

图7-6 倒圆角

（6）单击"默认"选项卡"绘图"面板中的"圆"按钮，在内部矩形的左上角绘制半径为30的圆，作为排气孔，如图7-7所示。

（7）单击"默认"选项卡"绘图"面板中的"椭圆"按钮，并在外部矩形的上侧边缘绘制椭圆，如图7-8所示。命令行提示与操作如下：

```
命令: _ellipse↙
指定椭圆的轴端点或 [圆弧(A)/中心点(C)]: 在适当位置单击指定轴端点
指定轴的另一个端点:
指定另一条半轴长度或 [旋转(R)]:
```

图7-7 绘制圆

图7-8 绘制椭圆

（8）单击"默认"选项卡"绘图"面板中的"图案填充"按钮，打开"图案填充创建"选项卡，设置"图案"为 AR-SAND，比例为 1，如图7-9所示。在内部矩形的内侧单击鼠标，按 Enter 键确认，填充图案，如图7-10所示。

图7-9 "图案填充创建"选项卡

图7-10 填充图案

（9）在命令行中输入"WBLOCK"，打开"写块"对话框，将图形保存为块，以便调用，如图 7-11 所示。命令行提示与操作如下：

```
命令：WBLOCK↙
指定插入基点：
选择对象：（选择按摩床）
选择对象：↙
```

图 7-11　保存图块

7.2 单人床

本节将详细介绍单人床的绘制方法和技巧，首先绘制床，然后绘制被子、枕头，最后绘制垫子，绘制流程如图 7-12 所示。

图 7-12　单人床

操作步骤

1. 绘制床平面

（1）单击"默认"选项卡"绘图"面板中的"矩形"按钮 ⬜，绘制长为 300、宽为 150 的矩形，如图 7-13 所示。

（2）绘制完床的轮廓后，单击"默认"选项卡"绘图"面板中的"直线"按钮 ╱，在床左侧绘制一条垂直的直线，作为床头的平面图，如图 7-14 所示。

图 7-13　床轮廓　　　　　　　　　　　　图 7-14　绘制床头

2. 绘制被子轮廓

（1）单击"默认"选项卡"绘图"面板中的"矩形"按钮 ▭，绘制一个长为 200、宽为 140 的矩形。

（2）单击"默认"选项卡"修改"面板中的"移动"按钮 ✥，移动到床的右侧。注意上下两边的间距要尽量相等，右侧距床轮廓的边缘稍稍近一些，如图 7-15 所示。此矩形即为被子的轮廓。

（3）单击"默认"选项卡"绘图"面板中的"矩形"按钮 ▭，在被子左顶端绘制一水平方向为 30、垂直方向为 140 的矩形，如图 7-16 所示。

图 7-15　绘制被子轮廓　　　　　　　　　图 7-16　绘制矩形

（4）单击"默认"选项卡"修改"面板中的"圆角"按钮 ⌒，设置圆角半径为 5，对图形进行圆角处理，修改矩形的角部，如图 7-17 所示。

（5）在被子轮廓的左上角绘制一条 45°的斜线。

① 单击"默认"选项卡"绘图"面板中的"直线"按钮 ╱，绘制一条水平直线，如图 7-18 所示。

图 7-17　修改圆角　　　　　　　　　　　图 7-18　绘制直线

② 单击"默认"选项卡"修改"面板中的"旋转"按钮 ↺，选择线段中点为旋转基点，在角度提示行后面输入"45"并按 Enter 键，旋转直线效果如图 7-19 所示。

③ 单击"默认"选项卡"修改"面板中的"移动"按钮✛，将步骤②中绘制的直线移动到适当的位置，如图 7-20 所示。

图 7-19　旋转直线

图 7-20　移动直线

④ 单击"默认"选项卡"修改"面板中的"修剪"按钮✂，修剪掉多余的直线，将多余线段删除，如图 7-21 所示。

（6）单击"默认"选项卡"绘图"面板中的"样条曲线拟合"按钮∿，在图形中绘制一条样条曲线，如图 7-22 所示。命令行提示与操作如下：

```
命令：_SPLINE↙
当前设置：方式=拟合    节点=弦
指定第一个点或 [方式(M)/节点(K)/对象(O)]：_M↙
输入样条曲线创建方式 [拟合(F)/控制点(CV)] <拟合>：_FIT↙
当前设置：方式=拟合    节点=弦
指定第一个点或 [方式(M)/节点(K)/对象(O)]：（选择点A）
输入下一个点或 [起点切向(T)/公差(L)]：（选择点B）
输入下一个点或 [起点切向(T)/公差(L)]：（选择点C）
输入下一个点或 [端点相切(T)/公差(L)/放弃(U)/闭合(C)]：T
指定端点切向：（选择点D）
```

图 7-21　修剪多余线段

图 7-22　绘制样条曲线 1

（7）同理，另外一侧的样条曲线如图 7-23 所示。首先依次单击点 A、B、C，然后选择 D 点为端点切线方向，完成另一侧样条曲线的绘制。

（8）单击"默认"选项卡"修改"面板中的"修剪"按钮✂，修剪掉多余的直线，完成被子掀开角的绘制，如图 7-24 所示。

图 7-23　绘制样条曲线 2

图 7-24　绘制掀起角

Note

3. 绘制枕头轮廓

（1）单击"默认"选项卡"绘图"面板中的"样条曲线拟合"按钮，绘制枕头轮廓，如图 7-25 所示。

（2）单击"默认"选项卡"绘图"面板中的"圆弧"按钮，细化枕头内部，如图 7-26 所示。

图 7-25　绘制枕头轮廓

图 7-26　细化枕头内部

4. 绘制垫子轮廓

（1）单击"默认"选项卡"绘图"面板中的"样条曲线拟合"按钮，绘制垫子轮廓，如图 7-27 所示。

（2）单击"默认"选项卡"绘图"面板中的"圆弧"按钮，细化垫子内部，如图 7-28 所示。

图 7-27　绘制垫子轮廓

图 7-28　细化垫子内部

（3）单击"默认"选项卡"修改"面板中的"复制"按钮和"修剪"按钮，完成另外一个垫子的绘制，如图 7-29 所示。

5. 将图形保存为块

在命令行中输入"WBLOCK"，打开"写块"对话框，将图形保存为块，以便调用，如图 7-30 所示。

图 7-29　完成垫子的绘制

图 7-30　保存图块

视频讲解

Note

7.3 双人床和地毯

本节将详细介绍双人床和地毯的绘制方法和技巧，首先绘制床，然后绘制枕头，最后绘制地毯，绘制流程如图 7-31 所示。

图 7-31 双人床和地毯

操作步骤

1. 绘制双人床

（1）单击"默认"选项卡"绘图"面板中的"矩形"按钮 □，绘制一个长为 1350、宽为 1900 的矩形，如图 7-32 所示。

（2）单击"默认"选项卡"修改"面板中的"分解"按钮 ⬜，将矩形分解。

（3）单击"默认"选项卡"修改"面板中的"圆角"按钮 ⌒，将圆角半径设置为 50，对矩形底部进行圆角处理，如图 7-33 所示。命令行提示与操作如下：

图 7-32 绘制矩形　　　　　　　　　　　图 7-33 绘制圆角

```
命令: _fillet↵
当前设置: 模式 = 修剪，半径 = 100
选择第一个对象或 [放弃(U)/多段线(P)/半径(R)/修剪(T)/多个(M)]: r↵
```

```
指定圆角半径 <100>: 50↙
选择第一个对象或 [放弃(U)/多段线(P)/半径(R)/修剪(T)/多个(M)]:
选择第二个对象，或按住 Shift 键选择对象以应用角点或 [半径(R)]:
命令: FILLET↙
当前设置: 模式 = 修剪，半径 = 50
选择第一个对象或 [放弃(U)/多段线(P)/半径(R)/修剪(T)/多个(M)]:
选择第二个对象，或按住 Shift 键选择对象以应用角点或 [半径(R)]:
```

（4）单击"默认"选项卡"修改"面板中的"偏移"按钮 ⊂，将矩形最上侧水平直线向下偏移，偏移距离为418，如图 7-34 所示。命令行提示与操作如下：

```
命令: _offset↙
当前设置: 删除源=否  图层=源  OFFSETGAPTYPE=0
指定偏移距离或 [通过(T)/删除(E)/图层(L)] <20>: 418↙
选择要偏移的对象，或 [退出(E)/放弃(U)] <退出>:（选择矩形最上侧水平直线）
指定要偏移的那一侧上的点，或 [退出(E)/多个(M)/放弃(U)] <退出>:（在矩形内单击鼠标）
选择要偏移的对象，或 [退出(E)/放弃(U)] <退出>:↙
```

（5）单击"默认"选项卡"绘图"面板中的"直线"按钮 ╱，绘制两条斜线，如图 7-35 所示。

（6）单击"默认"选项卡"绘图"面板中的"圆弧"按钮 ╭，绘制一段圆弧，完成被子折角的绘制，如图 7-36 所示。

图 7-34 偏移直线

图 7-35 绘制被子折角

图 7-36 绘制圆弧

（7）单击"默认"选项卡"绘图"面板中的"图案填充"按钮 ▨，打开"图案填充创建"选项卡，设置图案为 EARTH，填充比例为 30，如图 7-37 所示，选择填充区域，填充图形，结果如图7-38 所示。

图 7-37 "图案填充创建"选项卡

图 7-38　填充图形

（8）单击"默认"选项卡"绘图"面板中的"矩形"按钮 □ ，在图中合适的位置处绘制一个长为 495、宽为 288 的矩形。命令行提示与操作如下：

```
命令: _rectang↙
指定第一个角点或 [倒角(C)/标高(E)/圆角(F)/厚度(T)/宽度(W)]: 在图中合适的位置单击
指定另一个角点或 [面积(A)/尺寸(D)/旋转(R)]: @495,288↙
```

结果如图 7-39 所示。

（9）单击"默认"选项卡"修改"面板中的"圆角"按钮 ⌐，设置圆角半径为 100，对矩形进行圆角处理，完成枕头的绘制，如图 7-40 所示。

图 7-39　绘制矩形　　　　　　　　　　　图 7-40　绘制圆角

（10）单击"默认"选项卡"修改"面板中的"复制"按钮 ⸾，将步骤（9）中绘制的枕头复制到另外一侧，完成双人床的绘制，如图 7-41 所示。

2. 绘制地毯

（1）单击"默认"选项卡"绘图"面板中的"矩形"按钮 □ ，在图中合适的位置处绘制一个长为 1940、宽为 996 的矩形，完成地毯外轮廓的绘制，如图 7-42 所示。

图 7-41 复制枕头

图 7-42 绘制矩形

（2）单击"默认"选项卡"修改"面板中的"偏移"按钮⊆，将矩形向内偏移，偏移距离依次为 20、80 和 20，如图 7-43 所示。

（3）单击"默认"选项卡"修改"面板中的"修剪"按钮⊁，修剪图形，如图 7-44 所示。

图 7-43 偏移矩形

图 7-44 修剪图形

（4）单击"默认"选项卡"绘图"面板中的"图案填充"按钮▨，打开"图案填充创建"选项卡，设置图案为 ZIGZAG，填充比例为 10，选择填充区域，填充图形，结果如图 7-45 所示。

（5）同理，单击"默认"选项卡"绘图"面板中的"图案填充"按钮▨，打开"图案填充创建"选项卡，设置图案为 MUDST，填充比例为 10，选择填充区域，填充图形，完成地毯的绘制，结果如图 7-46 所示。

Note

图 7-45　填充图形

图 7-46　填充图形

视频讲解

7.4　床和床头柜

本节将详细介绍床和床头柜的绘制方法和技巧，首先绘制床，然后绘制枕头，再绘制靠垫，最后绘制床头柜，绘制流程如图 7-47 所示。

图 7-47　床和床头柜

操作步骤

1. 绘制双人床

（1）单击"默认"选项卡"绘图"面板中的"矩形"按钮 ⬜，绘制长为 1500、宽为 2000 的矩形，完成双人床的外部轮廓线的绘制，如图 7-48 所示。

📢 **注意**：双人床的大小一般为 2000×1800，单人床的大小一般为 2000×1000。

（2）单击"默认"选项卡"绘图"面板中的"直线"按钮 ╱，绘制床单造型，如图 7-49 所示。

图 7-48　绘制轮廓　　　　　　　　　　　　　　　　图 7-49　绘制床单

（3）单击"默认"选项卡"绘图"面板中的"直线"按钮／，进一步绘制床单造型，如图 7-50 所示。

（4）单击"默认"选项卡"修改"面板中的"圆角"按钮，将圆角半径设置为 30，对图形进行圆角处理，如图 7-51 所示。命令行提示与操作如下：

> 命令：FILLET↙（对图形对象进行倒圆角）
> 当前设置：模式 = 修剪，半径 = 500
> 选择第一个对象或 [放弃(U)/多段线(P)/半径(R)/修剪(T)/多个(M)]：R↙（输入"R"设置倒圆角半径大小）
> 指定圆角半径 <500>：30↙
> 选择第一个对象或 [放弃(U)/多段线(P)/半径(R)/修剪(T)/多个(M)]：（选择第 1 条倒圆角对象边界）
> 选择第二个对象，或按住 Shift 键选择要应用角点的对象：（选择第 2 条倒圆角对象边界）

图 7-50　进一步绘制床单　　　　　　　　　　　　　　图 7-51　绘制圆角

（5）单击"默认"选项卡"修改"面板中的"倒角"按钮，对图形进行倒角处理，如图 7-52 所示。命令行提示与操作如下：

命令：CHAMFER↙

（"修剪"模式）当前倒角距离 1 = 0，距离 2 = 0

选择第一条直线或 [放弃(U)/多段线(P)/距离(D)/角度(A)/修剪(T)/方式(E)/多个(M)]：D↙（输入"D"设置倒直角距离大小）

指定第一个倒角距离 <0>：300↙（输入距离）

指定第二个倒角距离 <100>：300↙（输入距离）

选择第一条直线或 [放弃(U)/多段线(P)/距离(D)/角度(A)/修剪(T)/方式(E)/多个(M)]：（选择第 1 条倒直角对象边界）

选择第二条直线，或按住 Shift 键选择要应用角点的直线：（选择第 2 条倒直角对象边界）

（6）单击"默认"选项卡"绘图"面板中的"圆弧"按钮 ⌒，在图中合适的位置处绘制圆弧，如图 7-53 所示。

图 7-52　绘制倒角

图 7-53　绘制圆弧

（7）单击"默认"选项卡"绘图"面板中的"样条曲线拟合"按钮 ∿，建立枕头外轮廓造型，如图 7-54 所示。

注意：可以使用弧线功能命令 ARC、LINE 等绘制枕头折线，使其效果更为逼真。

（8）单击"默认"选项卡"修改"面板中的"复制"按钮 ❀，复制得到另外一个枕头造型，如图 7-55 所示。

图 7-54　绘制枕头折线

图 7-55　复制枕头造型

（9）单击"默认"选项卡"绘图"面板中的"样条曲线拟合"按钮 ∿，在床尾部建立床单尾部的造型，如图 7-56 所示。

（10）单击"默认"选项卡"修改"面板中的"偏移"按钮⊑，通过偏移得到一组平行线造型，如图 7-57 所示。

图 7-56 建立床单尾部造型

图 7-57 偏移得到平行线

（11）单击"默认"选项卡"绘图"面板中的"样条曲线拟合"按钮～，绘制一个靠垫造型，如图 7-58 所示。

（12）单击"默认"选项卡"绘图"面板中的"圆弧"按钮⌒，绘制靠垫内部线条造型，如图 7-59 所示。

图 7-58 绘制靠垫造型

图 7-59 绘制靠垫线条

2. 绘制床头柜

（1）单击"默认"选项卡"绘图"面板中的"多边形"按钮⬠，绘制床头灯造型。先绘制一个正方形，如图 7-60 所示。命令行提示与操作如下：

```
命令: POLYGON↙（绘制等边多边形）
输入边的数目 <4>: 4↙（输入等边多边形的边数）
指定正多边形的中心点或 [边(E)]:（指定等边多边形中心点位置）
输入选项 [内接于圆(I)/外切于圆(C)] <I>: C↙（输入"C"以外切于圆确定等边多边形）
指定圆的半径:（指定外切圆半径）
```

📢 **注意**：本例绘制床头灯造型为方形，也可以绘制成其他形状造型。

（2）单击"默认"选项卡"绘图"面板中的"圆"按钮⊙，在正方形内侧绘制一个圆，如图 7-61 所示。命令行提示与操作如下：

```
命令: CIRCLE↙（绘制圆形）
指定圆的圆心或 [三点(4P)/两点(2P)/切点、切点、半径(T)]:（指定圆心点位置）
指定圆的半径或 [直径(D)] <20.000>:（输入圆形半径或在屏幕上直接点取）
```

图 7-60　绘制正方形

图 7-61　绘制圆

（3）使用同样的方法，单击"默认"选项卡"绘图"面板中的"圆"按钮⊙，在步骤（2）绘制的圆内绘制一个圆心位置不同的小圆，如图 7-62 所示。

（4）单击"默认"选项卡"绘图"面板中的"直线"按钮／，绘制随机斜线，形成灯罩效果，如图7-63 所示。

图 7-62　绘制小圆

图 7-63　绘制灯罩

（5）单击"默认"选项卡"修改"面板中的"复制"按钮❀，复制得到两个床头灯造型，如图7-64 所示。

（6）缩放视图，完成双人床及其床头灯平面造型设计，如图 7-65 所示。命令行提示与操作如下：

```
命令：ZOOM↙（缩放视图）
指定窗口的角点，输入比例因子 (nX 或 nXP)，或者
[全部(A)/中心(C)/动态(D)/范围(E)/上一个(P)/比例(S)/窗口(W)/对象(O)] <实时>：E↙
```

图 7-64　两个床头灯造型

图 7-65　双人床平面造型

7.5　实践与操作

通过前面的学习，相信读者对本章知识也有了大体的了解，本节将通过几个操作练习使读者进一步掌握本章知识要点。

7.5.1　绘制单人床

1. 目的要求

本实践绘制的是如图 7-66 所示的单人床，涉及的命令有"矩形""圆弧""分解""圆角""偏移""修剪"。通过本实践的绘制，可以帮助读者进一步掌握床具的绘制方法。

2. 操作提示

（1）利用"矩形""分解""偏移""圆角"命令绘制床的基本轮廓。

（2）利用"圆弧"命令绘制折角。

（3）利用"矩形""偏移""圆角"命令绘制枕头。

（4）利用"修剪"命令修剪掉多余直线，最终完成图形的绘制。

图 7-66　单人床

7.5.2　绘制双人床

1. 目的要求

本实践绘制的是如图 7-67 所示的双人床，涉及的命令有"直线""样条曲线""圆角""复制"。通过本实践的绘制，可以帮助读者更进一步掌握床具图形的绘制方法。

图 7-67　双人床

2. 操作提示

（1）利用"直线"和"圆角"命令绘制床轮廓。

（2）利用"样条曲线"命令绘制枕头和垫子。

（3）利用"复制"命令复制枕头和垫子。

7.5.3　绘制床和床头柜

1. 目的要求

本实践绘制的是如图 7-68 所示的床和床头柜，床具在现实生活中应用比较广泛，涉及的主要命令有"矩形""圆弧""圆""圆角"。通过本实践的绘制，可以帮助读者熟练掌握床具类图形的绘制方法。

图 7-68　床和床头柜

2. 操作提示

（1）利用"矩形"和"圆角"命令绘制床轮廓。
（2）利用"圆弧"命令绘制被子折角。
（3）利用"矩形"命令绘制枕头。
（4）利用"矩形"和"圆"命令绘制床头柜。

第8章

桌台类家具

本章将详细叙述各种桌台类家具的绘制实例，使读者进一步巩固二维图形的绘制和编辑，灵活应用各种 AutoCAD 命令绘制桌台类家具的具体思路和方法。

- ☑ 家庭影院
- ☑ 办公桌及其隔断
- ☑ 吧台
- ☑ 会议桌椅

任务驱动&项目案例

8.1 家庭影院

本实例在绘制过程中，运用到了"矩形""直线""圆""圆弧""圆角"以及"图案填充"命令。首先绘制家庭影院的轮廓线，再进行细部加工，绘制流程如图 8-1 所示。

图 8-1　家庭影院

操作步骤

（1）单击"默认"选项卡"图层"面板中的"图层特性"按钮，打开"图层特性管理器"对话框，新建图层，如图 8-2 所示。

图 8-2　新建图层

（2）将当前图层设置为"2"图层，单击"默认"选项卡"绘图"面板中的"矩形"按钮 □，绘制矩形。命令行提示与操作如下：

```
命令：_rectang↙
指定第一个角点或 [倒角(C)/标高(E)/圆角(F)/厚度(T)/宽度(W)]：0,0↙
```

指定另一个角点或 [面积(A)/尺寸(D)/旋转(R)]: 2300,100↙

结果如图 8-3 所示。

图 8-3　绘制矩形

（3）用同样的方法，单击"默认"选项卡"绘图"面板中的"矩形"按钮 □，端点坐标分别为{（-50,100），（2350,150）}、{（50,155），（@360,900）}、{（2250,155），（@-360,900）}、{（550,155），（@1200,1200）}，继续绘制矩形，完成轮廓线的绘制，如图 8-4 所示。

图 8-4　绘制轮廓线

（4）单击"默认"选项卡"绘图"面板中的"直线"按钮 ╱，在下面矩形内部绘制直线。命令行提示与操作如下：

```
命令: _line↙
指定第一个点: 400,0↙
指定下一点或 [放弃(U)]: @0,100↙
指定下一点或 [放弃(U)]:
命令:LINE↙
指定第一个点: 1900,0↙
指定下一点或 [放弃(U)]: @0,100↙
指定下一点或 [放弃(U)]:
```

结果如图 8-5 所示。

图 8-5　绘制直线

（5）将当前图层设置为"1"图层，单击"默认"选项卡"绘图"面板中的"矩形"按钮 ▢ ，绘制矩形。命令行提示与操作如下：

```
命令：_rectang✓
指定第一个角点或 [倒角(C)/标高(E)/圆角(F)/厚度(T)/宽度(W)]：604,585✓
指定另一个角点或 [面积(A)/尺寸(D)/旋转(R)]：@1092,716✓
```

结果如图 8-6 所示。

图 8-6 绘制矩形

（6）用同样的方法，单击"默认"选项卡"绘图"面板中的"矩形"按钮 ▢ ，绘制 11 个矩形，端点坐标分别为{（605,210），（@1090,280）}、{（745,510），（@37,35）}、{（810,510），（@340,35）}、{（167,426），（@171,57）}、{（177,436），（@151,37）}、{（185,168），（@124,46）}、{（195,178），（@104,26）}、{（2133,426），（@-171,57）}、{（2123,436），（@-151,37）}、{（2115,168），（@-124,46）}、{（2105,178），（@-104,26）}，绘制结果如图 8-7 所示。

图 8-7 绘制剩余矩形

（7）单击"默认"选项卡"绘图"面板中的"圆"按钮 ⊙ ，在左侧矩形内绘制一个圆。命令行提示与操作如下：

```
命令：_circle✓
指定圆的圆心或 [三点(3P)/两点(2P)/相切、相切、半径(T)]：251,677✓
指定圆的半径或 [直径(D)]：131✓
```

结果如图 8-8 所示。

图 8-8 绘制圆

（8）单击"默认"选项卡"修改"面板中的"偏移"按钮⊆，将步骤（7）中绘制的圆向内偏移 20，如图 8-9 所示。

图 8-9 偏移圆

（9）单击"默认"选项卡"绘图"面板中的"圆"按钮⊙，将圆心坐标设置为（244,930），圆的半径为 103，在图中合适的位置继续绘制圆，如图 8-10 所示。

图 8-10 绘制圆

（10）单击"默认"选项卡"修改"面板中的"偏移"按钮⊆，将步骤（9）中绘制的圆向内偏移 20，如图 8-11 所示。

图 8-11　偏移圆

（11）单击"默认"选项卡"绘图"面板中的"圆"按钮⊙，将圆心坐标设置为（2049,677），圆的半径为 131，在另一侧矩形内绘制圆，如图 8-12 所示。

图 8-12　绘制圆

（12）单击"默认"选项卡"修改"面板中的"偏移"按钮⊂，将步骤（11）中绘制的圆向内偏移 20，如图 8-13 所示。

图 8-13　偏移圆

（13）单击"默认"选项卡"绘图"面板中的"圆"按钮⊙，将圆心坐标设置为（2056,930），圆的半径为103，在合适的位置处绘制圆，如图8-14所示。

图 8-14　绘制圆

（14）单击"默认"选项卡"修改"面板中的"偏移"按钮⊑，将步骤（13）中绘制的圆向内偏移20，如图8-15所示。

图 8-15　偏移圆

（15）单击"默认"选项卡"绘图"面板中的"直线"按钮╱，绘制直线，坐标分别为{（50,506），（@360,0）}和{（1890,506），（@360,0）}，如图8-16所示。

图 8-16　绘制直线

（16）单击"默认"选项卡"绘图"面板中的"矩形"按钮 口，绘制画面图形，如图 8-17 所示。

图 8-17　绘制画面图形

（17）单击"默认"选项卡"绘图"面板中的"圆弧"按钮 ，细化画面图形，如图 8-18 所示。

图 8-18　细化画面图形

（18）单击"默认"选项卡"修改"面板中的"圆角"按钮 ，设置圆角半径为 20，如图 8-19 所示，对图形进行圆角处理。命令行提示与操作如下：

```
命令：_fillet↙
当前设置：模式 = 修剪，半径 = 0.0000
选择第一个对象或 [放弃(U)/多段线(P)/半径(R)/修剪(T)/多个(M)]：r↙
指定圆角半径 <0.0000>：20↙
选择第一个对象或 [放弃(U)/多段线(P)/半径(R)/修剪(T)/多个(M)]：p↙
选择二维多段线：（选择图 8-19 中的矩形）
4 条直线已被圆角处理
```

图 8-19　圆角处理

（19）单击"默认"选项卡"绘图"面板中的"图案填充"按钮，打开"图案填充创建"选项卡，选择填充图案为 ANGLE，设置比例为 5，选择需要填充的区域，填充图形，结果如图 8-20 所示。

图 8-20　填充图案

8.2　办公桌及其隔断

本节将详细介绍办公桌及其隔断的绘制方法与相关技巧。首先绘制办公桌和椅子，然后绘制办公设备，再绘制电话，最后绘制办公桌的隔断，绘制流程如图 8-21 所示。

图 8-21　办公桌及其隔断

操作步骤

1. 绘制办公桌

（1）单击"默认"选项卡"绘图"面板中的"矩形"按钮 ▢ ，绘制矩形办公桌桌面，如图 8-22 所示。

注意：根据办公桌及其隔断的图形整体情况，先绘制办公桌。

（2）单击"默认"选项卡"绘图"面板中的"多段线"按钮，绘制侧面桌面，如图 8-23 所示。

图 8-22 绘制办公桌桌面

图 8-23 绘制侧面桌面

2. 绘制办公椅

（1）单击"默认"选项卡"绘图"面板中的"直线"按钮，绘制办公椅的四面轮廓，如图 8-24 所示。

注意：办公室椅子造型也可以直接使用第 6 章中绘制的椅子造型。

（2）单击"默认"选项卡"修改"面板中的"圆角"按钮，进行倒圆角，如图 8-25 所示。

图 8-24 绘制椅子轮廓

图 8-25 倒圆角

（3）单击"默认"选项卡"绘图"面板中的"圆弧"按钮，在椅子后侧绘制轮廓局部造型，如图 8-26 所示。

（4）单击"默认"选项卡"修改"面板中的"偏移"按钮，将绘制的圆弧向上偏移，如图 8-27 所示。

图 8-26 绘制局部造型

图 8-27 偏移圆弧

（5）单击"默认"选项卡"绘图"面板中的"圆弧"按钮，对两端进行圆滑处理，如图 8-28 所示。

（6）单击"默认"选项卡"绘图"面板中的"直线"按钮，在办公椅侧面绘制一条竖向直线，如图 8-29 所示。

图 8-28 绘制两端弧线

图 8-29 绘制直线

（7）单击"默认"选项卡"绘图"面板中的"圆弧"按钮 ⌒，完成侧面扶手的绘制，如图 8-30 所示。

（8）单击"默认"选项卡"修改"面板中的"镜像"按钮 ⚎，得到另外一侧的扶手，完成椅子的绘制，如图 8-31 所示，命令行提示与操作如下：

```
命令：MIRROR↙（镜像生成对称图形）
选择对象：（选取扶手）
选择对象：↙（按 Enter 键）
指定镜像线的第一点：（以中间的轴线位置作为镜像线）
指定镜像线的第二点：
要删除源对象吗？[是(Y)/否(N)] <否>：N↙（输入"N"后按 Enter 键保留原有图形）
```

图 8-30 绘制侧面扶手

图 8-31 完成椅子绘制

3. 绘制柜子

（1）单击"默认"选项卡"绘图"面板中的"多段线"按钮 ⌐，绘制侧面桌面的柜子造型，如图 8-32 所示。

（2）单击"默认"选项卡"绘图"面板中的"直线"按钮 ╱，绘制一条竖向直线，如图 8-33 所示。

图 8-32 绘制柜子造型

图 8-33 绘制直线

4. 绘制办公设备

（1）单击"默认"选项卡"绘图"面板中的"矩形"按钮 ▭，在合适的位置处绘制一个矩形，如图 8-34 所示。

（2）单击"默认"选项卡"绘图"面板中的"多段线"按钮 ，在步骤（1）中绘制的矩形内部绘制一个小矩形，如图 8-35 所示。

图 8-34　绘制矩形

图 8-35　绘制小矩形

（3）单击"默认"选项卡"绘图"面板中的"多段线"按钮 ，完成办公设备轮廓的绘制，如图 8-36 所示。

（4）单击"默认"选项卡"绘图"面板中的"矩形"按钮 ，绘制键盘轮廓，如图 8-37 所示。

图 8-36　绘制办公设备轮廓

图 8-37　绘制键盘轮廓

注意： 在这里对办公桌上的设备仅做轮廓近似绘制。

5. 绘制电话机

（1）单击"默认"选项卡"绘图"面板中的"多边形"按钮 ，绘制办公电话造型轮廓，如图8-38 所示。命令行提示与操作如下：

```
命令：POLYGON↙（绘制等边多边形）
输入边的数目 <4>：4↙（输入等边多边形的边数）
指定正多边形的中心点或 [边(E)]：（指定等边多边形中心点位置）
输入选项 [内接于圆(I)/外切于圆(C)] <I>：C↙（输入"C"以外切于圆确定等边多边形）
指定圆的半径：（指定外切圆半径）
```

（2）单击"默认"选项卡"绘图"面板中的"矩形"按钮 ，绘制电话局部大体轮廓造型，如图8-39 所示。

图 8-38 绘制电话轮廓

图 8-39 绘制局部轮廓

（3）单击"默认"选项卡"绘图"面板中的"圆"按钮⊙，绘制一个圆，如图 8-40 所示。命令行提示与操作如下：

```
命令：CIRCLE↙（绘制圆形）
指定圆的圆心或 [三点(4P)/两点(2P)/相切、相切、半径(T)]：（指定圆心点位置）
指定圆的半径或 [直径(D)] <20.000>：（输入圆形半径或在屏幕上直接点取）
```

（4）单击"默认"选项卡"修改"面板中的"复制"按钮，复制步骤（3）中绘制的圆，如图 8-41 所示。

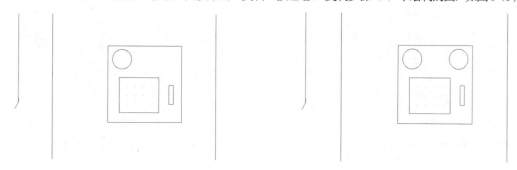

图 8-40 绘制圆   图 8-41 复制圆

（5）单击"默认"选项卡"绘图"面板中的"直线"按钮，在两圆之间绘制一条水平直线，如图 8-42 所示。

（6）单击"默认"选项卡"修改"面板中的"偏移"按钮，将水平直线向下偏移，如图 8-43 所示。

图 8-42 绘制直线   图 8-43 偏移直线

（7）单击"默认"选项卡"修改"面板中的"修剪"按钮，修剪掉多余的直线，完成话筒的绘制，如图 8-44 所示。命令行提示与操作如下：

```
命令: TRIM↙（对图形对象进行修剪）
当前设置: 投影=UCS，边=无
选择剪切边...
选择对象或 <全部选择>: （选择两条直线为剪切边界）
选择对象: ↙（按 Enter 键）
选择要修剪的对象，或按住 Shift 键选择要延伸的对象，或
[栏选(F)/窗交(C)/投影(P)/边(E)/删除(R)/放弃(U)]: （选择一侧圆为剪切对象）
选择要修剪的对象，或按住 Shift 键选择要延伸的对象，或
[栏选(F)/窗交(C)/投影(P)/边(E)/删除(R)/放弃(U)]: （选择另一侧的圆剪切对象）
...
选择要修剪的对象，或按住 Shift 键选择要延伸的对象，或
[栏选(F)/窗交(C)/投影(P)/边(E)/删除(R)/放弃(U)]: ↙（按 Enter 键）
```

（8）单击"默认"选项卡"绘图"面板中的"直线"按钮 ╱ 和"修改"面板中的"复制"按钮 ❀，绘制话筒与电话机连接线，如图 8-45 所示。

图 8-44　绘制话筒

图 8-45　绘制连接线

（9）单击"默认"选项卡"绘图"面板中的"多点"按钮 ⋰，在电话机上绘制数字按键。在命令行中输入"ZOOM"，缩放视图，办公桌部分图形绘制完成，如图 8-46 所示。命令行提示与操作如下：

```
命令: ZOOM↙（缩放视图）
指定窗口的角点，输入比例因子 (nX 或 nXP)，或者
[全部(A)/中心(C)/动态(D)/范围(E)/上一个(P)/比例(S)/窗口(W)/对象(O)] <实时>: E↙
```

6. 绘制隔断

（1）单击"默认"选项卡"绘图"面板中的"直线"按钮 ╱，绘制办公桌的隔断轮廓线，如图 8-47 所示。

图 8-46　完成办公桌绘制图

图 8-47　绘制隔断轮廓线

（2）单击"默认"选项卡"修改"面板中的"偏移"按钮 ⊑，偏移轮廓线，如图 8-48 所示。

（3）使用同样的方法，继续绘制隔断，形成一个标准办公桌单元，如图 8-49 所示。

图 8-48　偏移轮廓线

图 8-49　一个办公桌单元

7. 完成绘制

（1）单击"默认"选项卡"修改"面板中的"镜像"按钮 ⚖，进行镜像操作，得到对称的两个办公桌单元图形。命令行提示与操作如下：

```
命令：MIRROR↙（镜像生成对称图形）
选择对象：选取办公桌单元
选择对象：找到 42 个，总计 44 个
选择对象：↙（按 Enter 键）
指定镜像线的第一点：（以中间的轴线位置作为镜像线）
指定镜像线的第二点：
要删除源对象吗？[是(Y)/否(N)] <否>：N↙（输入"N"按 Enter 键保留原有图形）
```

结果如图 8-50 所示。

注意：左右相同的办公桌单元造型可以通过镜像得到，而前后相同的办公单元造型可以通过复制得到。

（2）单击"默认"选项卡"修改"面板中的"复制"按钮 ❁，通过复制得到相同方向排列的办公桌单元图形，如图 8-51 所示。

图 8-50　镜像办公桌单元

图 8-51　复制图形

办公桌及其隔断

（3）在命令行中输入"ZOOM"，缩放视图，最终完成办公桌及其隔断的绘制。命令行提示与操作如下：

```
命令: ZOOM↙（缩放视图）
指定窗口的角点，输入比例因子 (nX 或 nXP)，或者
[全部(A)/中心(C)/动态(D)/范围(E)/上一个(P)/比例(S)/窗口(W)/对象(O)] <实时>: E↙
```

8.3　吧　　台

本节将详细介绍吧台的绘制方法与相关技巧。在绘制过程中，主要运用了"直线""多段线""圆""镜像"命令，绘制流程如图8-52所示。

图8-52　绘制吧台

操作步骤

（1）单击"默认"选项卡"绘图"面板中的"直线"按钮／，绘制直线。命令行提示与操作如下：

```
命令: _line↙
指定第一点: 4243,-251↙
指定下一点或 [放弃(U)]: 5131,-251↙
指定下一点或 [放弃(U)]: 5494,110↙
指定下一点或 [闭合(C)/放弃(U)]: 5494,1436↙
指定下一点或 [闭合(C)/放弃(U)]:
命令:LINE↙
指定第一点: 4474,-251↙
指定下一点或 [放弃(U)]: 4474,1436↙
指定下一点或 [放弃(U)]
命令:LINE↙
指定第一点: 4474,18↙
指定下一点或 [放弃(U)]: 5014,18↙
指定下一点或 [放弃(U)]: 5224,222↙
指定下一点或 [闭合(C)/放弃(U)]: 5224,1436↙
指定下一点或 [闭合(C)/放弃(U)]:
命令:LINE↙
指定第一点: 5019,18↙
```

指定下一点或 [放弃(U)]: 5014,1436↙
　　指定下一点或 [放弃(U)]:

结果如图 8-53 所示。

（2）单击"默认"选项卡"修改"面板中的"镜像"按钮 △，镜像步骤（1）中绘制的图形。命令行提示与操作如下：

命令：_mirror↙
选择对象：all（选取所有图形）
找到 8 个
选择对象:↙
指定镜像线的第一点：0,1436↙
指定镜像线的第二点：10,1436↙
是否删除源对象？ [是(Y)/否(N)] <否>:

结果如图 8-54 所示。

（3）单击"默认"选项卡"绘图"面板中的"直线"按钮 ，绘制门，坐标分别为{（4474,2854），（4929,2989），（4474,3123）}和{（4929,2854），（4929,3123）}，如图 8-55 所示。

图 8-53　绘制直线　　　　图 8-54　镜像处理　　　　图 8-55　绘制门

（4）单击"默认"选项卡"绘图"面板中的"圆"按钮 ⊙，在图中合适的位置处绘制圆，设置圆的圆心为（5765,2297），半径为 120，如图 8-56 所示。

（5）单击"默认"选项卡"绘图"面板中的"多段线"按钮 ，绘制座椅。命令行提示与操作如下：

命令：_pline↙
指定起点：5834,2199↙
当前线宽为 0.0000
指定下一个点或 [圆弧(A)/半宽(H)/长度(L)/放弃(U)/宽度(W)]: 5853,2171↙
指定下一点或 [圆弧(A)/闭合(C)/半宽(H)/长度(L)/放弃(U)/宽度(W)]: a↙
指定圆弧的端点(按住 Ctrl 键以切换方向)或
[角度(A)/圆心(CE)/闭合(CL)/方向(D)/半宽(H)/直线(L)/半径(R)/第二个点(S)/放弃(U)/宽度(W)]: s↙
　　指定圆弧上的第二个点：5919,2299↙
　　指定圆弧的端点：5850,2426↙
　　指定圆弧的端点(按住 Ctrl 键以切换方向)或[角度(A)/圆心(CE)/闭合(CL)/方向(D)/半宽(H)/直线(L)/半径(R)/第二个点(S)/放弃(U)/宽度(W)]: l↙
　　指定下一点或 [圆弧(A)/闭合(C)/半宽(H)/长度(L)/放弃(U)/宽度(W)]: 5831,2397↙
　　指定下一点或 [圆弧(A)/闭合(C)/半宽(H)/长度(L)/放弃(U)/宽度(W)]:

结果如图 8-57 所示。

（6）单击"默认"选项卡"修改"面板中的"矩形阵列"按钮品，设置行数为 6，列数为 1，行间距为-360，阵列椅子图形，如图 8-58 所示。

图 8-56　绘制圆　　　　　图 8-57　绘制座椅　　　　　图 8-58　阵列椅子图形

视频讲解

8.4　会议桌椅

会议桌椅属于典型的办公家具，由会议桌和配套的若干椅子组成。首先绘制桌子，然后把已经绘制好的椅子粘贴到桌子图形文件中，利用"对齐"命令将椅子和桌子对齐。最后利用"阵列""镜像""旋转""移动"等命令完成椅子的有序布置，绘制流程如图 8-59 所示。

图 8-59　会议桌椅

8.4.1　会议桌绘制

本节绘制如图 8-60 所示的会议桌。

（1）首先绘制两条长度均为 1500 的竖向直线 1、2，两者之间的距离为 6000；然后，绘制直线 3，连接它们的中点，如图 8-61 所示。

（2）由直线 3 分别偏移 1500 绘制出直线 4、5；然后执行"圆弧"命令，依次捕捉 ABC、DEF 绘制出两条弧线，如图 8-62 所示。

图 8-60　会议桌　　　　　图 8-61　绘制直线　　　　　图 8-62　偏移直线

（3）再用"圆弧"命令绘制内部的两条弧线，最后将辅助线删除，完成桌面的绘制，如图 8-63 所示。

图 8-63 绘制圆弧

Note

8.4.2 桌椅对齐

本节将对齐如图 8-64 所示的会议桌椅。

（1）打开随书附赠资料中的小靠背椅图形文件。

（2）利用"编辑"菜单中的"复制"和"粘贴"命令将小靠背椅图形复制到会议桌图形中的适当位置。

（3）执行菜单栏中的"修改"→"三维操作"→"对齐"命令。按命令行提示进行操作：

图 8-64 对齐桌椅

> 命令：ALIGN↙
> 选择对象：（在屏幕上拉出矩形选框将椅子图形全部选中）
> 选择对象：↙
> 指定第一个源点：（选择椅子边缘弧线中点为第一个源点，如图 8-65 所示）
> 指定第一个目标点：（选择桌子边缘弧线中点为第一个目标点，然后按 Enter 键，结果如图 8-66 所示）

图 8-65 对齐

图 8-66 对齐后的椅子

（4）单击"默认"选项卡"修改"面板中的"移动"按钮✥，将椅子竖直向下移出一定距离，使其不紧贴桌子边缘。命令行提示与操作如下：

> 命令：_move↙
> 选择对象：（框选椅子）
> 选择对象：↙
> 指定基点或 [位移(D)] <位移>：（指定任意一点）
> 指定第二个点或 <使用第一个点作为位移>：（打开状态栏上的"正交"开关，向下适当位置指定一点）

（5）用鼠标选中桌子边缘圆弧并右击，弹出快捷菜单，如图 8-67 所示。执行其中的"特性"命令，弹出"特性"对话框，记下其圆心坐标和总角度，为后面的阵列做准备，如图 8-68 所示。

图 8-67　桌子边缘圆弧特性

图 8-68　"特性"对话框

提示： 记下圆心坐标和总角度以备阵列时使用，读者绘图的位置不可能和笔者完全一样，所以圆心坐标不会与图中相同，特此说明。

8.4.3　布置会议桌椅

按如图 8-69 所示布置会议桌椅。

图 8-69　会议桌椅

（1）单击"默认"选项卡"修改"面板中的"环形阵列"按钮 ⋮⋮⋮，指定桌面圆心为阵列中心点，选择椅子作为阵列对象，阵列数目为 4。命令行提示与操作如下：

命令：_arraypolar↙
选择对象：（框选椅子）
选择对象：↙
类型 = 极轴　关联 = 是
指定阵列的中心点或 [基点(B)/旋转轴(A)]：5446.76,6457.32↙（按图 8-68 中显示的坐标）
选择夹点以编辑阵列或 [关联(AS)/基点(B)/项目(I)/项目间角度(A)/填充角度(F)/行(ROW)/层(L)/旋转项目(ROT)/退出(X)] <退出>：I↙
输入阵列中的项目数或 [表达式(E)] <6>：5↙

```
        选择夹点以编辑阵列或 [关联(AS)/基点(B)/项目(I)/项目间角度(A)/填充角度(F)/行(ROW)/
层(L)/旋转项目(ROT)/退出(X)] <退出>: F↙
        指定填充角度(+=逆时针、-=顺时针)或 [表达式(EX)] <360>: 28↙（按图 8-68 中显示的坐标的
一半）
        选择夹点以编辑阵列或 [关联(AS)/基点(B)/项目(I)/项目间角度(A)/填充角度(F)/行(ROW)/
层(L)/旋转项目(ROT)/退出(X)] <退出>: as↙
        创建关联阵列 [是(Y)/否(N)] <是>: n↙
        选择夹点以编辑阵列或 [关联(AS)/基点(B)/项目(I)/项目间角度(A)/填充角度(F)/行(ROW)/
层(L)/旋转项目(ROT)/退出(X)] <退出>:
```

结果如图 8-70 所示。

（2）两次单击"默认"选项卡"修改"面板中的"镜像"按钮，将椅子围绕桌子的两条中线进行镜像处理，结果如图 8-71 所示。

图 8-70　阵列

图 8-71　镜像

（3）单击"默认"选项卡"修改"面板中的"旋转"按钮，将下边中间椅子进行复制旋转。命令行提示与操作如下：

```
命令: _rotate↙
UCS 当前的正角方向: ANGDIR=逆时针 ANGBASE=0.0
选择对象:（框选下边中间椅子）
选择对象:↙
指定基点:（拾取桌子下边弧线上适当位置）
指定旋转角度，或 [复制(C)/参照(R)] <0.0>: c↙
旋转一组选定对象
指定旋转角度，或 [复制(C)/参照(R)] <0.0>: 90↙
```

结果如图 8-72 所示。

（4）单击"默认"选项卡"修改"面板中的"移动"按钮，将刚复制旋转的椅子移动到桌子右边适当位置，如图 8-73 所示。

图 8-72　复制旋转

图 8-73　移动

（5）单击"默认"选项卡"修改"面板中的"复制"按钮和"镜像"按钮，将刚移动的椅子进行复制和镜像，最终结果如图 8-59 所示。

8.5 实践与操作

通过前面的学习，相信读者对本章知识有了大体的了解，本节通过几个实例操作练习使读者进一步掌握本章知识要点。

8.5.1 绘制隔断办公桌

1. 目的要求

本实践绘制如图 8-74 所示的隔断办公桌，其绘制方法比较简单。通过本实践，要求读者熟练掌握桌台类家具的绘制方法。

图 8-74　隔断办公桌

2. 操作提示

（1）打开前面绘制的办公椅图形。
（2）利用"直线"和"矩形"命令绘制办公桌轮廓线。
（3）进行两次镜像处理。

8.5.2 绘制接待台

1. 目的要求

本实践绘制的接待台由桌子和椅子组成，如图 8-75 所示，涉及的命令主要有"直线""圆弧""偏移""旋转""复制"。通过本实践，要求读者进一步熟练掌握桌台类家具的绘制方法。

图 8-75　接待台

2. 操作提示

（1）利用"直线""圆弧""偏移"命令绘制桌子。

（2）打开前面绘制好的椅子并复制到当前图形。

（3）利用"移动""旋转""复制"命令布置椅子。

8.5.3　绘制会议桌

1. 目的要求

本实践绘制的会议桌由桌子和椅子组成，如图 8-76 所示，涉及的命令主要有"直线""圆弧""偏移""旋转""阵列"。通过本实践，要求读者进一步熟练掌握桌台类家具的绘制方法。

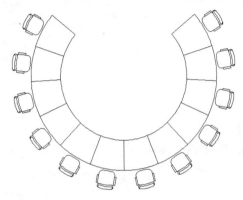

图 8-76　会议桌

2. 操作提示

（1）利用"直线""圆弧""偏移"命令绘制桌子。

（2）打开前面绘制好的椅子并复制到当前图形。

（3）利用"移动""旋转""环形阵列"命令布置椅子。

第 9 章

储存类家具

本章将详细叙述各种储存类家具的绘制实例，使读者进一步巩固二维图形的绘制和编辑，以及灵活应用各种 AutoCAD 命令绘制储存类家具的具体思路和方法。

- ☑ 衣柜
- ☑ 橱柜
- ☑ 更衣柜
- ☑ 客房组合柜

任务驱动&项目案例

9.1 衣　柜

衣柜是卧室中必不可少的设施，设计时要充分注意空间，并考虑人的活动范围。首先绘制衣柜轮廓，然后绘制衣架，最后摆放衣架，绘制流程如图 9-1 所示。

图 9-1　衣柜

操作步骤

（1）单击"默认"选项卡"绘图"面板中的"矩形"按钮 ⬜，绘制一个大小为 2000×500 的矩形，如图 9-2 所示。

（2）单击"默认"选项卡"修改"面板中的"偏移"按钮 ⊆，将矩形向内偏移 40，结果如图 9-3 所示。

图 9-2　绘制衣柜轮廓　　　　　　　　　　　图 9-3　偏移矩形

（3）单击"默认"选项卡"修改"面板中的"分解"按钮 🗗，将矩形分解。

（4）单击"默认"选项卡"绘图"面板中的"定数等分"按钮 ⌁，选择内部矩形下边直线，将其分解为 3 份。

（5）单击对象捕捉旁的下拉按钮，在打开的菜单中选择"节点"选项，单击"默认"选项卡"绘图"面板中的"直线"按钮 ╱，将光标移动到刚刚等分的直线的三分点附近，此时可以看到节点标志，即捕捉到三分点，如图 9-4 所示，绘制两条垂直线，如图 9-5 所示。

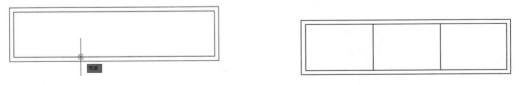

图 9-4　捕捉三分点　　　　　　　　　　　　图 9-5　绘制垂直线

（6）单击"默认"选项卡"绘图"面板中的"直线"按钮 ╱，捕捉矩形的中点，在矩形内部绘制一条水平直线，直线两端点分别在两侧边的中点，如图 9-6 所示。

（7）单击"默认"选项卡"绘图"面板中的"直线"按钮 ╱，绘制一条长为 400 的水平直线，再绘制一条通过其中点的直线，如图 9-7 所示。

（8）单击"默认"选项卡"绘图"面板中的"圆弧"按钮 ╱，以水平直线的两个端点为端点，绘制一条弧线，如图 9-8 所示。

图 9-6　绘制水平线

图 9-7　绘制直线

（9）单击"默认"选项卡"绘图"面板中的"圆"按钮⊙，在弧线一端绘制直径为 20 的圆，如图 9-9 所示。

图 9-8　绘制弧线

图 9-9　绘制圆

（10）单击"默认"选项卡"修改"面板中的"复制"按钮%，将步骤（9）中绘制的圆复制到另一端，如图 9-10 所示。

（11）单击"默认"选项卡"绘图"面板中的"圆弧"按钮 ⌒，以圆的下端为端点，绘制另外一条弧线，如图 9-11 所示。

图 9-10　复制圆

图 9-11　绘制弧线

（12）单击"默认"选项卡"修改"面板中的"修剪"按钮，修剪掉多余的直线，如图 9-12 所示。

（13）单击"默认"选项卡"修改"面板中的"删除"按钮，删除辅助线，完成衣架的绘制，如图 9-13 所示。

图 9-12　修剪直线

图 9-13　删除多余线段

（14）单击"默认"选项卡"块"面板中的"创建"按钮，打开"块定义"对话框，将圆弧中点设置为拾取点，如图 9-14 所示，将衣架创建为块。

图 9-14　创建图块

（15）单击"默认"选项卡"块"面板中"插入"下拉菜单中的"最近使用的块"选项，系统弹出"块"选项板，在"插入选项"下拉列表中勾选"插入点"并将角度设置为 90°，如图 9-15 所示。将衣架插入图中合适的位置，如图 9-16 所示。

（16）使用同样的方法，将衣架插入图中其他位置，或者单击"默认"选项卡"修改"面板中的"复制"按钮 ，将步骤（15）中插入的衣架复制到其他位置，最终完成衣柜的绘制，如图 9-17 所示。

图 9-15　"插入"对话框

图 9-16　插入衣架图块

图 9-17　完成衣柜的绘制

（17）最后将衣柜创建为块，以便调用。

9.2 橱 柜

橱柜是厨房中必不可少的设施，设计时要注意空间分配，并考虑人的活动范围。首先绘制橱柜轮廓，然后绘制门，最后细化图形，绘制流程如图 9-18 所示。

图 9-18 橱柜

操作步骤

（1）单击"默认"选项卡"绘图"面板中的"矩形"按钮 □ ，绘制一个边长为 800 的正方形，如图 9-19 所示。

（2）单击"默认"选项卡"绘图"面板中的"矩形"按钮 □ ，在正方形内部左上角绘制一个大小为 150×100 的矩形，如图 9-20 所示。

（3）单击"默认"选项卡"修改"面板中的"镜像"按钮 ⚠ ，选择刚刚绘制的小矩形，以大矩形的上、下两边中点为对称轴，将小矩形镜像复制到另外一侧，如图 9-21 所示。

图 9-19 绘制矩形　　　　图 9-20 绘制小矩形　　　　图 9-21 复制矩形

（4）单击"默认"选项卡"绘图"面板中的"直线"按钮 ／ ，选择左上角矩形右边的中点为起点，绘制一条水平直线，作为橱柜的门，如图 9-22 所示。

（5）单击"默认"选项卡"绘图"面板中的"直线"按钮 ／ ，在柜门的右侧绘制一条垂直线，如图 9-23 所示。

（6）单击"默认"选项卡"绘图"面板中的"矩形"按钮 □ ，在直线上侧绘制一个边长为 50 的小正方形，如图 9-24 所示。

图 9-22 绘制柜门　　　　图 9-23 绘制直线　　　　图 9-24 绘制小正方形

（7）单击"默认"选项卡"修改"面板中的"复制"按钮❏，将步骤（6）中绘制的小正方形复制到另外一侧，完成柜门拉手的绘制，如图 9-25 所示。

（8）在命令行中输入"WBLOCK"，打开"写块"对话框，如图 9-26 所示，将橱柜保存为图块，以便调用。

图 9-25　复制小正方形

图 9-26　保存图块

视频讲解

9.3　更 衣 柜

更衣柜是洗浴房中不可缺少的设施，设计时要注意空间分配，并考虑人的活动范围。首先绘制更衣柜轮廓，然后绘制柜门，再绘制开关门按钮，最后标注尺寸，绘制流程如图 9-27 所示。

图 9-27　更衣柜

操作步骤

1. 绘制图形

（1）单击"默认"选项卡"绘图"面板中的"矩形"按钮 □，绘制大小为 2000×2200 的矩形，如图 9-28 所示。

（2）单击"默认"选项卡"绘图"面板中的"直线"按钮 ∕，在距离底边 80 的位置处绘制水平直线，如图 9-29 所示。

（3）单击"默认"选项卡"修改"面板中的"复制"按钮 ⬚，将直线向上复制两次，间隔分别为 708 和 706，如图 9-30 所示。

（4）单击"默认"选项卡"绘图"面板中的"定数等分"按钮 ⌖，将最下部的水平直线 4 等分；单击"默认"选项卡"绘图"面板中的"直线"按钮 ∕，在节点处绘制垂直直线，如图 9-31 所示。

（5）单击"默认"选项卡"绘图"面板中的"矩形"按钮 □，在左上角的方格中绘制大小为 380×586 的矩形，矩形到两边的距离为 60，如图 9-32 所示。

（6）单击"默认"选项卡"修改"面板中的"偏移"按钮 ⊂，将矩形向内侧偏移 10，如图 9-33 所示。

图 9-28　绘制矩形　　　　　图 9-29　绘制直线　　　　　图 9-30　复制直线

图 9-31　绘制等分线　　　　　图 9-32　绘制矩形　　　　　图 9-33　偏移矩形

（7）单击"默认"选项卡"绘图"面板中的"图案填充"按钮 ▧，打开"图案填充创建"选项卡，按如图 9-34 所示设置填充图案。在内部矩形中单击，进行填充，如图 9-35 所示。

图 9-34　填充图案设置

Note

（8）单击"默认"选项卡"修改"面板中的"矩形阵列"按钮 ，选择刚刚绘制的矩形和填充图案，设置行数为1，列数为4，列间距为500，阵列图形，如图9-36 所示。

（9）单击"默认"选项卡"修改"面板中的"复制"按钮 ，复制图形，如图9-37 所示。

图 9-35　填充矩形

图 9-36　阵列图形

图 9-37　复制图形

（10）单击"默认"选项卡"绘图"面板中的"圆"按钮 ，在柜门的角部绘制直径为 30 的圆，如图 9-38 所示。

（11）单击"默认"选项卡"修改"面板中的"复制"按钮 ，将步骤（10）绘制的圆向下复制，如图 9-39 所示。

（12）单击"默认"选项卡"修改"面板中的"镜像"按钮 ，将圆镜像到另外一侧，完成开门和关门按钮的绘制，如图 9-40 所示。

图 9-38　绘制圆

图 9-39　复制圆

图 9-40　镜像圆

（13）单击"默认"选项卡"修改"面板中的"复制"按钮 ，将开门和关门的按钮复制到图中其他位置处，如图 9-41 所示。

（14）单击"默认"选项卡"绘图"面板中的"椭圆"按钮 ，在图中合适的位置处绘制一个椭圆，如图 9-42 所示。

（15）单击"默认"选项卡"修改"面板中的"修剪"按钮 ，修剪掉椭圆内多余的直线，如图9-43 所示。

（16）单击"默认"选项卡"注释"面板中的"多行文字"按钮 ，在椭圆内输入文字，如图 9-44 所示。

图 9-41　复制按钮　　　　　　　图 9-42　绘制椭圆　　　　　　　图 9-43　修剪多余直线

（17）单击"默认"选项卡"修改"面板中的"复制"按钮 ，将椭圆复制到图中其他位置处，如图 9-45 所示。

（18）单击"默认"选项卡"修改"面板中的"修剪"按钮 ，修剪掉椭圆内多余的直线，如图9-46 所示。

图 9-44　输入文字　　　　　　　图 9-45　复制椭圆　　　　　　　图 9-46　修剪多余直线

（19）单击"默认"选项卡"注释"面板中的"多行文字"按钮 A，分别在椭圆内输入相应的文字，完成柜门编号的绘制，如图 9-47 所示。

2. 标注尺寸

（1）单击"默认"选项卡"注释"面板中的"标注样式"按钮 ，打开"标注样式管理器"对话框，如图 9-48 所示。

图 9-47　绘制柜门编号　　　　　　　图 9-48　"标注样式管理器"对话框

（2）单击"新建"按钮，打开"创建新标注样式"对话框，在"新样式名"文本框中输入"尺寸"，如图9-49所示。

（3）单击"继续"按钮，打开"新建标注样式：尺寸"对话框，然后在"线"选项卡中将"超出尺寸线"设置为10，"起点偏移量"设置为10，如图9-50所示。

图9-49 新建标注样式

图9-50 设置"线"选项卡

（4）选择"符号和箭头"选项卡，箭头类型为"建筑标记"，将"箭头大小"设置为15，如图9-51所示。

（5）选择"文字"选项卡，将"文字高度"设置为35，如图9-52所示。

图9-51 设置"符号和箭头"选项卡

图9-52 设置"文字"选项卡

（6）选择"主单位"选项卡，将"精度"设置为0，如图9-53所示。

（7）单击"默认"选项卡"注释"面板中的"线性"按钮┠┤，为图形标注第一道尺寸，可以结合"注释"选项卡"标注"面板中的"连续"按钮┼┼┼，快速完成图形的尺寸标注，如图9-54所示。

图 9-53 设置"主单位"选项卡

图 9-54 标注第一道尺寸

（8）单击"默认"选项卡"注释"面板中的"线性"按钮├┤，为图形标注总尺寸，如图 9-55 所示。

（9）在命令行中输入"WBLOCK"，打开"写块"对话框，如图 9-56 所示，将更衣柜保存为图块，以便调用。

图 9-55 标注总尺寸

图 9-56 保存图块

9.4 客房组合柜

客房组合柜是卧室中必不可少的设施，通过本实例，读者将掌握客房组合柜的绘制方法和技巧。首先绘制桌子，然后绘制抽屉，再绘制椅子，最后绘制镜子，绘制流程如图 9-57 所示。

图 9-57　客房组合柜

操作步骤

1. 绘制桌子

（1）单击"默认"选项卡"绘图"面板中的"矩形"按钮 ⬜，绘制一个长为 2030、宽为 20 的矩形，如图 9-58 所示。

图 9-58　绘制矩形

（2）单击"默认"选项卡"绘图"面板中的"直线"按钮 ╱，绘制一条长为 750 的竖向直线，如图 9-59 所示。

（3）单击"默认"选项卡"修改"面板中的"偏移"按钮 ⬚，将竖向直线向右偏移，偏移距离分别为 1010、819，如图 9-60 所示。

图 9-59　绘制直线　　　　　　　　　　　　　　图 9-60　偏移直线

（4）单击"默认"选项卡"绘图"面板中的"直线"按钮 ╱，以最左侧竖向直线的端点为起点绘制一条长为 2625 的水平直线，如图 9-61 所示。

（5）单击"默认"选项卡"修改"面板中的"分解"按钮 ⬚，将矩形分解。

（6）单击"默认"选项卡"修改"面板中的"偏移"按钮 ⬚，将矩形下侧直线依次向下偏移 240 和 450，如图 9-62 所示。

图 9-61　绘制水平线　　　　　　　　　　　　　图 9-62　偏移直线

（7）同理，单击"默认"选项卡"修改"面板中的"偏移"按钮，将左侧竖向直线向右偏移，偏移距离分别为 400、10 和 590，如图 9-63 所示。

（8）单击"默认"选项卡"修改"面板中的"修剪"按钮，修剪掉多余的直线，如图 9-64 所示。

图 9-63　偏移竖向直线　　　　　　　　　　图 9-64　修剪直线

（9）单击"默认"选项卡"绘图"面板中的"直线"按钮和"矩形"按钮，绘制抽屉，如图9-65 所示。

（10）单击"默认"选项卡"绘图"面板中的"多段线"按钮，绘制折线，细化抽屉图形，如图 9-66 所示。

图 9-65　绘制抽屉　　　　　　　　　　图 9-66　细化抽屉

（11）单击"默认"选项卡"修改"面板中的"偏移"按钮，将最右侧直线向左偏移，偏移距离为 100，将最下侧水平线依次向上偏移 88 和 10，如图 9-67 所示。

（12）单击"默认"选项卡"修改"面板中的"修剪"按钮，修剪多余直线，完成柜子的绘制，如图 9-68 所示。

图 9-67　偏移直线　　　　　　　　　　图 9-68　修剪直线

（13）单击"默认"选项卡"绘图"面板中的"矩形"按钮，以最下侧水平直线右端点为起点，绘制一个长为 700、宽为 450 的小矩形，完成小柜子的绘制，如图 9-69 所示。

2. 绘制椅子

（1）单击"默认"选项卡"块"面板中"插入"下拉菜单中的"其他图形中的块"选项，系统弹出"块"选项板，如图 9-70 所示。单击选项板顶部的"…"按钮选择椅子图块并插入图中合适的位置，如图 9-71 所示。

图 9-69　绘制小柜子

图 9-70　"插入"对话框

（2）单击"默认"选项卡"修改"面板中的"修剪"按钮，修剪多余直线，如图 9-72 所示。

图 9-71　插入椅子图块

图 9-72　修剪直线

3. 绘制镜子

（1）单击"默认"选项卡"绘图"面板中的"直线"按钮／，在柜子上侧绘制一条长为 40 的竖直直线，如图 9-73 所示。

（2）单击"默认"选项卡"修改"面板中的"偏移"按钮，将步骤（1）中绘制的竖向直线向右偏移，偏移距离为 640，如图 9-74 所示。

图 9-73　绘制竖向直线

图 9-74　偏移直线

（3）单击"默认"选项卡"绘图"面板中的"直线"按钮／，连接竖向直线的上端点。

（4）单击"默认"选项卡"绘图"面板中的"矩形"按钮，在柜子上侧绘制长为 640、宽为 480 的矩形，如图 9-75 所示。

（5）单击"默认"选项卡"修改"面板中的"偏移"按钮，将矩形向内偏移，偏移距离为 8，如图 9-76 所示。

（6）单击"默认"选项卡"绘图"面板中的"直线"按钮／，细化镜子图形，如图 9-77 所示。

图 9-75 绘制矩形

图 9-76 偏移矩形

图 9-77 细化镜子

（7）单击"默认"选项卡"修改"面板中的"偏移"按钮 ⊏，将柜子最下侧水平直线向上偏移850，如图 9-78 所示。

（8）单击"默认"选项卡"绘图"面板中的"矩形"按钮 ▭，以步骤（7）中偏移后的直线上一点为起点，绘制一个长为 600、宽为 950 的矩形；然后单击"默认"选项卡"修改"面板中的"删除"按钮 ✎，将偏移后的水平直线删除，如图 9-79 所示。

图 9-78 偏移直线

图 9-79 绘制矩形

（9）单击"默认"选项卡"修改"面板中的"偏移"按钮 ⊏，将步骤（8）中绘制的矩形向内偏移，偏移距离为 20，如图 9-80 所示。

（10）单击"默认"选项卡"绘图"面板中的"直线"按钮 ╱，细化镜子图形，如图 9-81 所示。

图 9-80 偏移矩形

图 9-81 细化镜子

（11）单击"默认"选项卡"绘图"面板中的"矩形"按钮 ▭，在镜子上侧绘制一个矩形，最终完成图形的绘制，如图 9-82 所示。

4. 标注尺寸

单击"默认"选项卡"注释"面板中的"线性"按钮 ，为客房组合柜标注尺寸，如图9-83所示。

图9-82　绘制矩形

图9-83　标注客房组合柜

9.5　实践与操作

通过前面的学习，相信读者对本章知识已经有了大体的了解，本节通过几个操作练习使读者进一步掌握本章知识要点。

9.5.1　绘制碗柜

1. 目的要求

本实践将绘制如图9-84所示的碗柜，其绘制方法比较简单，主要由矩形和直线组成，要求读者熟练掌握二维图形的绘制。

图9-84　碗柜

2. 操作提示

（1）利用"矩形"命令绘制碗柜外轮廓线。
（2）利用"直线"命令绘制碗柜内轮廓线。

9.5.2　绘制立面床头柜

1. 目的要求

本实践绘制的是如图9-85所示的立面床头柜，涉及的命令有"直线"和"矩形"。本实践对尺寸要求不是很严格，在绘图时可以适当指定位置。通过本实践，要求读者掌握矩形的绘制方法。

图 9-85　立面床头柜

2. 操作提示

（1）利用"直线"命令绘制床头柜外轮廓。

（2）利用"矩形"命令细化床头柜。

第10章

古典家具

随着时代的发展，中西方文化相互融合，西式家具逐渐流入中国市场，在中国家具行业所占比重越来越大；但近年来，随着中式家具逐渐发展，设计师们开始把目光投向古典家具，在现代化的设计思想中融合进古典思想，因此古典家具成为家具设计中不可或缺的一部分。本章主要介绍常见古典家具的设计与绘制。

☑ 八仙桌　　　　　　　　☑ 古典梳妆台
☑ 古典柜子　　　　　　　☑ 太师椅

任务驱动&项目案例

视频讲解

10.1 八 仙 桌

本例利用"矩形"和"多段线"命令绘制初步结构，再利用"镜像"命令得到另外一侧，绘制流程如图 10-1 所示。

图 10-1 八仙桌

操作步骤

（1）单击"默认"选项卡"绘图"面板中的"矩形"按钮 □，绘制两角点坐标为（225,0）、（275,830）的矩形，绘制结果如图 10-2 所示。

（2）单击"默认"选项卡"绘图"面板中的"多段线"按钮 ⎯⎯），绘制多段线，命令行提示与操作如下：

```
命令：PLINE↙
指定起点：871,765↙
当前线宽为 0.0000
指定下一个点或 [圆弧(A)/半宽(H)/长度(L)/放弃(U)/宽度(W)]：374,765↙
指定下一点或 [圆弧(A)/闭合(C)/半宽(H)/长度(L)/放弃(U)/宽度(W)]：a↙
指定圆弧的端点(按住 Ctrl 键以切换方向)或[角度(A)/圆心(CE)/闭合(CL)/方向(D)/半宽(H)/
直线(L)/半径(R)/第二个点(S)/放弃(U)/宽度(W)]：s↙
指定圆弧上的第二个点：355.4,737.8↙
指定圆弧的端点：326.4,721.3↙
指定圆弧的端点(按住 Ctrl 键以切换方向)或[角度(A)/圆心(CE)/闭合(CL)/方向(D)/半宽(H)/
直线(L)/半径(R)/第二个点(S)/放弃(U)/宽度(W)]：s↙
指定圆弧上的第二个点：326.9,660.8↙
指定圆弧的端点：275,629↙
指定圆弧的端点(按住 Ctrl 键以切换方向)或[角度(A)/圆心(CE)/闭合(CL)/方向(D)/半宽(H)/
直线(L)/半径(R)/第二个点(S)/放弃(U)/宽度(W)]：
命令：_pline↙
指定起点：225,629.4↙
当前线宽为 0.0000
指定下一个点或 [圆弧(A)/半宽(H)/长度(L)/放弃(U)/宽度(W)]：a↙
指定圆弧的端点(按住 Ctrl 键以切换方向)或[角度(A)/圆心(CE)/方向(D)/半宽(H)/直线(L)/
半径(R)/第二个点(S)/放弃(U)/宽度(W)]：s↙
指定圆弧上的第二个点：173.4,660.8↙
指定圆弧的端点：173.9,721.3↙
指定圆弧的端点(按住 Ctrl 键以切换方向)或[角度(A)/圆心(CE)/闭合(CL)/方向(D)/半宽(H)/
直线(L)/半径(R)/第二个点(S)/放弃(U)/宽度(W)]：s↙
指定圆弧上的第二个点：126,765.3↙
```

指定圆弧的端点：131.3,830↙
指定圆弧的端点(按住 Ctrl 键以切换方向)或[角度(A)/圆心(CE)/闭合(CL)/方向(D)/半宽(H)/直线(L)/半径(R)/第二个点(S)/放弃(U)/宽度(W)]：

绘制结果如图 10-3 所示。

图 10-2 绘制矩形　　　　　　　　　　　　　　　图 10-3 绘制多段线

继续绘制多段线。命令行提示与操作如下：

命令：_pline↙
指定起点：870,830↙
当前线宽为 0.0000
指定下一个点或 [圆弧(A)/半宽(H)/长度(L)/放弃(U)/宽度(W)]：88,830↙
指定下一点或 [圆弧(A)/闭合(C)/半宽(H)/长度(L)/放弃(U)/宽度(W)]：a↙
指定圆弧的端点(按住 Ctrl 键以切换方向)或[角度(A)/圆心(CE)/闭合(CL)/方向(D)/半宽(H)/直线(L)/半径(R)/第二个点(S)/放弃(U)/宽度(W)]：18,900↙
指定圆弧的端点(按住 Ctrl 键以切换方向)或[角度(A)/圆心(CE)/闭合(CL)/方向(D)/半宽(H)/直线(L)/半径(R)/第二个点(S)/放弃(U)/宽度(W)]：l↙
指定下一点或 [圆弧(A)/闭合(C)/半宽(H)/长度(L)/放弃(U)/宽度(W)]：870,900↙
指定下一点或 [圆弧(A)/闭合(C)/半宽(H)/长度(L)/放弃(U)/宽度(W)]：
命令：_pline↙
指定起点：18,900↙
当前线宽为 0.0000
指定下一个点或 [圆弧(A)/半宽(H)/长度(L)/放弃(U)/宽度(W)]：a↙
指定圆弧的端点(按住 Ctrl 键以切换方向)或[角度(A)/圆心(CE)/方向(D)/半宽(H)/直线(L)/半径(R)/第二个点(S)/放弃(U)/宽度(W)]：s↙
指定圆弧上的第二个点：1.3,941↙
指定圆弧的端点：36.8,968↙
指定圆弧的端点(按住 Ctrl 键以切换方向)或[角度(A)/圆心(CE)/闭合(CL)/方向(D)/半宽(H)/直线(L)/半径(R)/第二个点(S)/放弃(U)/宽度(W)]：s↙
指定圆弧上的第二个点：72.6,954↙
指定圆弧的端点：83,916↙
指定圆弧的端点(按住 Ctrl 键以切换方向)或[角度(A)/圆心(CE)/闭合(CL)/方向(D)/半宽(H)/直线(L)/半径(R)/第二个点(S)/放弃(U)/宽度(W)]：s↙
指定圆弧上的第二个点：97.8,912↙
指定圆弧的端点：106,900↙
指定圆弧的端点(按住 Ctrl 键以切换方向)或[角度(A)/圆心(CE)/闭合(CL)/方向(D)/半宽(H)/直线(L)/半径(R)/第二个点(S)/放弃(U)/宽度(W)]：

绘制结果如图 10-4 所示。

（3）单击"默认"选项卡"修改"面板中的"镜像"按钮，以（870,0）、（870,10）为镜像点将图形镜像，绘制结果如图 10-5 所示。

图 10-4　绘制多段线

图 10-5　八仙桌

10.2　古典柜子

本例利用"直线""矩形""圆弧"命令绘制初步结构，再利用"镜像"命令得到另外一部分，最后填充图形，绘制流程如图 10-6 所示。

图 10-6　柜子

操作步骤

（1）单击"默认"选项卡"图层"面板中的"图层特性"按钮 ，打开"图层特性管理器"对话框，新建图层，如图 10-7 所示。

图 10-7　新建图层

（2）将图层"1"设置为当前图层，单击"默认"选项卡"绘图"面板中的"直线"按钮 ，绘制直线。命令行提示与操作如下：

```
命令: _line↙ 指定第一个点: 40,32↙
指定下一点或 [放弃(U)]: @0,-32↙
```

```
指定下一点或 [放弃(U)]: @-40,0↙
指定下一点或 [闭合(C)/放弃(U)]: @0,100↙
指定下一点或 [闭合(C)/放弃(U)]:↙
```

结果如图 10-8 所示。

（3）单击"默认"选项卡"绘图"面板中的"直线"按钮 ╱，绘制两个端点坐标分别为（30,100）和（@0,760）的直线，绘制结果如图 10-9 所示。

图 10-8　绘制直线　　　　　　　　图 10-9　绘制竖向直线

（4）单击"默认"选项卡"绘图"面板中的"矩形"按钮 ▢，绘制矩形，命令行提示与操作如下：

```
命令: _rectang↙
指定第一个角点或 [倒角(C)/标高(E)/圆角(F)/厚度(T)/宽度(W)]: 0,100↙
指定另一个角点或 [面积(A)/尺寸(D)/旋转(R)]: 500,860↙
```

结果如图 10-10 所示。

（5）单击"默认"选项卡"绘图"面板中的"矩形"按钮 ▢，绘制角点坐标分别为{（0,860），（1000,900）}、{（-60,900），（1060,950）}的两个矩形，绘制结果如图 10-11 所示。

图 10-10　绘制矩形　　　　　　　　图 10-11　绘制其他矩形

（6）单击"默认"选项卡"绘图"面板中的"圆弧"按钮 ╱，绘制圆弧。命令行提示与操作如下：

```
命令: _arc↙
指定圆弧的起点或 [圆心(C)]: 500,47.4↙
指定圆弧的第二个点或 [圆心(C)/端点(E)]: 269,65↙
指定圆弧的端点: 40,32↙
```

结果如图 10-12 所示。

（7）单击"默认"选项卡"绘图"面板中的"圆弧"按钮 ╱，绘制 3 点坐标分别为{（500,630），

（350,480），（500,330）}、{（500,610），（370,480），（500,350）}、{（30,172），（50,150.4），（79.4,152）}、
{（79.4,152），（76.9,121.8），（98,100）}、{（30,788），（50,809.6），（79.4,807.7）}、{（79.4,807.7），
（73.7,837），（101,860）}、{（-60,900），（-120,924），（-121.6,988.3）}、{（-121.6,988.3），（-81.1,984.7），
（-60,950）}的另外 8 段圆弧，绘制结果如图 10-13 所示。

图 10-12　绘制圆弧

图 10-13　绘制其他圆弧

（8）单击"默认"选项卡"修改"面板中的"镜像"按钮，将图形进行镜像处理。命令行提示与操作如下：

```
命令：_mirror↙
选择对象：all（选取左侧所有图形）
找到 58 个
选择对象：↙
指定镜像线的第一点：500,100↙
指定镜像线的第二点：500,1000↙
要删除源对象吗？[是(Y)/否(N)]<否>：
```

绘制结果如图 10-14 所示。

（9）将图层"2"设置为当前图层，单击"默认"选项卡"绘图"面板中的"图案填充"按钮，打开"图案填充创建"选项卡，设置填充图案为 ANSI31，比例为 2，对柜子 4 个角进行填充，如图10-15所示。

图 10-14　镜像处理

图 10-15　填充柜子 4 个角

（10）使用同样的方法，继续利用"图案填充"命令，设置填充图案为 ANSI38，比例为 15，对同心圆区域进行填充，结果如图 10-16 所示。

（11）单击"默认"选项卡"修改"面板中的"分解"按钮 ，分解最上端的矩形，删除两侧的竖直线，结果如图 10-17 所示。

Note

图 10-16　填充同心圆

图 10-17　删除线段

10.3　古典梳妆台

视频讲解

本例将详细介绍古典梳妆台的绘制方法和技巧。首先绘制柜子，然后绘制镜子，绘制流程如图10-18 所示。

图 10-18　古典梳妆台

操作步骤

1. 绘制图形

（1）单击"默认"选项卡"绘图"面板中的"矩形"按钮 ，绘制一个长为 1200、宽为 1200 的矩形，如图 10-19 所示。

（2）单击"默认"选项卡"修改"面板中的"分解"按钮 ，将矩形分解。

（3）单击"默认"选项卡"修改"面板中的"偏移"按钮 ，将矩形上边向内偏移，偏移距离为 30，如图 10-20 所示。

（4）继续单击"默认"选项卡"修改"面板中的"偏移"按钮 ，将矩形两侧边向内偏移，距离为 30，如图 10-21 所示。

图 10-19　绘制矩形　　　　　图 10-20　偏移上边　　　　　图 10-21　偏移侧边

（5）单击"默认"选项卡"修改"面板中的"修剪"按钮，修剪掉多余的直线，如图 10-22 所示。

（6）单击"默认"选项卡"修改"面板中的"偏移"按钮，将最下侧水平直线向上偏移，直线之间的偏移距离分别为 200、670、30，偏移后的效果如图 10-23 所示。

（7）单击"默认"选项卡"修改"面板中的"修剪"按钮，修剪掉多余的直线，如图 10-24 所示。

图 10-22　修剪直线　　　　　图 10-23　偏移直线　　　　　图 10-24　修剪直线

（8）单击"默认"选项卡"绘图"面板中的"直线"按钮，以水平直线中点为起点，绘制两条竖向直线，如图 10-25 所示。

（9）单击"默认"选项卡"绘图"面板中的"矩形"按钮，绘制一个小矩形，作为柜子的把手，如图 10-26 所示。

（10）单击"默认"选项卡"修改"面板中的"镜像"按钮，将步骤（9）中绘制的矩形镜像到另外一侧，如图 10-27 所示。

图 10-25　绘制竖向直线　　　　图 10-26　绘制把手　　　　　图 10-27　镜像矩形

（11）单击"默认"选项卡"绘图"面板中的"圆"按钮，绘制一个圆，如图 10-28 所示。

（12）单击"默认"选项卡"修改"面板中的"镜像"按钮△，将步骤（11）中绘制的圆镜像到另外一侧，最终完成柜子的绘制，如图10-29所示。

图 10-28　绘制圆

图 10-29　完成柜子绘制

（13）单击"默认"选项卡"绘图"面板中的"椭圆"按钮⬭，在图中合适的位置处绘制一个椭圆，设置其长轴为1200，短轴为1000，如图10-30所示。

（14）单击"默认"选项卡"绘图"面板中的"直线"按钮╱和"圆"按钮⊙，细化镜子图形，如图10-31所示。

图 10-30　绘制椭圆

图 10-31　细化镜子

2. 标注尺寸

（1）单击"默认"选项卡"注释"面板中的"标注样式"按钮，打开"标注样式管理器"对话框，如图10-32所示。

（2）单击"修改"按钮，打开"修改标注样式：ISO-25"对话框，在"线"选项卡中将"超出尺寸线"设置为40，将"起点偏移量"设置为40，如图10-33所示。

Note

图 10-32　"标注样式管理器"对话框

图 10-33　设置"线"选项卡

（3）在"符号和箭头"选项卡中选取箭头类型为"建筑标记"，将"箭头大小"设置为 50，如图10-34 所示。

（4）在"文字"选项卡中将"文字高度"设置为100，如图 10-35 所示。

图 10-34　设置"符号和箭头"选项卡

图 10-35　设置"文字"选项卡

（5）在"主单位"选项卡中将"精度"设置为 0，如图 10-36 所示。

（6）单击"默认"选项卡"注释"面板中的"线性"按钮，对图形进行尺寸标注，最终完成梳妆台的绘制，如图 10-37 所示。

图 10-36　设置"主单位"选项卡

图 10-37　标注尺寸

10.4 太 师 椅

本实例将详细介绍太师椅的绘制方法和技巧。首先绘制椅背，然后绘制扶手，最后绘制底座，绘制流程如图 10-38 所示。

图 10-38 太师椅

操作步骤

1. 绘制椅背外部轮廓

（1）单击"默认"选项卡"绘图"面板中的"直线"按钮 ／，绘制一条竖向直线，设置长为 541，如图 10-39 所示。

（2）单击"默认"选项卡"绘图"面板中的"圆弧"按钮 ╱，以直线下端点为起点，绘制一段圆弧，如图 10-40 所示。

（3）单击"默认"选项卡"绘图"面板中的"样条曲线拟合"按钮 ∿，以步骤（2）中绘制的圆弧端点为样条曲线的起点，绘制一条样条曲线，将竖向直线与样条曲线的右端点距离设置为 150，如图 10-41 所示。

图 10-39 绘制竖向直线 　　　图 10-40 绘制圆弧 　　　图 10-41 绘制样条曲线

（4）单击"默认"选项卡"绘图"面板中的"直线"按钮 ∕，以步骤（3）中绘制的样条曲线端点为直线的起点，绘制一条长为 80 的水平直线，如图 10-42 所示。

（5）单击"默认"选项卡"修改"面板中的"偏移"按钮 ⊂，将绘制的所有图形向内偏移 6，然后单击"默认"选项卡"修改"面板中的"修剪"按钮 ￥，修剪掉多余的直线，如图 10-43 所示。

（6）单击"默认"选项卡"修改"面板中的"镜像"按钮 ⚠，将所有图形镜像到另外一侧，如图 10-44 所示。

图 10-42　绘制水平直线　　　　图 10-43　偏移并修剪图形　　　　图 10-44　镜像图形

（7）单击"默认"选项卡"绘图"面板中的"样条曲线拟合"按钮 ∿，在图中合适的位置处绘制几段样条曲线，结合"默认"选项卡"修改"面板中的"修剪"按钮 ￥，修剪掉多余的直线，如图 10-45 所示。

（8）单击"默认"选项卡"修改"面板中的"镜像"按钮 ⚠，将步骤（7）中绘制的样条曲线镜像到另外一侧，并结合单击"默认"选项卡"修改"面板中的"修剪"按钮，修剪掉多余的直线，如图 10-46 所示。

（9）使用同样的方法，单击"默认"选项卡"绘图"面板中的"样条曲线拟合"按钮 ∿ 和"修改"面板中的"修剪"按钮 ￥，继续在图中合适的位置处绘制样条曲线，完成椅背外部轮廓的绘制，如图 10-47 所示。

图 10-45　绘制样条曲线　　　　图 10-46　镜像样条曲线　　　　图 10-47　绘制外轮廓线

2. 绘制椅背内部花纹

（1）单击"默认"选项卡"修改"面板中的"偏移"按钮 ⊂，将内侧的竖向直线与水平直线分别向内偏移 34，如图 10-48 所示。

（2）单击"默认"选项卡"修改"面板中的"修剪"按钮 ￥，修剪掉多余的直线，如图 10-49 所示。

（3）单击"默认"选项卡"绘图"面板中的"圆弧"按钮 ⌒ 和"修改"面板中的"镜像"按钮 ⚠，

在图中合适的位置处绘制两段小的圆弧；单击"默认"选项卡"修改"面板中的"修剪"按钮，修剪多余的线段，如图 10-50 所示。

图 10-48　偏移直线

图 10-49　修剪多余直线

图 10-50　绘制圆弧

（4）单击"默认"选项卡"绘图"面板中的"样条曲线拟合"按钮和"修改"面板中的"镜像"按钮，在图中绘制 4 段样条曲线，如图 10-51 所示。

（5）单击"默认"选项卡"绘图"面板中的"直线"按钮，绘制一条水平直线，完成内部轮廓线的绘制，如图 10-52 所示。

（6）单击"默认"选项卡"修改"面板中的"偏移"按钮，将内轮廓线向内偏移，偏移距离为 10，如图 10-53 所示。

图 10-51　绘制样条曲线

图 10-52　绘制水平直线

图 10-53　偏移内轮廓线

（7）单击"默认"选项卡"修改"面板中的"修剪"按钮，修剪掉多余的直线，如图 10-54 所示。

（8）单击"默认"选项卡"修改"面板中的"圆角"按钮，设置圆角半径为 5，对图形两端处进行圆角处理，如图 10-55 所示。

（9）单击"默认"选项卡"绘图"面板中的"圆"按钮和"修改"面板中的"复制"按钮，在图中合适的位置处绘制半径为 5 的圆，如图 10-56 所示。

图 10-54　修剪直线

图 10-55　绘制圆角

图 10-56　绘制圆

（10）单击"默认"选项卡"块"面板中"插入"下拉菜单中的"其他图形中的块"选项，系统弹出"块"选项板，如图 10-57 所示。单击选项板顶部的"..."按钮，选择椅背花纹并插入图中，如图 10-58 所示。

图 10-57　"插入"对话框

图 10-58　插入花纹图块

3. 绘制扶手

（1）单击"默认"选项卡"绘图"面板中的"圆弧"按钮╱、"样条曲线拟合"按钮и和"直线"按钮╱，在靠背左侧绘制图形，如图 10-59 所示。

（2）单击"默认"选项卡"修改"面板中的"镜像"按钮⚖，将绘制的图形镜像到另外一侧，如图 10-60 所示。

（3）单击"默认"选项卡"绘图"面板中的"圆弧"按钮╱和"样条曲线拟合"按钮и，继续绘制扶手的部分图形；单击"默认"选项卡"修改"面板中的"镜像"按钮⚖，完成扶手上半部分的绘制，如图 10-61 所示。

图 10-59　绘制左侧图形

图 10-60　镜像图形

图 10-61　绘制扶手上半部分

（4）单击"默认"选项卡"绘图"面板中的"直线"按钮 ╱、"圆弧"按钮 ╱ 以及"样条曲线拟合"按钮 ∿，绘制扶手的中间部分图形，如图 10-62 所示。

（5）单击"默认"选项卡"绘图"面板中的"直线"按钮 ╱、"圆弧"按钮 ╱ 以及"样条曲线拟合"按钮 ∿，绘制扶手的下半部分图形，如图 10-63 所示。

（6）单击"默认"选项卡"修改"面板中的"镜像"按钮 ⚊，将左侧扶手镜像到另外一侧，完成椅子扶手的绘制，如图 10-64 所示。

图 10-62　绘制扶手中间部分　　　图 10-63　绘制扶手下半部分　　　图 10-64　镜像扶手

（7）单击"默认"选项卡"绘图"面板中的"直线"按钮 ╱ 和"圆弧"按钮 ╱，在图中合适的位置处绘制椅座轮廓，如图 10-65 所示。

（8）单击"默认"选项卡"修改"面板中的"镜像"按钮 ⚊，将步骤（7）中绘制的轮廓线镜像到另外一侧，如图 10-66 所示。

（9）单击"默认"选项卡"绘图"面板中的"圆"按钮 ⊙，在椅座底部绘制一个半径为 5 的小圆，如图 10-67 所示。

图 10-65　绘制轮廓线　　　　　图 10-66　镜像轮廓线　　　　　图 10-67　绘制圆

（10）单击"默认"选项卡"修改"面板中的"复制"按钮，将小圆复制到其他位置处，细化底座图形，结果如图 10-68 所示。

（11）单击"默认"选项卡"绘图"面板中的"直线"按钮 ╱ 和"圆弧"按钮 ╱，细化左侧扶手，如图 10-69 所示。

（12）同理，单击"默认"选项卡"修改"面板中的"镜像"按钮 ⚊，细化右侧扶手，如图 10-70 所示。

Note

图 10-68　复制圆

图 10-69　细化左侧扶手

图 10-70　细化右侧扶手

4. 绘制椅子腿

（1）单击"默认"选项卡"修改"面板中的"偏移"按钮⊂，将扶手下侧直线向下偏移9，如图10-71所示。

（2）单击"默认"选项卡"绘图"面板中的"直线"按钮╱和"圆弧"按钮╭，并单击"默认"选项卡"修改"面板中的"修剪"按钮╳，在合适的位置处绘制图形，如图10-72所示。

（3）单击"默认"选项卡"修改"面板中的"偏移"按钮⊂，将步骤（1）中偏移后的直线继续向下偏移，直线之间偏移距离分别为1、2、14、1、2、41、12、4和9，结果如图10-73所示。

图 10-71　偏移直线 　　　　　　　　图 10-72　绘制图形 　　　　　　　　图 10-73　偏移直线

（4）单击"默认"选项卡"绘图"面板中的"直线"按钮╱和"圆弧"按钮╭，并单击"默认"选项卡"修改"面板中的"修剪"按钮╳，完成椅子腿上半部分的绘制，如图10-74所示。

（5）单击"默认"选项卡"修改"面板中的"偏移"按钮⊂，将步骤（3）中偏移后的最下侧直线向下偏移，直线之间的偏移距离分别为91、23、26和22，结果如图10-75所示。

（6）单击"默认"选项卡"绘图"面板中的"直线"按钮╱、"圆弧"按钮╭和"样条曲线拟合"按钮∿，并单击"默认"选项卡"修改"面板中的"修剪"按钮╳，完成椅子腿中间部分的绘制，如图10-76所示。

（7）单击"默认"选项卡"修改"面板中的"偏移"按钮⊂，将步骤（5）中偏移后的最下侧直线向下偏移，偏移距离为90，如图10-77所示。

（8）单击"默认"选项卡"绘图"面板中的"直线"按钮╱和"圆弧"按钮╭，并单击"默认"选项卡"修改"面板中的"修剪"按钮╳，完成椅子腿下半部分的绘制，如图10-78所示。

图 10-74　绘制椅子腿上半部分　　　　图 10-75　偏移直线　　　　图 10-76　绘制椅子腿中间部分

（9）单击"默认"选项卡"修改"面板中的"复制"按钮，复制图 10-78 绘制的椅子腿；单击"默认"选项卡"绘图"面板中的"直线"按钮和"修改"面板中的"修剪"按钮，完成另外一个椅子腿的绘制，结果如图 10-79 所示。

图 10-77　偏移直线　　　　图 10-78　绘制椅子腿下半部分　　　　图 10-79　绘制另外一个椅子腿

（10）单击"默认"选项卡"修改"面板中的"镜像"按钮，将左侧椅子腿镜像到另外一侧，如图 10-80 所示。

5. 完成图形

（1）单击"默认"选项卡"块"面板中"插入"下拉菜单中的"其他图形中的块"选项，系统弹出"块"选项板，单击选项板顶部的"…"按钮，选择花纹 1 并插入到合适的位置，如图10-81所示。

（2）单击"默认"选项卡"绘图"面板中的"图案填充"按钮，打开"图案填充创建"选项卡，设置填充图案为 CROSS，比例为 3，填充椅子，结果如图 10-82 所示。

图 10-80　镜像椅子腿

图 10-81　插入花纹图块

图 10-82　填充椅子

10.5　实践与操作

通过前面的学习，相信读者对本章知识已经有了大体的了解，本节通过几个操作练习使读者进一步掌握本章知识要点。

10.5.1　绘制玫瑰椅

1. 目的要求

本实践绘制的是如图 10-83 所示的玫瑰椅，涉及的命令有"直线""矩形""圆弧""样条曲线""插入块"。通过本实践，要求读者熟练掌握二维图形的绘制和编辑。

2. 操作提示

（1）利用"直线"和"圆弧"命令绘制玫瑰椅轮廓。

（2）利用"样条曲线"和"插入块"命令绘制花纹图形。

（3）利用"矩形"命令细化图形。

图 10-83　玫瑰椅

10.5.2　绘制方凳

1. 目的要求

本实践绘制的是如图 10-84 所示的方凳，涉及的命令有"直线""圆弧""偏移"。通过本实践，要求读者熟练掌握二维图形的绘制和编辑。

Note

图 10-84 方凳

2. 操作提示

（1）利用"直线"和"圆弧"命令绘制凳面。

（2）利用"直线"命令绘制凳腿。

（3）利用"直线"和"偏移"命令细化图形。

第 3 篇

三维家具设计篇

　　本篇将介绍 AutoCAD 三维造型功能以及三维家具造型的设计方法。

　　本篇将结合具体实例进行讲解，以加深读者对 AutoCAD 三维功能以及典型三维家具设计的基本方法和技巧的理解和掌握。

第11章

家具三维造型绘制

实体建模是 AutoCAD 三维建模中比较重要的一部分。实体模型能够完整描述对象的 3D 模型，比三维线框、三维曲面更能表达实物。这些功能命令的工具栏操作主要集中在"实体"工具栏和"实体编辑"工具栏。本章主要介绍三维坐标系统的建立，三维面、三维网格曲面及基本三维实体的绘制，三维实体的布尔运算、着色与渲染等内容。

- ☑ 三维坐标系统
- ☑ 动态观察
- ☑ 显示形式
- ☑ 绘制三维网格曲面
- ☑ 绘制基本三维网格

- ☑ 绘制基本三维实体
- ☑ 布尔运算
- ☑ 特征操作
- ☑ 渲染实体

任务驱动&项目案例

11.1　三维坐标系统

AutoCAD 2020 使用的是笛卡儿坐标系。其中直角坐标系有两种类型，一种是绘制二维图形时常用的坐标系，即世界坐标系（WCS），由系统默认提供。世界坐标系又称为通用坐标系或绝对坐标系。对于二维绘图来说，世界坐标系足以满足要求。为了方便创建三维模型，AutoCAD 2020 允许用户根据自己的需要设定坐标系，即另一种坐标系——用户坐标系（UCS）。合理地创建 UCS，可以方便地创建三维模型。

11.1.1　坐标系建立

1. 执行方式

☑ 命令行：UCS。
☑ 菜单栏："工具"→"新建 UCS"→"世界"。
☑ 工具栏：UCS ⊾。
☑ 功能区："视图"→"坐标"→"ucs" ⊾。

2. 操作步骤

```
命令：UCS↙
当前 UCS 名称：*世界*
指定 UCS 的原点或 [面(F)/命名(NA)/对象(OB)/上一个(P)/视图(V)/世界(W)/X/Y/Z/Z 轴
(ZA)] <世界>：
```

3. 选项说明

（1）指定 UCS 的原点

使用一点、两点或三点定义一个新的 UCS。如果指定单个点 1，当前 UCS 的原点将会移动而不会更改 X、Y 和 Z 轴的方向。选择该选项，命令行提示如下：

```
指定 X 轴上的点或<接受>：（继续指定 X 轴通过的点 2 或直接按 Enter 键接受原坐标系 X 轴为新坐标系 X 轴）
指定 XY 平面上的点或<接受>：（继续指定 XY 平面通过的点 3 以确定 Y 轴或直接按 Enter 键接受原坐标系 XY 平面为新坐标系 XY 平面，根据右手法则，相应的 Z 轴也同时确定）
```

示意图如图 11-1 所示。

（a）原坐标系　　　（b）指定一点　　　（c）指定两点　　　（d）指定三点

图 11-1　指定原点

（2）面（F）

将 UCS 与三维实体的选定面对齐。要选择一个面，在此面的边界内或面的边上单击，被选中的面将亮显，UCS 的 X 轴将与找到的第一个面上的最近的边对齐。选择该选项，命令行提示如下：

> 选择实体面、曲面或网格:IO:（选择面）
> 输入选项 [下一个(N)/X 轴反向(X)/Y 轴反向(Y)] <接受>:（结果如图 11-2 所示）

如果选择"下一个"选项，系统将 UCS 定位于邻接的面或选定边的后向面。

（3）对象（OB）

根据选定三维对象定义新的坐标系，如图 11-3 所示。新建 UCS 的拉伸方向（Z 轴正方向）与选定对象的拉伸方向相同。选择该选项，命令行提示如下：

> 选择对齐 UCS 的对象:选择对象

图 11-2　选择面确定坐标系

图 11-3　选择对象确定坐标系

对于大多数对象，新 UCS 的原点位于离选定对象最近的顶点处，并且 X 轴与一条边对齐或相切；对于平面对象，UCS 的 XY 平面与该对象所在的平面对齐；对于复杂对象，将重新定位原点，但是轴的当前方向保持不变。

📢 **注意**：该选项不能用于三维多段线、网格和构造线。

（4）视图（V）

以垂直于观察方向（平行于屏幕）的平面为 XY 平面，建立新的坐标系，UCS 原点保持不变。

（5）世界（W）

将当前用户坐标系设置为世界坐标系。WCS 是所有用户坐标系的基准，不能被重新定义。

（6）X、Y、Z

绕指定轴旋转当前 UCS。

（7）Z 轴

用指定的 Z 轴正半轴定义 UCS。

11.1.2　动态 UCS

动态 UCS 的具体操作方法是：单击状态栏上的 UCS 按钮。

可以使用动态 UCS 在三维实体的平整面上创建对象，而无须手动更改 UCS 方向。

在执行命令的过程中，当将光标移动到面的上方时，动态 UCS 会临时将 UCS 的 XY 平面与三维实体的平整面对齐，如图 11-4 所示。

动态 UCS 激活后，指定的点和绘图工具（如极轴追踪和栅格）都将与动态 UCS 建立的临时 UCS 相关联。

（a）原坐标系　　　　　　　　　（b）绘制圆柱体时的动态坐标系

图 11-4　动态 UCS

11.2　动 态 观 察

AutoCAD 2020 提供了具有交互控制功能的三维动态观测器，可以实时地控制和改变当前视口中创建的三维视图，以得到用户期望的效果。

11.2.1　受约束的动态观察

1. 执行方式

☑ 命令行：3DORBIT。

☑ 菜单栏："视图"→"动态观察"→"受约束的动态观察"。

☑ 工具栏："动态观察"→"受约束的动态观察"👁 或"三维导航"→"受约束的动态观察"👁（如图 11-5 所示）。

图 11-5　"动态观察"和"三维导航"工具栏

☑ 快捷菜单："其他导航模式"→"受约束的动态观察"（如图 11-6 所示）。

☑ 功能区："视图"→"导航"→"动态观察"→"动态观察"（如图 11-7 所示）。

图 11-6　快捷菜单　　　　　　　　　　　　　图 11-7　"导航"面板

2. 操作步骤

命令：3DORBIT↵

执行该命令后，视图的目标保持静止，而视点将围绕目标移动。但是，从用户的视点看就像三维模型正在随着光标旋转。用户可以以此方式指定模型的任意视图。

系统显示三维动态观察光标图标。如果水平拖曳光标，相机将平行于世界坐标系（WCS）的 XY 平面移动；如果垂直拖曳光标，相机将沿 Z 轴移动，如图 11-8 所示。

（a）原始图形　　　　　　　（b）拖动鼠标

图 11-8　受约束的三维动态观察

11.2.2　自由动态观察

1. 执行方式

☑ 命令行：3DFORBIT。

☑ 菜单栏："视图"→"动态观察"→"自由动态观察"。

☑ 工具栏："动态观察"→"自由动态观察" ⊕ 或"三维导航"→"自由动态观察" ⊕。

☑ 功能区："视图"→"导航"→"动态观察"→"自由动态观察" ⊕。

☑ 快捷菜单："其他导航模式"→"自由动态观察"。

2. 操作步骤

命令：3DFORBIT↵

执行该命令后，当前视口中会出现一个绿色的大圆，在大圆上有 4 个绿色的小圆，如图 11-9 所示。此时通过拖曳鼠标即可对视图进行旋转观测。

在三维动态观测器中，查看目标的点被固定，用户可以利用鼠标控制相机位置绕观察对象得到动态的观测效果。当在绿色大圆的不同位置进行拖曳时，光标的表现形式是不同的，视图的旋转方向也不同。视图的旋转由光标的表现形式和位置决定。光标在不同位置有 ⊙、⟺、⊕、⊕ 几种表现形式，在不同形式下移动鼠标，可分别对对象进行不同形式的旋转。

11.2.3 连续动态观察

1. 执行方式

☑ 命令行：3DCORBIT。

☑ 菜单栏："视图"→"动态观察"→"连续动态观察"。

☑ 工具栏："动态观察"→"连续动态观察" ⟲ 或"三维导航"→"连续动态观察" ⟲。

☑ 功能区："视图"→"导航"→"动态观察"→"连续动态观察" ⟲。

☑ 快捷菜单："其他导航模式"→"连续动态观察"。

2. 操作步骤

命令：3DCORBIT↙

执行该命令后，界面出现动态观察图标，按住鼠标左键拖曳，图形按鼠标拖曳方向旋转，旋转速度为鼠标拖曳的速度，如图 11-10 所示。

图 11-9 自由动态观察

图 11-10 连续动态观察

11.3 显 示 形 式

在 AutoCAD 中，三维实体有多种显示形式，包括二维线框、三维线框、三维消隐、真实、概念、消隐等。

11.3.1 消隐

1. 执行方式

☑ 命令行：HIDE。

☑ 菜单栏："视图"→"消隐"。

☑ 工具栏："渲染"→"隐藏" ▦。

☑ 功能区："可视化" → "视觉样式" → "隐藏" 📦。

2. 操作步骤

命令：HIDE↙

系统将被其他对象挡住的图线隐藏起来，以增强三维视觉效果，如图 11-11 所示。

（a）消隐前　　　　（b）消隐后

图 11-11　消隐效果

11.3.2　视觉样式

1. 执行方式

☑ 命令行：VSCURRENT。

☑ 菜单栏："视图" → "视觉样式"下拉菜单。

☑ 工具栏："视觉样式"。

☑ 功能区："可视化" → "视觉样式" → "视觉样式"下拉列表。

2. 操作步骤

命令：VSCURRENT↙
输入选项 [二维线框(2)/线框(W)/隐藏(H)/真实(R)/概念(C)/着色(S)/带边缘着色(E)/灰度(G)/勾画(SK)/X射线(X)/其他(O)] <二维线框>：

3. 选项说明

（1）二维线框（2）

用直线和曲线表示对象的边界。光栅和 OLE 对象、线型和线宽都是可见的。即使将 COMPASS 系统变量的值设置为 1，附着到对象的颜色也不会出现在二维线框视图中。UCS 坐标和手柄的二维线框图如图 11-12 所示。

（2）线框（W）

显示对象时使用直线和曲线表示边界。显示一个已着色的三维 UCS 图标。光栅和 OLE 对象、线型及线宽不可见，可将 COMPASS 系统变量设置为 1 来查看坐标球，将显示应用到对象的材质颜色。UCS 坐标和手柄的三维线框图如图 11-13 所示。

图 11-12　UCS 坐标和手柄的二维线框图

（3）隐藏（H）

显示用三维线框表示的对象并隐藏表示后向面的直线。UCS 坐标和手柄的消隐图如图 11-14 所示。

图 11-13　UCS 坐标和手柄的三维线框图

图 11-14　UCS 坐标和手柄的消隐图

（4）真实（R）

着色多边形平面间的对象，并使对象的边平滑化。如果已为对象附着材质，则将显示已附着到对象的材质，UCS 坐标和手柄的真实图如图 11-15 所示。

（5）概念（C）

着色多边形平面间的对象，并使对象的边平滑化。着色使用冷色和暖色之间的过渡。效果缺乏真实感，但是可以更方便地查看模型的细节，UCS 坐标和手柄的概念图如图 11-16 所示。

图 11-15　UCS 坐标和手柄的真实图

图 11-16　UCS 坐标和手柄的概念图

11.3.3　视觉样式管理器

1. 执行方式

☑ 命令行：VISUALSTYLES。

☑ 菜单栏："视图"→"视觉样式"→"视觉样式管理器"或"工具"→"选项板"→"视觉样式"。

☑ 工具栏："视觉样式"→"视觉样式管理器" 。

☑ 功能区："可视化"→"视觉样式"→"对话框启动器" 。

2. 操作步骤

命令：VISUALSTYLES↵

执行该命令后，系统打开"视觉样式管理器"对话框，可以在管理器中对视觉样式的各参数进行设置，如图 11-17 所示。如图 11-18 所示为按图 11-17 进行设置的概念图的显示结果，可以与图 11-16 进行比较。

图 11-17 视觉样式管理器

图 11-18 显示结果

11.4 绘制三维网格曲面

本节主要介绍各种三维网格的绘制命令。

11.4.1 平移网格

1. 执行方式

☑ 命令行：TABSURF。

☑ 菜单栏："绘图"→"建模"→"网格"→"平移网格"。

☑ 功能区："三维工具"→"建模"→"平移曲面" 。

2. 操作步骤

```
命令：TABSURF↙
当前线框密度：SURFTAB1=6
选择用作轮廓曲线的对象：（选择一个已经存在的轮廓曲线）
选择用作方向矢量的对象：（选择一个方向线）
```

3. 选项说明

（1）轮廓曲线

可以是直线、圆弧、圆、椭圆、二维或三维多段线。AutoCAD 从轮廓曲线上离选定点最近的点开始绘制曲面。

（2）方向矢量

指出形状的拉伸方向和长度。在多段线或直线上选定的端点决定了拉伸方向。

下面绘制一个简单的平移网格。执行平移网格命令 TABSURF，拾取如图 11-19（a）所示的六边形作为轮廓曲线，图中直线为方向矢量，最后得到如图 11-19（b）所示的平移网格。

（a）六边形和方向线　　　（b）平移后的曲面

图 11-19　平移网格的绘制

11.4.2　直纹网格

1. 执行方式

☑ 命令行：RULESURF。

☑ 菜单栏："绘图"→"建模"→"网格"→"直纹网格"。

☑ 功能区："三维工具"→"建模"→"直纹曲面"◤。

2. 操作步骤

```
命令:RULESURF↙
当前线框密度：SURFTAB1=6
选择第一条定义曲线：(指定第一条曲线)
选择第二条定义曲线：(指定第二条曲线)
```

下面绘制一个简单的直纹网格。首先将视图转换为西南等轴测视图，接着绘制如图 11-20（a）所示的两个圆作为草图，然后执行直纹网格命令 RULESURF，分别拾取绘制的两个圆作为第一条和第二条定义曲线，得到如图 11-20（b）所示的直纹网格。

（a）作为草图的圆　　　（b）生成的直纹网格

图 11-20　绘制直纹网格

11.4.3　旋转网格

1. 执行方式

☑ 命令行：REVSURF。

☑ 菜单栏："绘图"→"建模"→"网格"→"旋转网格"。

2. 操作步骤

```
命令：REVSURF↙
当前线框密度：SURFTAB1=6  SURFTAB2=6
```

选择要旋转的对象：（指定已绘制好的直线、圆弧、圆或二维、三维多段线）
选择定义旋转轴的对象：（指定已绘制好的用作旋转轴的直线或是开放的二维、三维多段线）
指定起点角度<0>：（输入值或按 Enter 键）
指定夹角（+=逆时针，-=顺时针）<360>：（输入值或按 Enter 键）

3. 选项说明

（1）起点角度如果设置为非零值，平面将从生成路径曲线位置的某个偏移处开始旋转。

（2）夹角用来指定绕旋转轴旋转的角度。

（3）系统变量 SURFTAB1 和 SURFTAB2 用来控制生成网格的密度。SURFTAB1 指定在旋转方向上绘制的网格线的数目，SURFTAB2 将指定绘制的网格线数目进行等分。如图 11-21 所示为利用 REVSURF 命令绘制的花瓶。

（a）轴线和回转轮廓线　　　（b）回转面　　　（c）调整视角

图 11-21　绘制花瓶

11.4.4　边界网格

1. 执行方式

☑ 命令行：EDGESURF。
☑ 菜单栏："绘图"→"建模"→"网格"→"边界网格"。
☑ 功能区："三维工具"→"建模"→"边界曲面" 。

2. 操作步骤

命令：EDGESURF↙
当前线框密度：SURFTAB1=6 SURFTAB2=6
选择用作曲面边界的对象 1：（选择第 1 条边界线）
选择用作曲面边界的对象 2：（选择第 2 条边界线）
选择用作曲面边界的对象 3：（选择第 3 条边界线）
选择用作曲面边界的对象 4：（选择第 4 条边界线）

3. 选项说明

系统变量 SURFTAB1 和 SURFTAB2 分别控制 M、N 方向的网格分段数。可通过在命令行输入 SURFTAB1 改变 M 方向的默认值，在命令行输入 SURFTAB2 改变 N 方向的默认值。

下面生成一个简单的边界曲面。首先执行菜单栏中的"视图"→"三维视图"→"西南等轴测"命令，将视图转换为"西南等轴测"，绘制 4 条首尾相连的边界，如图 11-22（a）所示。在绘制边界的过程中，为了方便绘制，可以首先绘制一个基本三维表面中的立方体作为辅助立体，在它上面绘制边界，然后再将其删除。执行边界曲面命令 EDGESURF，分别选择绘制的 4 条边界，得到如图 11-22（b）所示的边界曲面。

（a）边界曲线　　　（b）生成的边界曲面

图 11-22　边界曲面

Note

视 频 讲 解

11.4.5　实例——花篮

本实例将介绍花篮的绘制方法，通过绘制花篮，读者可掌握基本三维操作，练习各种网格面的绘制，其绘制流程如图 11-23 所示。

操作步骤

（1）单击"默认"选项卡"绘图"面板中的"圆弧"按钮 ⌒，绘制圆弧。命令行提示与操作如下：

```
命令：_arc↙
指定圆弧的起点或 [圆心(C)]：-6,0,0↙
指定圆弧的第二个点或 [圆心(C)/端点(E)]：0,-6↙
指定圆弧的端点：6,0↙
命令：_arc↙
指定圆弧的起点或 [圆心(C)]：-4,0,15
指定圆弧的第二个点或 [圆心(C)/端点(E)]：0,-4
指定圆弧的端点：4,0
命令：ARC↙
指定圆弧的起点或 [圆心(C)]：-8,0,25
指定圆弧的第二个点或 [圆心(C)/端点(E)]：0,-8
指定圆弧的端点：8,0
命令：ARC↙
指定圆弧的起点或 [圆心(C)]：-10,0,30
指定圆弧的第二个点或 [圆心(C)/端点(E)]：0,-10
指定圆弧的端点：10,0
```

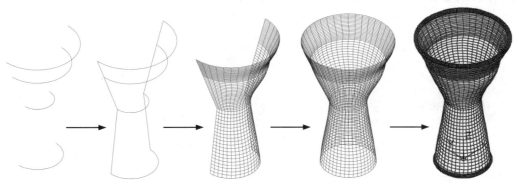

图 11-23　花篮

绘制结果如图 11-24 所示。

（2）单击"可视化"选项卡"视图"面板中的"西南等轴测"按钮 ◈，将当前视图设为西南等轴测视图，结果如图 11-25 所示。

图 11-24 绘制圆弧   图 11-25 西南等轴测视图

（3）单击"默认"选项卡"绘图"面板中的"直线"按钮 ，指定坐标为{（-6,0,0），（-4,0,15），（-8,0,25），（-10,0,30）}、{（6,0,0），（4,0,15），（8,0,25），（10,0,30）}，绘制直线，绘制结果如图 11-26 所示。

（4）在命令行中输入"surftab1"和"surftab2"，设置网格数。命令行提示与操作如下：

```
命令: surftab1↙
输入 SURFTAB1 的新值 <6>: 20↙
命令: surftab2↙
输入 SURFTAB2 的新值 <6>: 20↙
```

（5）单击"三维工具"选项卡"建模"面板中的"边界曲面"按钮 ，选择围成曲面的 4 条边，为曲面内部填充线条。命令行提示与操作如下：

```
命令: _edgesurf↙
当前线框密度: SURFTAB1=20 SURFTAB2=20
选择用作曲面边界的对象 1:
选择用作曲面边界的对象 2:
选择用作曲面边界的对象 3:
选择用作曲面边界的对象 4:
```

结果如图 11-27 所示。

重复上述命令，对图形的边界曲面进行填充，结果如图 11-28 所示。

图 11-26 绘制直线   图 11-27 边界曲面   图 11-28 边界曲面

（6）在命令行中输入"MIRROR3D"，镜像图形。命令行提示与操作如下：

```
命令：MIRROR3D↙
选择对象：（选择所有对象）
选择对象：↙
指定镜像平面（三点）的第一个点或[对象(O)/最近的(L)/Z 轴(Z)/视图(V)/XY 平面(XY)/YZ
平面(YZ)/ZX 平面(ZX)/三点(3)]<三点>：（捕捉边界面上一点）
在镜像平面上指定第二点：（捕捉边界面上一点）
在镜像平面上指定第三点：（捕捉边界面上一点）
是否删除源对象？[是(Y)/否(N)]<否>：
```

绘制结果如图 11-29 所示。

（7）单击"三维工具"选项卡"建模"面板中的"网格圆环体"按钮⬤，绘制圆环体。命令行提示与操作如下：

```
命令：_MESH↙
当前平滑度设置为：3↙
输入选项[长方体(B)/圆锥体(C)/圆柱体(CY)/棱锥体(P)/球体(S)/楔体(W)/圆环体(T)/设置
(SE)]<圆环体>：_TORUS↙
指定中心点或[三点(3P)/两点(2P)/切点、切点、半径(T)]：0,0,0↙
指定半径或[直径(D)]<177.2532>：6.5↙
指定圆管半径或[两点(2P)/直径(D)]：0.5↙
命令：（直接按 Enter 键表示重复执行上一个命令）MESH↙
当前平滑度设置为：3
输入选项[长方体(B)/圆锥体(C)/圆柱体(CY)/棱锥体(P)/球体(S)/楔体(W)/圆环体(T)/设置
(SE)]<圆环体>：
指定中心点或[三点(3P)/两点(2P)/切点、切点、半径(T)]：0,0,30↙
指定半径或[直径(D)]<177.2532>：11↙
指定圆管半径或[两点(2P)/直径(D)]：0.5↙
```

（8）单击"可视化"选项卡"视觉样式"面板中的"隐藏"按钮⬛，对实体进行消隐，消隐之后的结果如图 11-30 所示。

图 11-29　三维镜像处理　　　　　　　　图 11-30　消隐

11.5　绘制基本三维网格

三维基本图元与三维基本形体表面类似，有长方体表面、圆柱体表面、棱锥面、楔体表面、球面、圆锥面、圆环面等。

11.5.1 绘制网格长方体

1. 执行方式

☑ 命令行：MESH。

☑ 菜单栏："绘图"→"建模"→"网格"→"图元"→"长方体"。

☑ 工具栏："平滑网格图元"→"网格长方体" 📦。

☑ 功能区："三维工具"→"建模"→"网格长方体" 📦。

2. 操作步骤

> 命令：MESH↙
> 当前平滑度设置为：0
> 输入选项 [长方体(B)/圆锥体(C)/圆柱体(CY)/棱锥体(P)/球体(S)/楔体(W)/圆环体(T)/设置(SE)] <长方体>：
> 指定第一个角点或 [中心(C)]：(给出长方体角点)
> 指定其他角点或 [立方体(C)/长度(L)]：(给出长方体其他角点)
> 指定高度或 [两点(2P)]：(给出长方体的高度)

3. 选项说明

（1）指定第一个角点/角点：设置网格长方体的第一个角点。

（2）中心（C）：设置网格长方体的中心。

（3）立方体（C）：将长方体的所有边设置为长度相等。

（4）长度：设置网格长方体在 XY 平面内的长度。

（5）高度：设置网格长方体沿 Z 轴的高度。

（6）两点（2P）（高度）：基于两点之间的距离设置高度。

11.5.2 绘制网格圆锥体

1. 执行方式

☑ 命令行：MESH。

☑ 菜单栏："绘图"→"建模"→"网格"→"图元"→"圆锥体"。

☑ 工具栏："平滑网格图元"→"网格圆锥体" 🔺。

☑ 功能区："三维工具"→"建模"→"网格圆锥体" 🔺。

2. 操作步骤

> 命令：_MESH↙
> 当前平滑度设置为：0
> 输入选项 [长方体(B)/圆锥体(C)/圆柱体(CY)/棱锥体(P)/球体(S)/楔体(W)/圆环体(T)/设置(SE)] <长方体>：_CONE↙
> 指定底面的中心点或 [三点(3P)/两点(2P)/切点、切点、半径(T)/椭圆(E)]：
> 指定底面半径或 [直径(D)]：
> 指定高度或 [两点(2P)/轴端点(A)/顶面半径(T)] <100.0000>：

3. 选项说明

（1）指定底面的中心点：设置网格圆锥体底面的中心点。

（2）三点（3P）：通过指定三点设置网格圆锥体的位置、大小和平面。

（3）两点（2P）（直径）：根据两点定义网格圆锥体的底面直径。

（4）切点、切点、半径（T）：定义具有指定半径，且半径与两个对象相切的网格圆锥体的底面。

（5）椭圆（E）：指定网格圆锥体的椭圆底面。

（6）指定底面半径：设置网格圆锥体底面的半径。

（7）直径（D）：设置圆锥体的底面直径。

（8）指定高度：设置网格圆锥体沿与底面所在平面垂直的轴的高度。

（9）两点（2P）（高度）：通过指定两点之间的距离定义网格圆锥体的高度。

（10）轴端点（A）：设置圆锥体的顶点的位置，或圆锥体平截面顶面的中心位置。轴端点的方向可以为三维空间中的任意位置。

（11）顶面半径（T）：指定创建圆锥体平截面时圆锥体的顶面半径。

其他三维网格，例如网格圆柱体、网格棱锥体、网格球体、网格楔体、网格圆环体等，其绘制方式与前面所讲述的网格长方体绘制方法类似，此处不再赘述。

11.6　绘制基本三维实体

本节主要介绍各种基本三维实体的绘制方法。

11.6.1　螺旋

螺旋是一种特殊的基本三维实体，如图 11-31 所示。如果没有专门的命令，要绘制一个螺旋体还是很困难的，从 AutoCAD 2010 开始，AutoCAD 提供了一个螺旋绘制功能来完成螺旋体的绘制。

图 11-31　螺旋体

1. 执行方式

☑ 命令行：HELIX。

☑ 菜单栏："绘图"→"螺旋"。

☑ 工具栏："建模"→"螺旋" 。

☑ 功能区："默认"→"绘图"→"螺旋" 。

2. 操作步骤

```
命令：HELIX↵
圈数 = 3.0000    扭曲=CCW
指定底面的中心点：（指定点）
```

指定底面半径或 [直径(D)] <1.0000>：（输入底面半径或直径）
指定顶面半径或 [直径(D)] <26.5531>：（输入顶面半径或直径）
指定螺旋高度或 [轴端点(A)/圈数(T)/圈高(H)/扭曲(W)] <1.0000>：

3. 选项说明

（1）轴端点（A）：指定螺旋轴的端点位置。它定义了螺旋的长度和方向。

（2）圈数（T）：指定螺旋的圈（旋转）数。螺旋的圈数不能超过 500。

（3）圈高（H）：指定螺旋内一个完整圈的高度。当指定了圈的高度值后，螺旋中的圈数将相应地自动更新。如果已指定螺旋的圈数，则不能输入圈高的值。

（4）扭曲（W）：指定是以顺时针（CW）方向还是以逆时针方向（CCW）绘制螺旋。螺旋扭曲的默认值是逆时针。

11.6.2　长方体

1. 执行方式

☑ 命令行：BOX。
☑ 菜单栏："绘图"→"建模"→"长方体"。
☑ 工具栏："建模"→"长方体" ▢。
☑ 功能区："三维工具"→"建模"→"长方体" ▢。

2. 操作步骤

命令：BOX↵
指定第一个角点或[中心(C)]：（指定第一点或按 Enter 键表示原点是长方体的角点，或输入 "C" 代表中心点）

3. 选项说明

（1）指定长方体的角点：确定长方体的一个顶点的位置。选择该选项后，命令行提示如下：

指定其他角点或 [立方体(C)/长度(L)]：（指定第二点或输入选项）

① 指定其他角点：输入另一角点的数值，即可确定该长方体。如果输入的是正值，则沿着当前 UCS 的 X、Y 和 Z 轴的正向绘制长度；如果输入的是负值，则沿着 X、Y 和 Z 轴的负向绘制长度。如图 11-32 所示即为使用相对坐标绘制的长方体。

② 立方体（C）：创建一个长、宽、高相等的长方体。如图 11-33 所示为使用指定长度命令创建的正方体。

图 11-32　利用角点命令创建的长方体　　　　图 11-33　利用指定长度命令创建的正方体

③ 长度（L）：要求输入长、宽、高的值。如图 11-34 所示为使用长、宽和高命令创建的长方体。

（2）中心点：使用指定的中心点创建长方体。如图 11-35 所示为使用中心点命令创建的正方体。

图 11-34　利用长、宽和高命令创建的长方体　　　图 11-35　使用中心点命令创建的正方体

11.6.3　实例——书柜

本实例将详细介绍书柜的绘制方法，运用"长方体""圆锥体""三维阵列""圆角"命令完成书柜的绘制，其流程如图 11-36 所示。

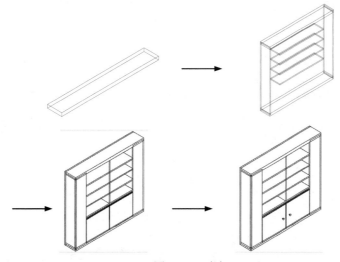

图 11-36　书柜

操作步骤

（1）单击"可视化"选项卡"视图"面板中的"西南等轴测"按钮![icon]，将视图切换至西南等轴测视图；单击"三维工具"选项卡"建模"面板中的"长方体"按钮![icon]，绘制一个长方体。命令行提示与操作如下：

```
命令：_box↙
指定第一个角点或 [中心点(C)] <0,0,0>：c↙
指定中心：0,0,0↙
指定角点或 [立方体(C)/长度(L)]：l↙
指定长度：（打开正交模式）3050↙
指定宽度：450↙
指定高度或 [两点(2P)]：100↙
```

结果如图 11-37 所示。

（2）单击"三维工具"选项卡"建模"面板中的"长方体"按钮![icon]，绘制长方体。命令行提示与操作如下：

Note

```
命令: _box↙
指定第一个角点或 [中心(C)]: c↙
指定中心: 0,0,2700:↙
指定角点或 [立方体(C)/长度(L)]: l↙
指定长度: 3050↙
指定宽度: 450↙
指定高度或 [两点(2P)]: 100↙
命令: _box↙
指定第一个角点或 [中心(C)]: c↙
指定中心: 0,0,1000↙
指定角点或 [立方体(C)/长度(L)]: l↙
指定长度: 2090↙
指定宽度: 450↙
指定高度或 [两点(2P)]: 40↙
```

绘制结果如图 11-38 所示。

图 11-37　绘制长方体 1　　　　　　　　　图 11-38　绘制长方体 2

（3）在命令行中输入"3darray"，阵列图形。命令行提示与操作如下：

```
命令: 3darray↙
正在初始化...已加载 3DARRAY
选择对象:（选择最小的长方体）
选择对象:↙
输入阵列类型 [矩形(R)/环形(P)] <矩形>:↙
输入行数 (---) <1>:↙
输入列数 (|||) <1>:↙
输入层数 (...) <1>: 4↙
指定层间距 (...): 400↙
```

绘制结果如图 11-39 所示。

（4）单击"三维工具"选项卡"建模"面板中的"长方体"按钮▢，绘制长方体。命令行提示与操作如下：

```
命令: _box↙
指定第一个角点或 [中心(C)]: c↙
指定中心: 1505,0,1350↙
指定角点或 [立方体(C)/长度(L)]: l↙
指定长度: 40↙
指定宽度: 450↙
指定高度或 [两点(2P)]: 2700↙
```

```
命令：BOX↙
指定第一个角点或 [中心(C)]：c↙
指定中心：-1505,0,1350↙
指定角点或 [立方体(C)/长度(L)]：l↙
指定长度：40↙
指定宽度：450↙
指定高度或 [两点(2P)]：2700↙
```

绘制结果如图 11-40 所示。

（5）单击"三维工具"选项卡"建模"面板中的"长方体"按钮，绘制长方体。命令行提示与操作如下：

```
命令：BOX↙
指定第一个角点或 [中心(C)]：-1045,-225,0↙
指定其他角点或 [立方体(C)/长度(L)]：@-480,40,2700↙
命令：BOX↙
指定第一个角点或 [中心(C)]：1045,-225,0↙
指定其他角点或 [立方体(C)/长度(L)]：@480,40,2700↙
命令：BOX↙
指定第一个角点或 [中心(C)]：-1525,265,-50↙
指定其他角点或 [立方体(C)/长度(L)]：1525,225,2750↙
命令：_box↙
指定第一个角点或 [中心(C)]：-20,-225,1020↙
指定其他角点或 [立方体(C)/长度(L)]：@40,450,1630↙
命令：_box↙
指定第一个角点或 [中心(C)]：-1045,-225,0↙
指定其他角点或 [立方体(C)/长度(L)]：@1045,40,920↙
命令：BOX↙
指定长方体的角点或 [中心点(CE)] <0,0,0>：1045,-225,0↙
指定角点或 [立方体(C)/长度(L)]：0,-185,920↙
```

绘制结果如图 11-41 所示。

图 11-39　三维阵列处理　　　　图 11-40　绘制长方体 1　　　　图 11-41　绘制长方体 2

（6）单击"默认"选项卡"修改"面板中的"圆角"按钮，将圆角半径设为 10，将柜门的每条棱边倒圆角处理。单击"可视化"选项卡"视觉样式"面板中的"隐藏"按钮，消隐之后的结果如图 11-42 所示。

（7）单击"三维工具"选项卡"建模"面板中的"圆锥体"按钮，绘制圆锥体。命令行提示与操作如下：

```
命令：_cone↙
指定底面的中心点或 [三点(3P)/两点(2P)/切点、切点、半径(T)/椭圆(E)]: -150,-275,455↙
指定底面半径或 [直径(D)]: 30↙
指定高度或 [两点(2P)/轴端点(A)/顶面半径(T)] <930.0000>: a↙
指定轴端点: @0,100,0↙
命令：CONE↙
指定底面的中心点或 [三点(3P)/两点(2P)/切点、切点、半径(T)/椭圆(E)]: 150,-275,455↙
指定底面半径或 [直径(D)] <30.0000>:↙
指定高度或 [两点(2P)/轴端点(A)/顶面半径(T)] <100.0000>: a↙
指定轴端点: @0,100,0↙
```

消隐之后的结果如图 11-43 所示。

图 11-42　圆角处理

图 11-43　绘制圆锥体

11.6.4　圆柱体

1. 执行方式

☑ 命令行：CYLINDER。
☑ 菜单栏："绘图"→"建模"→"圆柱体"。
☑ 工具条："建模"→"圆柱体" 。
☑ 功能区："三维工具"→"建模"→"圆柱体" 。

2. 操作步骤

```
命令：CYLINDER↙
指定底面的中心点或 [三点(3P)/两点(2P)/切点、切点、半径(T)/椭圆(E)]:
```

3. 选项说明

（1）中心点：输入底面圆心的坐标，此选项为系统的默认选项，然后指定底面的半径和高度。AutoCAD 按指定的高度创建圆柱体，且圆柱体的中心线与当前坐标系的 Z 轴平行，如图 11-44 所示。也可以输入另一个端面的中心点坐标来指定高度。AutoCAD 根据圆柱体两个端面的中心位置来创建圆柱体。该圆柱体的中心线就是两个端面的中心点的连线，如图 11-45 所示。

（2）椭圆（E）：绘制椭圆柱体。其中，端面椭圆的绘制方法与平面椭圆一样，绘制结果如图 11-46 所示。

其他基本实体（如螺旋、楔体、圆锥体、球体、圆环体等）的绘制方法与上面讲述的长方体和圆柱体类似，此处不再赘述。

图 11-44　按指定的高度创建圆柱体　　图 11-45　指定圆柱体另一个端面的中心位置　　图 11-46　椭圆柱体

11.6.5　实例——石凳

视频讲解

本实例将详细介绍石凳的绘制方法，首先利用"圆锥面"命令绘制石凳主体，然后利用"圆柱体"命令绘制石凳的凳面，最后选择适当的材质对石凳进行渲染处理，绘制流程如图 11-47 所示。

图 11-47　石凳

操作步骤

（1）单击"三维工具"选项卡"建模"面板中的"圆锥体"按钮△，以（0,0,0）为圆心，绘制底面半径为 10、顶面半径为 5、高度为 20 的圆台面。命令行提示与操作如下：

```
命令：_cone↙
指定底面的中心点或 [三点(3P)/两点(2P)/切点、切点、半径(T)/椭圆(E)]：0,0,0↙
指定底面半径或 [直径(D)] <35.0000>：10↙
指定高度或 [两点(2P)/轴端点(A)/顶面半径(T)] <80.0000>：T↙
指定顶面半径 <0.0000>：5↙
指定高度或 [两点(2P)/轴端点(A)] <80.0000>：20↙
```

（2）单击"可视化"选项卡"视图"面板中的"西南等轴测"按钮◈，将当前视图设置为西南等轴测视图，绘制结果如图 11-48 所示。

（3）单击"三维工具"选项卡"建模"面板中的"圆锥体"按钮△，以（0,0,20）为圆心，绘制底面半径为 5、顶面半径为 10、高度为 20 的圆台面。完成石凳主体的绘制，结果如图 11-49 所示。

（4）单击"三维工具"选项卡"建模"面板中的"圆柱体"按钮▢，以（0,0,40）为圆心，绘制底面半径为 20、高度为 5 的圆柱体。命令行提示与操作如下：

```
命令：_cylinder↙
指定底面的中心点或 [三点(3P)/两点(2P)/切点、切点、半径(T)/椭圆(E)]：0,0,40↙
```

指定底面半径或 [直径(D)] <10.0000>: 20↙
指定高度或 [两点(2P)/轴端点(A)] <20.0000>: 5↙

完成石凳凳面的绘制，结果如图 11-50 所示。

图 11-48　绘制圆台

图 11-49　绘制圆台

图 11-50　绘制圆柱

（5）单击"可视化"选项卡"材质"面板中的"材质浏览器"按钮 ⊕，打开"材质浏览器"对话框，选择"主视图"→"Autodesk 库"→"石料"→"大理石"，如图 11-51 所示，然后在列表中选择适当的材质赋予图形。执行菜单栏中的"可视化"→"渲染"→"渲染"命令，对实体进行渲染，渲染后的效果如图 11-52 所示。

图 11-51　"材质浏览器"对话框

图 11-52　渲染处理

11.7　布尔运算

本节主要介绍布尔运算的应用。

11.7.1 三维建模布尔运算

布尔运算在集合运算中得到了广泛应用，AutoCAD 也将该运算应用到了模型的创建过程中。用户可以对三维建模对象进行并集、交集、差集的运算。三维建模的布尔运算与平面图形类似。如图 11-53 所示为 3 个圆柱体进行交集运算后的图形。

（a）求交集前　　　　　（b）求交集后　　　　　（c）交集的立体图

图 11-53　3 个圆柱体交集后的图形

> **注意：** 如果某些命令第一个字母都相同，那么对于比较常用的命令，其快捷命令取第一个字母，其他命令的快捷命令可用前面两个或 3 个字母表示。例如，"R" 表示 Redraw，"RA" 表示 Redrawall；"L" 表示 Line，"LT" 表示 LineType，"LTS" 表示 LTScale。

11.7.2 实例——几案

本实例将详细介绍几案的绘制方法。首先利用"长方体"命令绘制几案面、几案腿以及隔板，然后利用"移动"命令移动隔板到合适的位置，再利用"圆角"命令对几案面进行圆角处理，并对所有实体进行并集处理，最后进行赋材质渲染，绘制流程如图 11-54 所示。

图 11-54　几案

操作步骤

（1）单击"可视化"选项卡"视图"面板中的"西南等轴测"按钮 ，将当前视图设置为西南等轴测视图。

（2）单击"三维工具"选项卡"建模"面板中的"长方体"按钮，绘制长方体，完成几案面的绘制。命令行提示与操作如下：

```
命令：BOX↙
指定第一个角点或 [中心(C)]：10,10↙
指定其他角点或 [立方体(C)/长度(L)]：@70,40↙
指定高度或 [两点(2P)]：6↙
```

结果如图 11-55 所示。

（3）单击"三维工具"选项卡"建模"面板中的"长方体"按钮，在几案的 4 个角点绘制 4 个尺寸为 6×6×28 的长方体，完成几案腿的绘制，如图 11-56 所示。

图 11-55　绘制几案表面

图 11-56　绘制几案腿

（4）单击"三维工具"选项卡"建模"面板中的"长方体"按钮▇，以几案的两条对角腿的外角点为对角点，制作厚度为 2 的长方体，完成隔板的绘制，结果如图 11-57 所示。

（5）单击"默认"选项卡"修改"面板中的"移动"按钮✥，移动隔板。命令行提示与操作如下：

```
命令：move↙
选择对象：（选中要移动的隔板）
选择对象：↙
指定基点或 [位移(D)] <位移>：80,10,-28↙
指定第二个点或 <使用第一个点作为位移>：@0,0,10↙
```

结果如图 11-58 所示。

图 11-57　绘制隔板

图 11-58　移动隔板

（6）单击"默认"选项卡"修改"面板中的"圆角"按钮▇，设置圆角半径为 4，对立方体各条边进行圆角处理，结果如图 11-59 所示。

（7）单击"三维工具"选项卡"实体编辑"面板中的"并集"按钮▇，对图形进行并集运算，命令行提示与操作如下：

```
命令：UNION↙
选择对象：（选中要进行并集处理的几案桌面、腿以及隔板）
选择对象：↙
```

（8）单击"可视化"选项卡"视觉样式"面板中的"隐藏"按钮▇，对图形进行消隐处理，结果如图 11-60 所示。

（9）单击"可视化"选项卡"材质"面板中的"材质浏览器"按钮▇，打开"材质浏览器"对话框，如图 11-61 所示。打开其中的"木材"选项卡，选择其中一种材质，并拖曳到绘制的几案实体上。

图 11-59　圆角几案桌面

图 11-60　并集处理后消隐的结果　　　　图 11-61　"材质浏览器"对话框

Note

（10）在"可视化"选项卡"视觉样式"面板的"视觉样式"下拉列表中选择"真实"，系统自动改变实体的视觉样式，结果如图 11-54 所示。

11.8　特征操作

在三维网格中，与三维网格生成的原理一样，也可以通过二维图形来生成三维实体，具体如下所述。

11.8.1　拉伸

1. 执行方式

☑ 命令行：EXTRUDE（快捷命令：EXT）。

☑ 菜单栏："绘图"→"建模"→"拉伸"。

☑ 工具栏："建模"→"拉伸" 🔲。

☑ 功能区："三维工具"→"建模"→"拉伸" 🔲。

2. 操作步骤

```
命令：EXTRUDE↙
当前线框密度：ISOLINES=4，闭合轮廓创建模式=实体
选择要拉伸的对象或 [模式(MO)]：（选择绘制好的二维对象）
选择要拉伸的对象或 [模式(MO)]：（可继续选择对象或按 Enter 键结束选择）
指定拉伸的高度或 [方向(D)/路径(P)/倾斜角(T)/表达式(E)] <52.0000>：
```

3.选项说明

（1）拉伸的高度：按指定的高度拉伸出三维建模对象。输入高度值后，根据实际需要，指定拉伸的倾斜角度。如果指定的角度为 0，AutoCAD 则把二维对象按指定的高度拉伸成柱体；如果输入角度值，拉伸后建模截面沿拉伸方向按此角度变化，成为一个棱台或圆台体。如图 11-62 所示为不同角度拉伸圆的结果。

（a）拉伸前　　　（b）拉伸锥角为 0°　　　（c）拉伸锥角为 10°　　　（d）拉伸锥角为−10°

图 11-62　拉伸圆

（2）路径（P）：以现有的图形对象作为拉伸创建三维建模对象。如图 11-63 所示为沿圆弧曲线路径拉伸圆的结果。

（a）拉伸前　　　　　　　　　　　　　　（b）拉伸后

图 11-63　沿圆弧曲线路径拉伸圆

> **注意：** 可以使用创建圆柱体的"轴端点"命令确定圆柱体的高度和方向。轴端点是圆柱体顶面的中心点，轴端点可以位于三维空间的任意位置。

视频讲解

11.8.2　实例——茶几

本实例将详细介绍茶几的绘制方法，首先绘制茶几面，然后绘制茶几腿，再绘制隔板，最后进行赋材质渲染，绘制流程如图 11-64 所示。

图 11-64　茶几

操作步骤

（1）单击"可视化"选项卡"视图"面板中的"西南等轴测"按钮 ，将视图切换到西南等轴测视图。

（2）单击"三维工具"选项卡"建模"面板中的"圆柱体"按钮，绘制圆柱体。命令行提示与操作如下：

```
命令: _cylinder
指定底面的中心点或 [三点(3P)/两点(2P)/切点、切点、半径(T)/椭圆(E)]: e
指定第一个轴的端点或 [中心(C)]: c
指定中心点: 0,0,0
指定到第一个轴的距离: 25
指定第二个轴的端点: 50,50,0
指定高度或 [两点(2P)/轴端点(A)]: 300
```

结果如图 11-65 所示。

（3）单击"三维工具"选项卡"建模"面板中的"长方体"按钮，绘制一个长方体，角点为（-100,-100,300）和（@600,600,30），如图 11-66 所示。

（4）在命令行中输入"3darray"，将椭圆柱体进行环形阵列。命令行提示与操作如下：

```
命令: 3darray
选择对象: 选取椭圆柱体
输入阵列类型 [矩形(R)/环形(P)] <R>:P
输入阵列中的项目数目: 4
指定要填充的角度 (+=逆时针, -=顺时针) <360>: 按 Enter 键
指定阵列的中心点: 200,200,0
指定旋转轴上的第二点: 200,200,100
```

结果如图 11-67 所示。

图 11-65 绘制椭圆柱体　　　　图 11-66 绘制长方体　　　　图 11-67 阵列处理

（5）单击"默认"选项卡"修改"面板中的"圆角"按钮，将长方体各棱边的半径均设为5，做圆角处理，如图 11-68 所示。

（6）单击"默认"选项卡"绘图"面板中的"矩形"按钮，设置坐标为（50,50,150）和（350,350），绘制一个矩形。

（7）单击"默认"选项卡"修改"面板中的"偏移"按钮，将步骤（6）绘制的矩形偏移50，方向为向外，绘制结果如图 11-69 所示。

（8）单击"默认"选项卡"绘图"面板中的"圆"按钮，以小矩形的顶点为圆心，捕捉大矩形的顶点为半径绘制圆；单击"默认"选项卡"修改"面板中的"修剪"按钮，修剪多余直线。

（9）单击"默认"选项卡"绘图"面板中的"面域"按钮，将如图 11-70 所示的图形创建为面域。命令行提示与操作如下：

Note

```
命令：_region↙
选择对象：(选取图11-70中的图形)
选择对象：↙
已提取 1 个环。
已创建 1 个面域。
```

图 11-68 圆角处理   图 11-69 绘制矩形并偏移   图 11-70 面域处理

（10）单击"三维工具"选项卡"建模"面板中的"拉伸"按钮 █，拉伸步骤（9）创建的面域。命令行提示与操作如下：

```
命令：_extrude↙
当前线框密度：ISOLINES=8，闭合轮廓创建模式 = 实体
选择要拉伸的对象或 [模式(MO)]：_MO↙
闭合轮廓创建模式 [实体(SO)/曲面(SU)] <实体>：_SO↙
选择要拉伸的对象或 [模式(MO)]：找到 1 个（选择步骤（9）创建的面域图形）
选择要拉伸的对象或 [模式(MO)]：↙
指定拉伸的高度或 [方向(D)/路径(P)/倾斜角(T)/表达式(E)] <30.0000>：30↙
```

（11）单击"默认"选项卡"修改"面板中的"圆角"按钮 ，将上述各棱边的半径均设为5，做圆角处理，如图 11-71 所示。

（12）单击"可视化"选项卡"材质"面板中的"材质浏览器"按钮 ⊗，选择合适的材质，赋予图形。然后单击"可视化"选项卡"渲染"面板中的"渲染到尺寸"按钮 ，渲染图形，结果如图11-72 所示。

图 11-71 圆角处理   图 11-72 茶几

11.8.3 旋转

1. 执行方式

☑ 命令行：REVOLVE（快捷命令：REV）。

☑ 菜单栏："绘图"→"建模"→"旋转"。

☑ 工具栏："建模"→"旋转" 🔧。

☑ 功能区："三维工具"→"建模"→"旋转" 🔧。

2. 操作步骤

```
命令：REVOLVE✔
当前线框密度：ISOLINES=4，闭合轮廓创建模式 = 实体
选择要旋转的对象或 [模式(MO)]：_MO✔
闭合轮廓创建模式 [实体(SO)/曲面(SU)] <实体>：_SO✔
选择要旋转的对象或 [模式(MO)]：找到 1 个
选择要旋转的对象或 [模式(MO)]：✔
指定轴起点或根据以下选项之一定义轴 [对象(O)/X/Y/Z] <对象>：x✔
指定旋转角度或 [起点角度(ST)/反转(R)/表达式(EX)] <360>：115✔
```

3. 选项说明

（1）指定轴起点：通过两个点来定义旋转轴。AutoCAD 将按指定的角度和旋转轴旋转二维对象。

（2）对象（O）：选择已经绘制好的直线或用多段线命令绘制的直线段作为旋转轴线。

（3）X（Y）轴：将二维对象绕当前坐标系（UCS）的 X（Y）轴旋转。如图 11-73 所示为矩形平面绕 X 轴旋转的结果。

（a）旋转界面　　（b）旋转后的建模

图 11-73　旋转体

11.8.4 扫掠

1. 执行方式

☑ 命令行：SWEEP。

☑ 菜单栏："绘图"→"建模"→"扫掠"。

☑ 工具栏："建模"→"扫掠" 🔧。

☑ 功能区："三维工具"→"建模"→"扫掠" 🔧。

2. 操作步骤

```
命令：SWEEP✔
当前线框密度：ISOLINES=4，闭合轮廓创建模式 = 实体
选择要扫掠的对象或 [模式(MO)]：（选择对象，如图 11-74（a）中的圆）
```

> 选择要扫掠的对象或 [模式(MO)]:↙
> 选择扫掠路径或[对齐(A)/基点(B)/比例(S)/扭曲(T)]:（选择对象，如图 11-74（a）中的螺旋线）

扫掠结果如图 11-74（b）所示。

（a）对象和路径　　　　　（b）结果

图 11-74　扫掠

3. 选项说明

（1）对齐（A）：指定是否对齐轮廓以使其作为扫掠路径切向的法向，默认情况下，轮廓是对齐的。选择该选项，命令行提示与操作如下：

> 扫掠前对齐垂直于路径的扫掠对象 [是(Y)/否(N)] <是>：输入"n"，指定轮廓无须对齐；按 Enter 键，指定轮廓将对齐

注意：使用"扫掠"命令，可以通过沿开放或闭合的二维路径或三维路径扫掠开放或闭合的平面曲线（轮廓）来创建新实体或曲面。"扫掠"命令用于沿指定路径以指定轮廓的形状（扫掠对象）创建实体或曲面。可以扫掠多个对象，但是这些对象必须在同一平面内。如果沿一条路径扫掠闭合的曲线，则生成实体。

（2）基点（B）：指定要扫掠对象的基点。如果指定的点不在选定对象所在的平面上，则该点将被投影到该平面上。选择该选项，命令行提示与操作如下：

> 指定基点:指定选择集的基点

（3）比例（S）：指定比例因子以进行扫掠操作。从扫掠路径的开始到结束，比例因子将统一应用到扫掠的对象上。选择该选项，命令行提示与操作如下：

> 输入比例因子或 [参照(R)] <1.0000>：指定比例因子，输入"r"，调用参照选项；按 Enter 键，选择默认值

其中，"参照（R）"选项表示通过拾取点或输入值来根据参照的长度缩放选定的对象。

（4）扭曲（T）：设置正被扫掠对象的扭曲角度。扭曲角度指定沿扫掠路径全部长度的旋转量。选择该选项，命令行提示与操作如下：

> 输入扭曲角度或允许非平面扫掠路径倾斜 [倾斜(B)] <n>：指定小于 360°的角度值，输入"b"，打开倾斜；按 Enter 键，选择默认角度值

其中，"倾斜（B）"选项指定被扫掠的曲线是否沿三维扫掠路径（三维多段线、三维样条曲线或螺旋线）自然倾斜（旋转）。

如图 11-75 所示为扭曲扫掠示意图。

（a）对象和路径　　　（b）不扭曲　　　（c）扭曲 45°

图 11-75　扭曲扫掠

11.8.5 放样

1. 执行方式

- ☑ 命令行：LOFT。
- ☑ 菜单栏："绘图"→"建模"→"放样"。
- ☑ 工具栏："建模"→"放样" 。
- ☑ 功能区："三维工具"→"建模"→"放样" 。

2. 操作步骤

> 命令：LOFT↵
> 当前线框密度：ISOLINES=4，闭合轮廓创建模式 = 实体
> 按放样次序选择横截面或 [点(PO)/合并多条边(J)/模式(MO)]：选取第一个截面
> 按放样次序选择横截面或 [点(PO)/合并多条边(J)/模式(MO)]：选取第二个截面
> 按放样次序选择横截面或 [点(PO)/合并多条边(J)/模式(MO)]：选取第三个截面（依次选择如
> 图11-76所示的3个截面）
> 输入选项 [导向(G)/路径(P)/仅横截面(C)/设置(S)/连续性(CO)/凸度幅值(B)] <仅横截面>：

3. 选项说明

（1）导向（G）：指定控制放样实体或曲面形状的导向曲线。可以使用导向曲线来控制点如何匹配相应的横截面以防止出现不希望看到的效果（如结果实体或曲面中的皱褶）。指定控制放样建模或曲面形状的导向曲线。导向曲线是直线或曲线，可通过将其他线框信息添加至对象来进一步定义建模或曲面的形状，如图 11-77 所示。选择该选项，命令行提示与操作如下：

> 选择导向曲线：选择放样建模或曲面的导向曲线，然后按 Enter 键

图 11-76 选择截面　　　　　　　　　　　　　图 11-77 导向放样

（2）路径（P）：指定放样实体或曲面的单一路径，如图 11-78 所示。选择该选项，命令行提示与操作如下：

> 选择路径：指定放样建模或曲面的单一路径

图 11-78 路径放样

🔊 **注意**：路径曲线必须与横截面的所有平面相交。

（3）仅横截面（C）：在不使用导向或路径的情况下，创建放样对象。

（4）设置（S）：选择该选项，系统打开"放样设置"对话框，如图 11-79 所示。其中有 4 个单选按钮，如图 11-80（a）所示为选中"直纹"单选按钮的放样结果示意图，如图 11-80（b）所示为选中"平滑拟合"单选按钮的放样结果示意图，如图 11-80（c）所示为选中"法线指向"单选按钮并选择"所有横截面"选项的放样结果示意图，如图 11-80（d）所示为选中"拔模斜度"单选按钮并设置"起点角度"为 45°、"起点幅值"为 10、"端点角度"为 60°、"端点幅值"为 10 的放样结果示意图。

图 11-79　"放样设置"对话框

图 11-80　放样结果示意图

> **注意**：每条导向曲线必须满足以下条件才能正常工作。
> （1）与每个横截面相交。
> （2）从第一个横截面开始。
> （3）到最后一个横截面结束。
> 可以为放样曲面或建模选择任意数量的导向曲线。

11.8.6　拖曳

1. 执行方式

☑ 命令行：PRESSPULL。
☑ 工具栏："建模"→"按住并拖曳"　。
☑ 功能区："三维工具"→"实体编辑"→"按住并拖曳"　。

2. 操作步骤

```
命令：PRESSPULL↙
```

单击有边界区域以进行按住或拖曳操作。

选择有边界区域后，按住鼠标左键并拖曳鼠标，相应的区域就会进行拉伸变形。如图 11-81 所示为选择圆台上表面并拖曳的结果。

（a）圆台　　　　　　（b）向下拖动　　　　　　（c）向上拖动

图 11-81　按住并拖曳

11.8.7　倒角

1. 执行方式

☑ 命令行：CHAMFEREDGE。

☑ 菜单栏："修改"→"实体编辑"→"倒角边"。

☑ 工具栏："实体编辑"→"倒角" 。

☑ 功能区："默认"→"修改"→"倒角边" 。

2. 操作步骤

```
命令：CHAMFEREDGE↙
距离 1 = 0.0000，距离 2 = 0.0000
选择一条边或[环(L)/距离(D)]：
```

3. 选项说明

（1）选择一条边：选择建模的一条边，此选项为系统的默认选项。选择某一条边以后，边就变成虚线。

（2）环（L）：如果选择该选项，对一个面上的所有边建立倒角，命令行继续出现如下提示：

```
选择环边或[边(E)距离(D)]：（选择环边）
输入选项[接受(A)下一个(N)]<接受>：↙
选择环边或[边(E)距离(D)]：↙
按 Enter 键接受倒角或[（距离(D)]：↙
```

（3）距离（D）：如果选择该选项，则需输入倒角距离。

如图 11-82 所示为对长方体倒角的结果。

（a）选择倒角边　　　　　　（b）选择边倒角结果　　　　　　（c）选择环倒角结果

图 11-82　对长方体倒角

11.8.8　实例——手柄

本实例将详细介绍手柄的绘制方法，首先绘制手柄把截面，然后绘制柄体，最后绘制手柄头部，

视频讲解

绘制流程如图 11-83 所示。

图 11-83　手柄

操作步骤

1. 绘制手柄把

（1）在命令行中输入"ISOLINES"，设置线框密度。命令行提示与操作如下：

```
命令：ISOLINES↙
输入 ISOLINES 的新值 <4>：10
```

（2）单击"默认"选项卡"绘图"面板中的"圆"按钮⊙，绘制半径为 13 的圆。

（3）单击"默认"选项卡"绘图"面板中的"构造线"按钮↗，过 R13 圆的圆心绘制竖直与水平辅助线，绘制结果如图 11-84 所示。

（4）单击"默认"选项卡"修改"面板中的"偏移"按钮⊑，将竖直辅助线向右偏移 83。

（5）单击"默认"选项卡"绘图"面板中的"圆"按钮⊙，捕捉最右边竖直辅助线与水平辅助线的交点，绘制半径为 7 的圆，绘制结果如图 11-85 所示。

（6）单击"默认"选项卡"修改"面板中的"偏移"按钮⊑，将水平辅助线向上偏移 13。

（7）单击"默认"选项卡"绘图"面板中的"圆"按钮⊙，绘制与 R7 圆及偏移水平辅助线相切且半径为 65 的圆；继续绘制与 R65 圆及 R13 圆相切且半径为 45 的圆，绘制结果如图 11-86 所示。

图 11-84　圆及辅助线　　　　图 11-85　绘制 R7 圆　　　　图 11-86　绘制 R65 及 R45 圆

（8）单击"默认"选项卡"修改"面板中的"修剪"按钮▾，对所绘制的图形进行修剪，并删除多余的线段，结果如图 11-87 所示。

（9）单击"默认"选项卡"绘图"面板中的"面域"按钮◙，选择全部图形，创建面域，结果如图 11-87 所示。

（10）单击"三维工具"选项卡"建模"面板中的"旋转"按钮◖，以水平线为旋转轴，旋转创建的面域。单击"可视化"选项卡"视图"面板中的"西南等轴测"按钮◈，切换到西南等轴测视图，结果如图 11-88 所示。

2. 绘制手柄头部

（1）在命令行中输入"UCS"，命令行提示与操作如下：

命令：UCS↙
　　指定 UCS 的原点或[面(F)/命名(NA)/对象(O)/上一个(P)/视图(V)/世界(W)X/Y/Z/Z 轴(ZA)]
<世界>：捕捉左端圆心

（2）单击"三维工具"选项卡"建模"面板中的"圆柱体"按钮圆，以坐标原点为圆心，创建高为 15、半径为 8 的圆柱体，结果如图 11-89 所示。

图 11-87　手柄把截面　　　　　　　图 11-88　柄体　　　　　　　图 11-89　创建手柄头部

（3）单击"三维工具"选项卡"实体编辑"面板中的"倒角边"按钮圆，对圆柱体进行倒角，倒角距离为 2。命令行提示与操作如下：

命令：CHAMFEREDGE↙
　距离 1 = 0.0000，距离 2 = 0.0000
　选择第一条边或[环(L)/距离(D)]：D↙
　指定距离 1 或[表达式(E)]<1.0000>：2↙
　指定距离 2 或[表达式(E)]<1.0000>：2↙
　选择一条边或[环(L)/距离(D)]：（选择圆柱体要倒角的边）↙
　选择同一个面上的其他边或[环(L)/距离(D)]：↙
　按 Enter 键接受倒角或[距离(D)]：↙

结果如图 11-90 所示。

3. 完成图形

（1）单击"三维工具"选项卡"实体编辑"面板中的"并集"按钮圆，将手柄头部与手柄把进行并集运算。

（2）单击"三维工具"选项卡"实体编辑"面板中的"圆角边"按钮圆，将手柄头部与柄体的交线柄体端面圆进行倒圆角，圆角半径为 1。命令行提示与操作如下：

命令：FILLETEDGE↙
　半径 = 1.0000
　选择边或 [链(C)/环(L)/半径(R)]：（选择倒圆角的一条边）
　选择边或 [链(C)/环(L)/半径(R)]：R↙
　输入圆角半径或[表达式（E）]<1.0000>：1↙
　选择边或 [链(C)/环(L)/半径(R)]：↙
　按 Enter 键接受圆角或[半径(R)]：↙

（3）单击"可视化"选项卡"视觉样式"面板中的"概念"按钮圆，显示图形，效果如图 11-91 所示。

图 11-90 倒角

图 11-91 手柄

11.8.9 圆角

1. 执行方式

☑ 命令行：FILLETEDGE。

☑ 菜单栏："修改"→"三维编辑"→"圆角边"。

☑ 工具栏："实体编辑"→"圆角边" 。

☑ 功能区："三维工具"→"实体编辑"→"圆角边" 。

2. 操作步骤

命令：FILLETEDGE✔
半径 = 1.0000
选择边或 [链(C)/环(L)/半径(R)]：（选择建模上的一条边）✔
已选定 1 条边用于圆角。
按 Enter 键接受圆角或[半径(R)]：✔

3. 选项说明

选择"链（C）"选项，表示与此边相邻的边都被选中，并进行倒圆角的操作。如图 11-92 所示为对长方体倒圆角的结果。

（a）选择倒圆角边"1"

（b）边倒圆角结果

（c）链倒圆角结果

图 11-92 对模型棱边倒圆角

11.8.10 实例——办公桌

视频讲解

本实例要求用户对办公桌的结构熟悉，且能灵活运用三维实体的基本图形的绘制命令和编辑命令。通过绘制此图，用户对此三维实体的绘制过程将有全面的了解，会熟悉一些常用的图形处理和绘制技巧。首先绘制办公桌的主体结构，然后绘制办公桌的抽屉和柜门，绘制流程如图 11-93 所示。

图 11-93　办公桌

操作步骤

1. 绘制办公桌主体

（1）单击"可视化"选项卡"视图"面板中的"东南等轴测"按钮 ，将当前视图切换到东南等轴测视图。

（2）单击"三维工具"选项卡"建模"面板中的"长方体"按钮 ，绘制一个长方体，角点为（0,0,0）和（@500,30,900）。

（3）在命令行中输入"3DARRAY"，对步骤（2）中所绘制的长方体进行阵列。命令行提示与操作如下：

```
命令：3DARRAY↙
选择对象：（选择步骤（2）所绘制的长方体）
选择对象：↙
输入阵列类型 [矩形(R)/环形(P)] <矩形>：↙
输入行数 (---) <1>：2↙
输入列数 (|||) <1>：1↙
输入层数 (...) <1>：1↙
指定行间距 (---)：730↙
```

绘制结果如图 11-94 所示。

（4）单击"默认"选项卡"修改"面板中的"复制"按钮 ，复制步骤（3）中所绘制的长方体，命令行提示与操作如下：

```
命令：COPY↙
选择对象：（选择步骤（3）所绘制的长方体）
选择对象：↙
当前设置：复制模式=多个
指定基点或 [位移(D)/模式(O)] <位移>：0,730,0↙
指定第二个点或 [阵列(A)]<使用第一个点作为位移>：@0,430,0↙
指定第二个点或 [阵列(A)/退出(E)/放弃(U)] <退出>：
```

绘制结果如图 11-95 所示。

（5）单击"三维工具"选项卡"建模"面板中的"长方体"按钮 ，绘制一个长方体，角点为（0,-30,900）和（@530,1250,30），结果如图 11-96 所示。

图 11-94　三维阵列后的图形　　　　图 11-95　复制后的图形　　　　图 11-96　绘制长方体后的图形

（6）单击"三维工具"选项卡"实体编辑"面板中的"圆角边"按钮，对图形进行圆角处理。命令行提示与操作如下：

```
命令：_FILLETEDGE✔
半径 = 1.0000
选择边或 [链(C)/环(L)/半径(R)]：（选择步骤（5）中所绘制的长方体前面的一边）
选择边或 [链(C)/环(L)/半径(R)]：R✔
输入圆角半径或 [表达式(E)] <1.0000>：15✔
选择边或 [链(C)/环(L)/半径(R)]：
选择边或 [链(C)/环(L)/半径(R)]：（依次选择步骤（5）中所绘制的长方体的另外 7 条边）✔
已选定 8 条边用于圆角。
按 Enter 键接受圆角或 [半径(R)]：✔
```

绘制结果如图 11-97 所示。

（7）单击"三维工具"选项卡"建模"面板中的"长方体"按钮，绘制一个长方体，角点为（0,30,630）和（@500,700,30）。

（8）单击"三维工具"选项卡"建模"面板中的"长方体"按钮，绘制一个长方体，角点为（0,760,630）和（@500,400,30），结果如图 11-98 所示。

（9）单击"三维工具"选项卡"建模"面板中的"长方体"按钮，绘制一个长方体，角点为（0,30,50）和（@220,700,30）。

（10）单击"三维工具"选项卡"建模"面板中的"长方体"按钮，绘制一个长方体，角点为（0,760,50）和（@500,400,30），结果如图 11-99 所示。

图 11-97　倒圆角后的图形　　　　图 11-98　绘制长方体后的图形　　　　图 11-99　绘制长方体后的图形

2. 绘制办公桌的抽屉和柜门

（1）单击"三维工具"选项卡"建模"面板中的"长方体"按钮，绘制一个长方体，角点为（500,760,660）和（@-30,400,240）。

（2）单击"三维工具"选项卡"建模"面板中的"楔体"按钮，绘制一个楔体。命令行提示与操作如下：

```
命令：WEDGE↙
指定第一个角点或 [中心(C)]：500,900,735↙
指定其他角点或 [立方体(C)/长度(L)]：@-25,120,30↙
```

（3）单击"三维工具"选项卡"实体编辑"面板中的"差集"按钮，减去步骤（2）中所绘制的楔体。命令行提示与操作如下：

```
命令：SUBTRACT↙
选择要从中减去的实体、曲面和面域...
选择对象：（选择步骤（1）中绘制的长方体）
选择要从中减去的实体、曲面和面域...
选择对象：（选择步骤（2）中绘制的楔体）
```

绘制结果如图 11-100 所示。

（4）单击"三维工具"选项卡"建模"面板中的"长方体"按钮，绘制一个长方体，角点为（500,760,80）和（@-30,400,550）。

（5）单击"三维工具"选项卡"建模"面板中的"楔体"按钮，绘制一个楔体，角点为（500,860,295）和（@-25,30,120）。

（6）单击"三维工具"选项卡"实体编辑"面板中的"差集"按钮，在步骤（4）中绘制的长方体中减去步骤（5）中所绘制的楔体，结果如图 11-101 所示。

图 11-100　差集处理后的图形 1

图 11-101　差集处理后的图形 2

（7）单击"三维工具"选项卡"建模"面板中的"长方体"按钮，绘制一个长方体，角点为（500,30,660）和（@-30,700,240）。

（8）单击"三维工具"选项卡"建模"面板中的"楔体"按钮，绘制一个楔体，角点为（500,300,735）和（@-25,120,30）。

（9）单击"三维工具"选项卡"实体编辑"面板中的"差集"按钮，在步骤（7）中绘制的长方体中减去步骤（8）中所绘制的楔体，结果如图 11-102 所示。

（10）单击"可视化"选项卡"视觉样式"面板中的"隐藏"按钮，显示图形，最终结果如图11-103 所示。

图 11-102 差集处理后的图形 3

图 11-103 办公桌

11.9 渲 染 实 体

渲染是为三维图形对象加上颜色和材质因素，还可以有灯光、背景、场景等因素，能够更真实地表达图形的外观和纹理。渲染是输出图形前的关键步骤，尤其是在效果图的设计中。

11.9.1 设置光源

1. 执行方式

☑ 命令行：LIGHT。

☑ 菜单栏："视图"→"渲染"→"光源"→"新建点光源"（如图 11-104 所示）。

图 11-104 "光源"子菜单

☑ 工具栏："渲染"→"新建点光源"（如图 11-105 所示）。

☑ 功能区："可视化"→"光源"→"创建光源"（如图 11-106 所示）。

图 11-105 "渲染"工具栏

图 11-106 "光源"面板

2. 操作步骤

> 命令: LIGHT↙
> 输入光源类型 [点光源(P)/聚光灯(S)/光域网(W)/目标点光源(T)/自由聚光灯(F)/自由光域(B)/平行光(D)] <点光源>:

3. 选项说明

（1）点光源（P）：创建点光源。选择该选项，命令行提示如下：

> 指定源位置 <0,0,0>:（指定位置）
> 输入要更改的选项 [名称(N)/强度因子(I)/状态(S)/光度(P)/阴影(W)/衰减(A)/过滤颜色(C)/退出(X)] <退出>:

部分选项的含义如下。

① 名称（N）：指定光源的名称。可以在名称中使用大写字母和小写字母、数字、空格、连字符（-）和下画线（_），最大长度为 256 个字符。命令行提示如下：

> 输入光源名称:

② 强度因子（I）：设置光源的强度或亮度。取值范围为 0.00 到系统支持的最大值。选择该选项，系统提示：

> 输入强度 (0.00 - 最大浮点数) <1>:

③ 状态（S）：打开和关闭光源。如果图形中没有启用光源，则该设置没有影响。选择该选项，命令行提示如下：

> 输入状态 [开(N)/关(F)] <开>:

④ 阴影（W）：使光源投影。选择该选项，命令行提示如下：

> 输入阴影设置 [关(O)/锐化(S)/已映射柔和(F)/已采样柔和（A）] <锐化>:

其中各项的含义如下。

☑ 关（O）：关闭光源的阴影显示和阴影计算。关闭阴影将提高性能。

☑ 锐化（S）：显示带有强烈边界的阴影。使用此选项可以提高性能。

☑ 已映射柔和（F）：显示带有柔和边界的真实阴影。

☑ 已采样柔和（A）：显示真实阴影和基于扩展光源的较柔和的阴影（半影）。

⑤ 衰减（A）：设置系统的衰减特性。选择该选项，命令行提示如下：

> 输入要更改的选项 [衰减类型(T)/使用界限(U)/衰减起始界限(L)/衰减结束界限(E)/退出(X)] <退出>:

其中部分选项的含义如下。

☑ 衰减类型（T）：控制光线如何随着距离增加而衰减。对象距点光源越远，则越暗。选择该选项，命令行提示如下：

> 输入衰减类型 [无(N)/线性反比(I)/平方反比(S)] <线性反比>:

➢ 无（N）：设置无衰减。此时对象不论距离点光源远还是近，明暗程度都一样。

➢ 线性反比（I）：将衰减设置为与距离点光源的线性距离成反比。例如，距离点光源 2 个单位时，光线强度是点光源的一半；而距离点光源 4 个单位时，光线强度是点光源的 1/4。线性反比的默认值是最大强度的一半。

> ➤ 平方反比（S）：将衰减设置为与距离点光源的距离的平方成反比。例如，距离点光源 2 个单位时，光线强度是点光源的 1/4；而距离点光源 4 个单位时，光线强度是点光源的 1/16。
> ☑ 衰减起始界限（L）：指定一个点，光线的亮度相对于光源中心的衰减从这一点开始，默认值为 0。选择该选项，命令行提示如下：

指定起始界限偏移 (0-??) 或 [关(O)]:

> ☑ 衰减结束界限（E）：指定一个点，光线的亮度相对于光源中心的衰减从这一点结束，在此点之后将不会投射光线。在光线的效果很微弱、计算将浪费处理时间的位置处设置结束界限将提高性能。选择该选项，命令行提示如下：

指定结束界限偏移或 [关(O)]:

⑥ 过滤颜色（C）。控制光源的颜色。选择该选项，系统提示如下：

输入真彩色 (R,G,B) 或输入选项 [索引颜色(I)/HSL(H)/配色系统(B)]<255,255,255>:

颜色设置的方法在第 2 章中已有介绍，这里不再赘述。

（2）聚光灯（S）：创建聚光灯。选择该选项，命令行提示如下：

指定源位置 <0,0,0>: (输入坐标值或使用定点设备)
指定目标位置 <1,1,1>: (输入坐标值或使用定点设备)
输入要更改的选项 [名称(N)/强度(I)/状态(S)/聚光角(H)/照射角(F)/阴影(W)/衰减(A)/颜色(C)/退出(X)] <退出>:

其中，大部分选项与点光源的选项相同，下面只对特别的几项加以说明。

① 聚光角（H）：指定定义最亮光锥的角度，也称为光束角。聚光角的取值范围为 0°～160°或基于别的角度单位的等价值。选择该选项，命令行提示如下：

输入聚光角角度 (0.00-160.00):

② 照射角（F）：指定定义完整光锥的角度，也称为现场角。照射角的取值范围为 0°～160°。默认值为 45°或基于别的角度单位的等价值。选择该选项，命令行提示如下：

输入照射角角度 (0.00-160.00):

 注意：照射角角度必须大于或等于聚光角角度。

（3）平行光（D）：创建平行光。选择该选项，命令行提示如下：

指定光源方向 FROM <0,0,0> 或 [矢量(V)]: (指定点或输入 "V")
指定光源方向 TO <1,1,1>: (指定点)

如果输入 "V"，命令行提示如下：

指定矢量方向 <0.0000,-0.0100,1.0000>: (输入矢量)

指定光源方向后，命令行提示如下：

输入要更改的选项 [名称(N)/强度因子(I)/状态(S)/光度(P)/阴影(W)/过滤颜色(C)/退出(X)] <退出>:

其中，各项与前面所述相同，不再赘述。

有关光源设置的命令还有光源列表、地理位置和阳光特性等几项。

（1）光源列表有关内容如下。

① 执行方式

☑ 命令行：LIGHTLIST。

☑ 菜单栏："视图"→"渲染"→"光源"→"光源列表"。

☑ 工具栏："渲染"→"光源列表" 🔲。

② 操作步骤

命令：LIGHTLIST

执行上述命令后，系统打开"模型中的光源"对话框，显示模型中已经建立的光源，如图 11-107 所示。

（2）阳光特性有关内容如下。

① 执行方式

☑ 命令行：SUNPROPERTIES。

☑ 菜单栏："视图"→"渲染"→"光源"→"阳光特性"。

② 操作步骤

命令：SUNPROPERTIES

执行上述命令后，系统打开"阳光特性"对话框，如图 11-108 所示，在该对话框中可以修改已经设置好的阳光特性。

图 11-107 "模型中的光源"对话框

图 11-108 "阳光特性"对话框

11.9.2 渲染环境

1. 执行方式

☑ 命令行：RENDERENVIRONMENT。

☑ 功能区："可视化"→"渲染"→"渲染环境和曝光" 。

2. 操作步骤

命令：RENDERENVIRONMENT↙

执行该命令后，弹出如图 11-109 所示的"渲染环境和曝光"对话框，可以从中设置渲染环境的有关参数。

图 11-109 "渲染环境和曝光"对话框

11.9.3 贴图

贴图的功能是在实体附着带纹理的材质后，可以调整实体或面上纹理贴图的方向。当材质被映射后，调整材质以适应对象的形状。将合适的材质贴图类型应用到对象可以使之更加适合对象。

1. 执行方式

☑ 命令行：MATERIALMAP。

☑ 菜单栏："视图"→"渲染"→"贴图"（如图 11-110 所示）。

图 11-110 "贴图"子菜单

☑ 工具栏："渲染"→"贴图"（如图 11-111 和图 11-112 所示）。

☑ 功能区："可视化"→"材质"→"材质贴图"下拉列表（如图 11-113 所示）。

图 11-111　"渲染"工具栏　　　　图 11-112　"贴图"工具栏　　　　图 11-113　"贴图"下拉列表

2. 操作步骤

命令：MATERIALMAP↙
选择选项 [长方体(B)/平面(P)/球面(S)/柱面(C)/复制贴图至(Y)/重置贴图(R)] <长方体>：

3. 选项说明

（1）长方体（B）：将图像映射到类似长方体的实体上。该图像将在对象的每个面上重复使用。

（2）平面（P）：将图像映射到对象上，就像将其从幻灯片投影器投影到二维曲面上一样。图像不会失真，但是会被缩放以适应对象。该贴图最常用于面。

（3）球面（S）：在水平和垂直两个方向上同时使图像弯曲。纹理贴图的顶边在球体的"北极"压缩为一个点；同样，底边在"南极"压缩为一个点。

（4）柱面（C）：将图像映射到圆柱形对象上，水平边将一起弯曲，但顶边和底边不会弯曲。图像的高度将沿圆柱体的轴进行缩放。

（5）复制贴图至（Y）：将贴图从原始对象或面应用到选定对象。

（6）重置贴图（R）：将 UV 坐标重置为贴图的默认坐标。

如图 11-114 所示是球面贴图实例。

（a）贴图前　　　　　　　　（b）贴图后

图 11-114　球面贴图

11.9.4　渲染

1. 高级渲染设置

（1）执行方式

☑　命令行：RPREF。

☑　菜单栏："视图"→"渲染"→"高级渲染设置"。

☑　工具栏："渲染"→"高级渲染设置" 。

☑ 功能区："视图"→"选项板"→"高级渲染设置" 。

（2）操作步骤

命令：RPREF↙

执行该命令后，打开"渲染预设管理器"对话框，如图 11-115 所示。通过该对话框，可以对渲染的有关参数进行设置。

图 11-115　"渲染预设管理器"对话框

2. 渲染

（1）执行方式

☑ 命令行：RENDER。

☑ 功能区："可视化"→"渲染"→"渲染" 。

（2）操作步骤

命令：RENDER↙

执行该命令后，弹出如图 11-116 所示的"渲染"窗口，显示渲染结果。

图 11-116　"渲染"窗口

11.9.5　实例——马桶

本实例将详细介绍马桶的绘制方法，首先利用"矩形""圆弧""面域""拉伸"命令绘制马桶的主体，然后利用"圆柱体""差集""交集"命令绘制水箱，最后利用"椭圆"和"拉伸"命令绘制马桶盖，绘制流程如图 11-117 所示。

图 11-117　马桶

操作步骤

（1）设置绘图环境。用 LIMITS 命令设置图幅为 297×210；用 ISOLINES 命令设置对象上每个曲面的轮廓线数目为 10。

（2）单击"默认"选项卡"绘图"面板中的"矩形"按钮 ⬜，绘制角点为（0,0）、（560,260）的矩形，绘制结果如图 11-118 所示。

（3）单击"默认"选项卡"绘图"面板中的"圆弧"按钮 ⌒，绘制圆弧。命令行提示与操作如下：

```
命令: _arc↙
指定圆弧的起点或 [圆心(C)]: 400,0↙
指定圆弧的第二个点或 [圆心(C)/端点(E)]: 500,130↙
指定圆弧的端点: 400,260↙
```

（4）单击"默认"选项卡"修改"面板中的"修剪"按钮 ✂，将多余的线段剪去，修剪之后的结果如图 11-119 所示。

图 11-118　绘制矩形　　　　　　　　　　　　　　图 11-119　绘制圆弧

（5）单击"默认"选项卡"绘图"面板中的"面域"按钮 ▣，将绘制的矩形和圆弧进行面域处理。

（6）单击"三维工具"选项卡"建模"面板中的"拉伸"按钮 ◨，将步骤（5）中创建的面域拉伸处理。命令行提示与操作如下：

```
命令: _extrude↙
当前线框密度: ISOLINES=10，闭合轮廓创建模式 = 实体
选择要拉伸的对象或 [模式(MO)]: _MO↙
闭合轮廓创建模式 [实体(SO)/曲面(SU)] <实体>: _SO↙
选择要拉伸的对象或 [模式(MO)]: 找到 1 个
选择要拉伸的对象或 [模式(MO)]:↙
指定拉伸的高度或 [方向(D)/路径(P)/倾斜角(T)/表达式(E)] <30.0000>: t↙
```

```
指定拉伸的倾斜角度或 [表达式(E)] <0>: 10↵
指定拉伸的高度或 [方向(D)/路径(P)/倾斜角(T)/表达式(E)] <30.0000>: 200↵
```

绘制结果如图 11-120 所示。

（7）单击"默认"选项卡"修改"面板中的"圆角"按钮，将圆角半径设为 20，将马桶底座的直角边改为圆角边，绘制结果如图 11-121 所示。

（8）单击"三维工具"选项卡"建模"面板中的"长方体"按钮，绘制马桶主体，角点为（0,0,200）和（550,260,400），绘制结果如图 11-122 所示。

图 11-120　拉伸处理

图 11-121　圆角处理

图 11-122　绘制长方体

（9）单击"默认"选项卡"修改"面板中的"圆角"按钮，将圆角半径设为150，将长方体右侧的两条棱做圆角处理；左侧的两条棱的圆角半径为50，如图 11-123 所示。

（10）单击"三维工具"选项卡"建模"面板中的"长方体"按钮，以（50,130,500）为中心点，绘制长为100、宽为240、高为200的长方体。

（11）单击"三维工具"选项卡"建模"面板中的"圆柱体"按钮，绘制马桶水箱。命令行提示与操作如下：

```
命令：_cylinder↵
指定底面的中心点或 [三点(3P)/两点(2P)/切点、切点、半径(T)/椭圆(E)]: 500,130,400↵
指定底面半径或 [直径(D)]: 500↵
指定高度或 [两点(2P)/轴端点(A)]: 200↵
命令：_cylinder↵
指定底面的中心点或 [三点(3P)/两点(2P)/切点、切点、半径(T)/椭圆(E)]: 500,130,400↵
指定底面半径或 [直径(D)]: 420↵
指定高度或 [两点(2P)/轴端点(A)]: 200↵
```

绘制结果如图 11-124 所示。

（12）单击"三维工具"选项卡"实体编辑"面板中的"差集"按钮，将步骤（11）中绘制的大圆柱体与小圆柱体进行差集处理，结果如图 11-125 所示。

（13）单击"可视化"选项卡"视觉样式"面板中的"隐藏"按钮，对实体进行消隐。

图 11-123　圆角处理

图 11-124　绘制圆柱

图 11-125　差集处理

（14）单击"三维工具"选项卡"实体编辑"面板中的"交集"按钮，选择长方体和圆柱环，将其进行交集处理，结果如图 11-126 所示。

（15）单击"默认"选项卡"绘图"面板中的"椭圆"按钮 ⊙，绘制椭圆。命令行提示与操作如下：

```
命令：_ellipse↙
指定椭圆的轴端点或 [圆弧(A)/中心点(C)]：C↙
指定椭圆的中心点：300,130,400↙
指定轴的端点：500,130↙
指定另一条半轴长度或 [旋转(R)]：130↙
```

（16）单击"三维工具"选项卡"建模"面板中的"拉伸"按钮 ▣，将椭圆拉伸成为马桶，绘制结果如图 11-127 所示。

（17）单击"可视化"选项卡"材质"面板中的"材质浏览器"按钮 ◈，在材质选项板中选择适当的材质并赋予图形。单击"可视化"选项卡"渲染"面板中的"渲染到尺寸"按钮 🍳，对实体进行渲染，渲染后的效果如图 11-128 所示。

图 11-126 交集处理

图 11-127 绘制椭圆并拉伸

图 11-128 马桶

11.10 综合实例——茶壶

分析如图 11-129 所示的茶壶，壶嘴的建立是一个需要特别注意的地方，因为如果使用三维实体建模工具，很难建立起图示的实体模型，所以采用建立曲面的方法建立壶嘴的表面模型。壶把采用沿轨迹拉伸截面的方法生成，壶体则采用旋转曲面的方法生成，绘制流程如图 11-129 所示。

视频讲解

图 11-129 茶壶

11.10.1 绘制茶壶拉伸截面

（1）单击"默认"选项卡"图层"面板中的"图层特性"按钮，打开"图层特性管理器"对话框，如图 11-130 所示。利用"图层特性管理器"对话框创建"茶壶"和"辅助线"图层。

图 11-130 "图层特性管理器"对话框

（2）在"辅助线"图层上绘制一条竖直线段，作为旋转直线，如图 11-131 所示。然后单击"视图"选项卡"导航"面板中的"实时"按钮，将所绘直线区域放大。

（3）将"茶壶"图层设置为当前图层。单击"默认"选项卡"绘图"面板中的"多段线"按钮，绘制茶壶半轮廓线，如图 11-132 所示。

（4）单击"默认"选项卡"修改"面板中的"镜像"按钮，将茶壶半轮廓线以辅助线为对称轴镜像到直线的另外一侧。

（5）单击"默认"选项卡"绘图"面板中的"多段线"按钮，按照图 11-133 所示的样式绘制壶嘴和壶把轮廓线。

图 11-131 绘制旋转轴　　　　　图 11-132 绘制茶壶半轮廓线　　　　图 11-133 绘制壶嘴和壶把轮廓线

（6）单击"可视化"选项卡"视图"面板中的"西南等轴测"按钮，将当前视图切换为西南等轴测视图，如图 11-134 所示。

（7）在命令行中输入"UCS"，执行坐标编辑命令，新建如图 11-135 所示的坐标系。

（8）为使用户坐标系不在壶嘴上显示，在命令行中输入"UCSICON"，然后依次选择"N"和"非原点"。

（9）在命令行中输入"UCS"，执行坐标编辑命令，将坐标系绕 X 轴旋转 90°。

（10）单击"默认"选项卡"绘图"面板中的"圆弧"按钮，在壶嘴处画一圆弧，如图 11-136 所示。

| 图 11-134　西南等轴测视图 | 图 11-135　新建坐标系 | 图 11-136　绘制壶嘴处圆弧 |

（11）在命令行中输入"UCS"，执行坐标编辑命令，新建坐标系。新坐标以壶嘴与壶体连接处的下端点为新的原点，以连接处的上端点为 X 轴，Y 轴方向取默认值。

（12）在命令行中输入"UCS"，执行坐标编辑命令，旋转坐标系，使当前坐标系绕 X 轴旋转 225°。

（13）单击"默认"选项卡"绘图"面板中的"椭圆弧"按钮 ⊙，以壶嘴和壶体的两个交点作为圆弧的两个端点，选择合适的切线方向绘制图形，如图 11-137 所示。

（14）单击"默认"选项卡"绘图"面板中的"多段线"按钮 ，捕捉壶嘴处的圆弧端点，分别绘制两条多段线，并将原来的多段线删除，如图 11-138 所示。

图 11-137　绘制壶嘴与壶体交接处圆弧　　　　　　图 11-138　绘制多段线

11.10.2　拉伸茶壶截面

（1）修改三维表面的显示精度。将系统变量 surftab1 和 surftab2 的值设为 20。命令行提示与操作如下：

```
命令：surftab1↙
输入 SURFTAB1 的新值 <6>：20↙
```

（2）单击"三维工具"选项卡"建模"面板中的"边界曲面"按钮 ，绘制壶嘴曲面。命令行提示与操作如下：

```
命令：EDGESURF↙
当前线框密度：SURFTAB1=6 SURFTAB2=6
选择用作曲面边界的对象 1：（依次选择壶嘴的 4 条边界线）
选择用作曲面边界的对象 2：（依次选择壶嘴的 4 条边界线）
选择用作曲面边界的对象 3：（依次选择壶嘴的 4 条边界线）
选择用作曲面边界的对象 4：（依次选择壶嘴的 4 条边界线）
```

得到如图 11-139 所示的壶嘴半曲面。

（3）同步骤（2），创建壶嘴下半部分曲面，如图 11-140 所示。

图 11-139　绘制壶嘴半曲面　　　　　　　　　图 11-140　壶嘴下半部分曲面

（4）在命令行中输入"UCS"，执行坐标编辑命令，新建坐标系。利用"捕捉到端点"的捕捉方式，选择壶把与壶体的上部交点作为新的原点，壶把的第一段直线的方向作为 X 轴正方向，按 Enter键接受 Y 轴的默认方向。

（5）在命令行中输入"UCS"，执行坐标编辑命令，将坐标系绕 Y 轴旋转-90°，即沿顺时针方向旋转 90°，得到如图 11-141 所示的新坐标系。

（6）绘制壶把的椭圆截面。单击"默认"选项卡"绘图"面板中的"椭圆"按钮，得到如图11-142所示的椭圆。

图 11-141　新建坐标系　　　　　　　　　　图 11-142　绘制壶把的椭圆截面

（7）单击"三维工具"选项卡"建模"面板中的"拉伸"按钮，将椭圆截面沿壶把轮廓线拉伸成壶把，绘制结果如图 11-143 所示。

（8）单击"默认"选项卡"修改"面板中的"编辑多段线"按钮，将壶体轮廓线合并成一条多段线。

（9）执行菜单栏中的"绘图"→"建模"→"网格"→"旋转网格"命令，旋转壶体曲线，得到壶体表面。命令行提示与操作如下：

```
命令：REVSURF✓
当前线框密度：SURFTAB1=20  SURFTAB2=20
选择要旋转的对象1：（指定壶体轮廓线）
选择定义旋转轴的对象：（指定已绘制好的用作旋转轴的辅助线）
指定起点角度<0>：
指定包含角度（+=逆时针，-=顺时针）<360>：
```

绘制结果如图 11-144 所示。

图 11-143　拉伸壶把　　　　　　　　　　图 11-144　建立壶体表面

（10）在命令行中输入"UCS"，执行坐标编辑命令，返回世界坐标系，然后再次执行 UCS 命令，将坐标系绕 X 轴旋转-90°，如图 11-145 所示。

（11）执行菜单栏中的"修改"→"三维操作"→"三维旋转"命令，将茶壶图形旋转-90°。

（12）关闭"辅助线"图层，然后执行 HIDE 命令，对模型进行消隐处理，结果如图 11-146 所示。

图 11-145　世界坐标系下的视图　　　　图 11-146　消隐处理后的茶壶模型

11.10.3　绘制茶壶盖

（1）在命令行中输入"UCS"，执行坐标编辑命令，新建坐标系，将坐标系切换到世界坐标系，并将坐标系放置在中心线端点。

（2）单击"默认"选项卡"绘图"面板中的"多段线"按钮，绘制壶盖轮廓线，如图 11-147 所示。

（3）执行菜单栏中的"绘图"→"建模"→"网格"→"旋转网格"命令，将步骤（2）中绘制的多段线绕中心线旋转 360°。命令行提示与操作如下：

```
命令: _revsurf↙
当前线框密度: SURFTAB1=20  SURFTAB2=6
选择要旋转的对象:选择步骤（2）绘制的多段线
选择定义旋转轴的对象：选择中心线
指定起点角度 <0>:
指定包含角 (+=逆时针，-=顺时针) <360>:
```

将视图切换到西南等轴测视图。

（4）单击"可视化"选项卡"视觉样式"面板中的"隐藏"按钮，将已绘制的图形消隐，消隐后的效果如图 11-148 所示。

（5）将视图方向设定为前视图，绘制如图 11-149 所示的多段线。

图 11-147　绘制壶盖轮廓线　　　图 11-148　消隐处理后的壶盖模型　　　图 11-149　绘制壶盖上端

（6）执行菜单栏中的"绘图"→"建模"→"网格"→"旋转网格"命令，将绘制好的多段线绕多段线旋转 360°，如图 11-150 所示。

（7）单击"可视化"选项卡"视觉样式"面板中的"隐藏"按钮，将已绘制的图形消隐，消隐后的效果如图 11-151 所示。

图 11-150　旋转网格

图 11-151　茶壶消隐后的结果

（8）单击"默认"选项卡"修改"面板中的"删除"按钮，选中视图中多余的线段，将其删除。

（9）单击"默认"选项卡"修改"面板中的"移动"按钮，将壶盖向上移动，消隐后如图 11-152 所示。

图 11-152　移动壶盖后

11.11　实践与操作

通过前面的学习，相信读者对本章知识已经有了大体的了解，本节将通过几个操作练习使读者进一步掌握本章知识要点。

11.11.1　利用三维动态观察器观察写字台

1. 目的要求

本实践利用三维动态观察器观察如图 11-153 所示的写字台，其绘制方法比较简单。通过对本实践的学习，要求读者熟悉并掌握三维动态观察器的运用。

2. 操作提示

（1）利用三维命令绘制和编辑桌子图形。

（2）利用三维动态观察器观察图形。

图 11-153　写字台

11.11.2　绘制电视机

1. 目的要求

　　三维图形具有形象逼真的优点，但是三维图形的创建比较复杂，需要读者掌握的知识比较多。本实践绘制的是如图 11-154 所示的电视机，涉及的命令主要有"长方体""球体""差集""渲染"。通过学习本实践，要求读者熟练掌握三维造型的绘制技巧。

图 11-154　电视机

2. 操作提示

　　（1）设置视图方向。
　　（2）利用"长方体""倒角""拉伸"等命令创建大体轮廓。
　　（3）利用"球体"或"圆柱体"命令创建旋钮并做差集处理。
　　（4）渲染视图。

第12章

家具三维造型编辑

三维实体编辑功能主要是对三维物体进行编辑，包括编辑三维网面、特殊视图、编辑实体、显示形式和渲染实体等内容。本章将介绍怎样利用三维实体编辑功能绘制家具三维造型。

☑ 编辑三维曲面　　　　　　　　　☑ 编辑实体
☑ 特殊视图

任务驱动&项目案例

12.1　编辑三维曲面

与二维图形的编辑功能相似，在三维造型中也有一些对应的编辑功能，能对三维造型进行相应的编辑。

12.1.1　三维阵列

1. 执行方式

☑ 命令行：3DARRAY。

☑ 菜单栏："修改"→"三维操作"→"三维阵列"。

☑ 工具栏："建模"→"三维阵列" 。

2. 操作步骤

```
命令：3DARRAY↙
选择对象：（选择要阵列的对象）
选择对象：（选择下一个对象或按 Enter 键）
输入阵列类型 [矩形(R)/环形(P)]<矩形>：
```

3. 选项说明

（1）矩形（R）：对图形进行矩形阵列复制，是系统的默认选项。选择该选项后，命令行提示与操作如下：

```
输入行数(---)<1>：（输入行数）
输入列数(||||)<1>：（输入列数）
输入层数(...)<1>：（输入层数）
指定行间距(---)：（输入行间距）
指定列间距(||||)：（输入列间距）
指定层间距(...)：（输入层间距）
```

（2）环形（P）：对图形进行环形阵列复制。选择该选项后，命令行提示与操作如下：

```
输入阵列中的项目数目：（输入阵列的数目）
指定要填充的角度(+=逆时针，-=顺时针)<360>：（输入环形阵列的圆心角）
旋转阵列对象? [是(Y)/否(N)]<是>：（确定阵列上的每一个图形是否根据旋转轴线的位置进行旋转）
指定阵列的中心点：（输入旋转轴线上一点的坐标）
指定旋转轴上的第二点：（输入旋转轴线上另一点的坐标）
```

如图 12-1 所示为 3 层 3 行 3 列间距分别为 300 的圆柱的矩形阵列，如图 12-2 所示为圆柱的环形阵列。

图 12-1　三维图形的矩形阵列　　　　　　　　图 12-2　三维图形的环形阵列

12.1.2　实例——双人床

本实例将详细介绍双人床的绘制方法。首先利用"长方体"命令绘制床体、床垫和床头主体，然后利用"面域"和"拉伸"命令绘制床头曲面，利用"长方体"和"三维阵列"命令绘制床腿，再利用"球体""长方体""三维阵列"命令绘制床垫凸纹，利用"拉伸"和"三维阵列"命令绘制枕头，利用"圆柱体"和"多行文字"命令绘制床头装饰，最后设置光源，进行赋材质并渲染，绘制流程如图 12-3 所示。

图 12-3　双人床

操作步骤

1. 绘制床体

（1）将视图方向设定为西南等轴测视图。单击"三维工具"选项卡"建模"面板中的"长方体"按钮▢，绘制一个长方体，如图 12-4 所示，其长度、宽度和高度分别为 1500、2000、300。

（2）单击"三维工具"选项卡"建模"面板中的"长方体"按钮▢，以床体长方体上表面右下方角点为床垫长方体的绘制基准，将长度、宽度和高度分别设置为 1500、2000、100，如图 12-5 所示。

（3）单击"三维工具"选项卡"建模"面板中的"长方体"按钮▢，以床体长方体下表面左下方角点为床头长方体的绘制基准，将长度、宽度和高度分别设置为 1500、100、600，如图 12-6 所示。

　　图 12-4　床体主体

图 12-5　绘制床垫主体

图 12-6　绘制床头长方体

（4）单击"视图"选项卡"坐标"面板中的"3 点"按钮⌐₃，以三点方式改变当前坐标系，将床头长方体上表面左下方角点设置为新的坐标原点，点取床头长方体上表面右下方角点确定新的 X 轴方向，点取床头长方体下表面左下方角点确定新的 Y 轴方向，新的 Z 轴方向根据右手法则确定，如图 12-7 所示。

（5）单击"默认"选项卡"绘图"面板中的"样条曲线拟合"按钮～，在命令行中依次输入（0,0）、

（40，-100）、（230，-145）、（375，-200）、（750，-400）、（1125，-200）、（1270，-145）、（1460，-100）和（1500，0）作为关键点，并将其起始点和终止点处的切向都设置为竖直向下，如图 12-8 所示。

（6）单击"默认"选项卡"绘图"面板中的"直线"按钮　，绘制直线，连接样条曲线的起始点和终止点。

（7）单击"默认"选项卡"绘图"面板中的"面域"按钮　，拉框选取样条曲线和步骤（6）中所绘制的直线，形成一个面域。

（8）单击"三维工具"选项卡"建模"面板中的"拉伸"按钮　，选取步骤（7）中生成的面域作为拉伸对象，设定拉伸高度为 100，拉伸倾斜角度接受默认值 0，执行结果如图 12-9 所示。

图 12-7　变换坐标系　　　　图 12-8　绘制样条曲线　　　　图 12-9　绘制床头曲面柱体

（9）单击"三维工具"选项卡"实体编辑"面板中的"并集"按钮　，将床头的长方体部分和曲面柱体部分合并在一起，如图 12-10 所示。

（10）在命令行中输入"ISOLINES"，可以对当前的线框密度进行修改，将其从默认值 4 修改为 7，然后在命令行中输入"re"，重新生成图形，可以很好地改善在"三维线框图"下曲面柱体侧面的显示效果，如图 12-11 所示。

（11）在命令行中输入"UCS"命令，以三点方式改变当前坐标系，将床头长方体下表面左上方角点设置为新的坐标原点，点取床头长方体下表面左下方角点确定新的 X 轴方向，点取床头长方体下表面右上方角点确定新的 Y 轴方向，新的 Z 轴方向根据右手法则确定，如图 12-12 所示。

图 12-10　合并床头两部分　　　图 12-11　修改当前线框密度　　　图 12-12　变换坐标系

（12）单击"三维工具"选项卡"建模"面板中的"长方体"按钮　，以床头长方体下表面左上方角点为基准，绘制一个长方体，将长度、宽度和高度分别设定为 100、100、-150，如图 12-13 所示。

（13）在命令行中输入"3darray"，设置阵列类型为"矩形"、行数和列数均为 2、层数为 1、行间距为 1400、列间距为 1900，阵列步骤（12）绘制的长方体。命令行提示与操作如下：

```
命令：_3darray↙
正在初始化...已加载 3DARRAY
选择对象：找到 1 个（选择步骤（12）绘制的长方体）
选择对象：↙
输入阵列类型 [矩形(R)/环形(P)] <矩形>:↙
```

```
输入行数 (---) <1>: 2↙
输入列数 (|||) <1>: 2↙
输入层数 (...) <1>: 1↙
指定行间距 (---): 1400↙
指定列间距 (|||): 1900↙
```

结果如图 12-14 所示。

（14）在命令行中输入"UCS"，以三点方式改变当前坐标系，将床垫长方体上表面左上方角点设定为新的坐标原点，选取竖直向上的方向为新坐标系的 X 轴方向，点取床垫长方体上表面左上方角点确定 Y 轴方向，Z 轴方向随之确定，如图 12-15 所示。

图 12-13　绘制床腿　　　　　图 12-14　床腿阵列　　　　　图 12-15　变换坐标系

（15）在命令行中输入"UCS"，命名坐标系。命令行提示与操作如下：

```
命令: UCS↙
当前 UCS 名称: *没有名称*
指定 UCS 的原点或 [面(F)/命名(NA)/对象(OB)/上一个(P)/视图(V)/世界(W)/X/Y/Z/Z
轴(ZA)] <世界>: na↙
输入选项 [恢复(R)/保存(S)/删除(D)/?]: s↙
输入保存当前 UCS 的名称或 [?]: 床头装饰↙
```

（16）在命令行中输入"UCS"，以当前 Y 轴为旋转轴旋转坐标系，设置旋转角度为 90°，得到新的坐标系，如图 12-16 所示。

（17）单击"可视化"选项卡"视觉样式"面板中的"隐藏"按钮 ⬢，并单击"视图"选项卡"视口工具"面板上的"UCS 图标"按钮 ⬚，使坐标系不显示，得到如图 12-17 所示的双人床大致轮廓消隐图。

💡 **提示：** 根据作图灵活变换坐标系，可以大大减少作图过程中的尺寸计算，方便图形的绘制。

2. 倒圆角处理

（1）在命令行中输入"RE"，使图形回到线框状态，如图 12-18 所示。

图 12-16　旋转坐标系　　　　图 12-17　大致轮廓消隐图　　　图 12-18　二维线框图

（2）单击"默认"选项卡"修改"面板中的"圆角"按钮 ，将圆角半径设置为 80，并依次选取床体长方体垂直方向的 4 条棱作为操作对象，结果如图 12-19 所示。

> **提示：** 在执行倒圆角命令时，每次只可对一个实体进行操作。因此，为避免拾取到其他实体的棱边，可先拾取实体上不与其他实体棱边重合的棱边以确定待操作实体，而后再拾取其他棱边。

（3）单击"默认"选项卡"修改"面板中的"圆角"按钮 ，对床垫长方体的 4 条垂直棱边和上表面 4 条棱边进行倒圆角操作，设置圆角半径为 80，绘制结果如图 12-20 所示。

（4）单击"默认"选项卡"修改"面板中的"圆角"按钮 ，对床头部分进行倒圆角操作，设置圆角半径为 8，选取其 4 条垂直的棱边和顶部前后两条曲线棱边作为操作对象，绘制结果如图 12-21 所示。

图 12-19 床体垂直棱边倒圆角　　　图 12-20 床垫长方体棱边倒圆角　　　图 12-21 床头倒圆角

（5）按照同样的方法，对床腿的垂直棱边进行倒圆角操作，设置倒圆角半径为 8，如图 12-22 所示。

3. 绘制床垫装饰

（1）单击"三维工具"选项卡"建模"面板中的"球体"按钮 ，绘制一个半径为 100 的圆球，如图 12-23 所示。

（2）以圆球的球心为中心点，绘制一个长方体，其长度、宽度和高度分别为 300、300、160，如图 12-24 所示。

（3）单击"三维工具"选项卡"实体编辑"面板中的"差集"按钮 ，选择圆球作为"从中减去的对象"，长方体作为"减去对象"，绘制球冠，结果如图 12-25 所示。

图 12-22 床腿倒圆　　　图 12-23 绘制圆球　　　图 12-24 绘制长方体　　　图 12-25 生成球冠

（4）单击"默认"选项卡"修改"面板中的"分解"按钮 ，选取步骤（3）中所得图形作为操作对象。而后将下球冠删除，得到如图 12-26 所示的图形。

（5）在命令行中输入"3darray"，选取球冠为阵列对象，设置阵列类型为"矩形"、行数为 15、列数为 11、层数为 1、行间距和列间距均为 120，如图 12-27 所示。命令行提示与操作如下：

```
命令：_3darray↙
正在初始化...已加载 3DARRAY
选择对象：找到 1 个（选择球冠）
选择对象：↙
输入阵列类型 [矩形(R)/环形(P)] <矩形>:↙
输入列数 (|||) <1>: 15↙
输入层数 (...) <1>: 1↙
指定行间距 (---): -120↙
指定列间距 (|||): -120↙
```

（6）单击"默认"选项卡"修改"面板中的"移动"按钮✛，移动整个球冠阵列，选取球冠阵列左下方球冠的圆心作为移动基点，将移动第二点设定为（160,150,0），如图 12-28 所示。

4. 绘制枕头

（1）单击"三维工具"选项卡"建模"面板中的"长方体"按钮▣，以点（3000,2000,0）作为基点，绘制一个长方体，其长度、宽度和高度分别为 300、500、30，如图 12-29 所示。

图 12-26　删除下球冠　　　图 12-27　球冠阵列　　　图 12-28　球冠阵列移动　　　图 12-29　枕头长方体

（2）单击"默认"选项卡"绘图"面板中的"矩形"按钮 ▢，在步骤（1）绘制的长方体上表面绘制一个矩形。

（3）单击"三维工具"选项卡"建模"面板中的"拉伸"按钮▣，将步骤（2）绘制的矩形进行拉伸，设定拉伸高度为 50，设定拉伸的倾斜角度为 45°，如图 12-30 所示。

（4）单击"三维工具"选项卡"实体编辑"面板中的"并集"按钮🗗，将拉伸后的图形和长方体进行并集运算。

（5）单击"视图"选项卡"导航"面板中的"自由动态观察"按钮◉，拖曳鼠标，使枕头长方体的下表面置于窗口前，如图 12-31 所示。

（6）单击"默认"选项卡"绘图"面板中的"矩形"按钮 ▢，在步骤（3）中绘制的长方体下表面绘制一个矩形。

（7）单击"三维工具"选项卡"建模"面板中的"拉伸"按钮▣，选取枕头长方体的下表面作为操作面，设定拉伸高度为 20，设定拉伸的倾斜角度为 20°，如图 12-32 所示。

（8）单击"三维工具"选项卡"实体编辑"面板中的"并集"按钮🗗，将拉伸后的图形和长方体进行并集运算。

（9）单击"默认"选项卡"修改"面板中的"圆角"按钮⌒，对枕头的各条棱边进行倒圆角操作，共计有 28 条棱边。由于观察角度的局限性，可能有些棱边在当前方位上彼此重叠或间距很小，此时，可先对部分棱边进行倒圆角操作，而后通过单击"视图"选项卡"导航"面板中的"自由动态观察"按钮 、"实时"按钮 和"平移"按钮 将图形调整到适当的方位，对其他各棱边进行倒圆角操作。

（10）在完成所有倒圆角操作之后，执行菜单栏中的"视图"→"动态观察"→"自由动态观察"命令，拖曳鼠标，使整个图形的观察角度大致恢复到步骤（8）之前的方位，结果如图 12-33 所示。

图 12-30　拉伸矩形　　　　图 12-31　调整枕头图形位置　　　　图 12-32　拉伸　　　　图 12-33　倒圆角

（11）在命令行中输入"3darray"，选择枕头作为阵列对象，阵列类型为"矩形"，行数为 2，列数和层数均为 1，行间距为 640，如图 12-34 所示。

（12）单击"默认"选项卡"修改"面板中的"移动"按钮 ，移动整个枕头阵列，设定基点坐标为（3000,2000,0），设定移动第二点的坐标为（100,190,40），如图 12-35 所示。

（13）单击"可视化"选项卡"视觉样式"面板中的"隐藏"按钮 ，得到消隐后的整体三维立体图，如图 12-36 所示。

图 12-34　三维阵列操作　　　　图 12-35　将枕头移至床垫上　　　　图 12-36　消隐图

5. 绘制床头装饰

（1）单击"视图"选项卡"坐标"面板中的"UCS 命名"按钮 ，打开 UCS 对话框，选取"床头装饰"坐标系，而后单击"置为当前"按钮，如图 12-37 所示，单击"确定"按钮退出 UCS 窗口。此时在步骤 1 中第（15）步保存的"床头装饰"坐标系成为当前坐标系。

（2）单击"三维工具"选项卡"建模"面板中的"圆柱体"按钮 ，按照命令行的提示，输入"E"，选择绘制椭圆体。而后输入"C"，选择以椭圆体的底面中心点作为基准。中心点底坐标为（220,750,0），指定到第一个轴的距离为 200，指定第二个轴的端点为（220,400,0），设定椭圆体的高度为-5，结果如图 12-38 所示。

（3）单击"可视化"选项卡"视图"面板中的"前视"按钮 ，将当前视图方向设置为前视图，如图 12-39 所示。

Note

图 12-37 设置当前坐标系

图 12-38 生成椭圆体

图 12-39 前视图

（4）在命令行中输入"UCS"，将当前坐标系设置为视图方式。命令行提示与操作如下：

> 命令：UCS✓
> 当前 UCS 名称：*没有名称*
> 指定 UCS 的原点或 [面(F)/命名(NA)/对象(OB)/上一个(P)/视图(V)/世界(W)/X/Y/Z/Z 轴(ZA)]<世界>：V✓

（5）单击"默认"选项卡"注释"面板中的"多行文字"按钮 **A**，选取椭圆中心点作为第一角点，而后输入"J"，修改对正方式为"正中（MC）"，接着输入"H"，将文字高度设定为 110。最后输入"W"，设定文字框的宽度为 700，按 Enter 键弹出"文字编辑器"选项卡，将字体设置为"隶书"，并在文字输入框内输入"百年好合"字样，完成后，单击"关闭"按钮，其最终结果如图 12-40 所示。

（6）单击"可视化"选项卡"视图"面板中的"西南等轴测"按钮 ，将当前视图设置为西南等轴测视图，如图 12-41 所示。至此，双人床床体的绘制全部完成。

图 12-40 将文字添加到椭圆体表面

图 12-41 西南等轴测视图

6. 渲染图形

（1）选中"床垫"实体，在"特性"对话框中将其颜色设置为绿色，将"床体""床头""床腿" 3 个单元统一设置为深黄色，将"床头装饰"图层设置为紫红色，将"文字"图层设置为红色，将"枕头"图层设置为粉红色。

（2）单击"视图"选项卡"视觉样式"面板中的"概念"按钮 ，改变视觉样式，其结果如图 12-42 所示。

（3）执行菜单栏中的"视图"→"渲染"→"材质浏览器"命令，系统弹出"材质浏览器"对话框，为各个单元添加适当的材质，然后将视觉样式改为"真实"，如图 12-43 所示。

图 12-42　"概念"视觉样式

图 12-43　"真实"视觉样式

（4）单击"可视化"选项卡"光源"面板中的"平行光"按钮，新建平行光。命令行提示与操作如下：

```
命令: _distantlight↙
指定光源来向<0,0,0> 或 [矢量(V)]:
指定光源去向<1,1,1>:↙
输入要更改的选项 [名称(N)/强度因子(I)/状态(S)/光度(P)/阴影(W)/过滤颜色(C)/退出(X)]
<退出>: n↙
输入光源名称 <平行光 1>: sun↙
输入要更改的选项 [名称(N)/强度因子(I)/状态(S)/光度(P)/阴影(W)/过滤颜色(C)/退出(X)]
<退出>: i↙
输入强度 (0.00 - 最大浮点数) <1>: 5↙
输入要更改的选项 [名称(N)/强度因子(I)/状态(S)/光度(P)/阴影(W)/过滤颜色(C)/退出(X)]
<退出>: s↙
输入状态 [开(N)/关(F)] <开>:↙
输入要更改的选项 [名称(N)/强度因子(I)/状态(S)/光度(P)/阴影(W)/过滤颜色(C)/退出(X)]
<退出>: w↙
输入 [关(O)/锐化(S)/已映射柔和(F)] <锐化>: s↙
输入要更改的选项 [名称(N)/强度因子(I)/状态(S)/光度(P)/阴影(W)/过滤颜色(C)/退出(X)]
<退出>: c↙
输入真彩色 (R,G,B) 或输入选项 [索引颜色(I)/HSL(H)/配色系统(B)] <255,255,255>:
12,34,56↙
输入要更改的选项 [名称(N)/强度因子(I)/状态(S)/光度(P)/阴影(W)/过滤颜色(C)/退出(X)]
<退出>:↙
```

（5）单击"可视化"选项卡"渲染"面板中的"渲染到尺寸"按钮，最终的渲染效果图如图 12-3 所示。

12.1.3　三维镜像

1. 执行方式

☑ 命令行：MIRROR3D。

☑ 菜单栏："修改"→"三维操作"→"三维镜像"。

2. 操作步骤

```
命令: MIRROR3D↙
选择对象: (选择要镜像的对象)
```

选择对象：（选择下一个对象或按 Enter 键）

指定镜像平面（三点）的第一个点或[对象(O)最近的(L)/Z 轴(Z)/视图(V)/XY 平面(XY)/YZ 平面(YZ)/ZX 平面(ZX)/三点(3)] <三点>：

在镜像平面上指定第一点

3. 选项说明

（1）点：输入镜像平面上点的坐标。该选项通过 3 个点确定镜像平面，是系统的默认选项。

（2）Z 轴（Z）：利用指定的平面作为镜像平面。选择该选项后，命令行提示与操作如下：

在镜像平面上指定点：输入镜像平面上一点的坐标

在镜像平面的 Z 轴（法向）上指定点：输入与镜像平面垂直的任意一条直线上任意一点的坐标

是否删除源对象？[是(Y)/否(N)]：根据需要确定是否删除源对象

（3）视图（V）：指定一个平行于当前视图的平面作为镜像平面。

（4）XY（YZ、ZX）平面：指定一个平行于当前坐标系的 XY（YZ、ZX）平面作为镜像平面。

12.1.4 实例——公园长椅

本实例将详细介绍公园长椅的绘制方法，首先利用"长方体"和"三维阵列"命令绘制支架和椅脚，然后利用"长方体""三维阵列""三维旋转"命令绘制椅背，再利用"长方体"和"三维阵列"命令绘制横条，最后进行赋材质并渲染，绘制流程如图 12-44 所示。

图 12-44 公园长椅

操作步骤

（1）单击"标准"工具栏中的"新建"按钮，新建一个空图形文件。在命令行中输入"LIMITS"。输入图纸的左下角的坐标（0,0），然后输入图纸的右上角点坐标（900,600）。在命令行执行 ZOOM 和 ALL 命令。

（2）单击"可视化"选项卡"视图"面板中的"西南等轴测"按钮，将视图方向设定为西南等轴测视图。

（3）单击"三维工具"选项卡"建模"面板中的"长方体"按钮，输入角点坐标值（200,200,0），然后依次输入长方体的长度、宽度和高度值分别为 40、500、40，绘制长椅椅座的主横条，结果如图12-45 所示。

注意：坐标值的输入方法有命令行输入、对象捕捉点、栅格点捕捉等方法，采用哪种方法视具体情况而定。

（4）单击"三维工具"选项卡"建模"面板中的"长方体"按钮，输入角点坐标值（400,200,0），然后依次输入长方体的长度、宽度和高度值分别为 40、500、40，绘制另一条椅座主横条，结果如图12-46 所示。

Note

注意：长方体的长、宽、高分别对应+X、+Y、+Z轴方向。

（5）单击"三维工具"选项卡"建模"面板中的"长方体"按钮▢，输入角点坐标值（200,280,0），然后依次输入长方体的长度、宽度和高度值分别为 240、40、-20。绘制椅座主横条的右连接板，结果如图 12-47 所示。

图 12-45　长椅椅座主横条

图 12-46　绘制另一条椅座主横条

图 12-47　绘制右连接板

（6）在命令行中输入"mirror3d"，镜像刚绘制的右连接板，生成椅座的左连接板。捕捉椅座主横条在 Y 轴方向的中点为镜像对称面 ZX 面的经过点。命令行提示与操作如下：

```
命令：_mirror3d↵
选择对象：找到 1 个（选择步骤（5）中绘制的右连接板）
选择对象：↵
指定镜像平面（三点）的第一个点或[对象(O)/最近的(L)/Z 轴(Z)/视图(V)/XY 平面(XY)/YZ
平面(YZ)/ZX 平面(ZX)/三点(3)] <三点>：zx↵
指定 ZX 平面上的点 <0,0,0>：（捕捉椅座主横条在 Y 轴方向的中点）
是否删除源对象？[是(Y)/否(N)] <否>：
```

镜像结果如图 12-48 所示。

注意：实体与其三维镜像对象关于平面对称。

（7）单击"三维工具"选项卡"建模"面板中的"长方体"按钮▢，输入长方体角点坐标（200,260,0），然后依次输入长方体的长度、宽度和高度值分别为 40、40、-100，结果如图 12-49 所示。

（8）在命令行中输入"3DARRAY"，将步骤（7）创建的长方体进行矩形阵列，输入行数为 2，列数为 2，行间距为 420，列间距为 200，生成另外 3 个椅脚，阵列结果如图 12-50 所示。

图 12-48　绘制左连接板

图 12-49　绘制椅脚

图 12-50　阵列椅脚

提示：阵列操作中的行、列和层分别对应 X、Y、Z 轴，行间距、列间距和层间距的正负号决定阵列的方向。

（9）单击"三维工具"选项卡"实体编辑"面板中的"并集"按钮▰，将椅座的主横条、连接板和椅脚组合在一起。

（10）单击"可视化"选项卡"视觉样式"面板中的"隐藏"按钮 ，得到组合后的消隐图，如图 12-51 所示。

（11）单击"三维工具"选项卡"建模"面板中的"长方体"按钮 ，输入角点坐标值（200,240,40），然后依次输入长方体的长度、宽度和高度值分别为 20、40、200，绘制一条椅背竖条，如图 12-52 所示。

注意：为了便于观察，下面的绘制结果都用消隐效果显示。

（12）在命令行中输入"3darray"，选择刚绘制的椅背竖条为阵列对象，设置行数为 3，行间距为 190，生成另外两条椅背竖条，如图 12-53 所示。

图 12-51　消隐效果　　　　图 12-52　绘制椅背竖条　　　　图 12-53　阵列椅背竖条

（13）单击"三维工具"选项卡"建模"面板中的"长方体"按钮 ，绘制椅背上面的主横条，结果如图 12-54 所示。

提示：也可在没有合并椅座和椅脚各部分前，用"三维镜像"或"三维阵列"命令生成椅背上面的主横条。

（14）单击"三维工具"选项卡"建模"面板中的"长方体"按钮 ，输入长方体角点坐标值（220,200,205），然后依次输入长方体的长度、宽度和高度值分别为 20、500、−20，绘制椅背的一条横条，结果如图 12-55 所示。

（15）在命令行中输入"3darray"，选择刚绘制的椅背横条为阵列对象，设置阵列的行数、列数和层数分别为 1、1、3，层间距离为−55，生成另外 4 条椅背横条，阵列结果如图 12-56 所示。

图 12-54　椅背上面的主横条　　　图 12-55　绘制椅背横条　　　图 12-56　阵列椅背横条

（16）单击"三维工具"选项卡"实体编辑"面板中的"并集"按钮 ，将椅背各部分合并在一起。

> 💡 **提示：** 选择参与并集运算的实体时，也可以按住鼠标右键并拖曳鼠标，用方框选中要选择的对象。在需要选择对象时，最好先消隐，这样有助于准确选择。

（17）单击"建模"工具栏中的"三维旋转"按钮 ，指定旋转基点为（220,240,40），旋转轴为 Y 轴，将椅背部分旋转一个角度。然后将旋转后的长椅消隐，结果如图 12-57 所示。

> 📢 **注意：** 点（220,240,40）是图 12-57 中椅背右前横条下端面的右前方点。

（18）单击"三维工具"选项卡"建模"面板中的"长方体"按钮，输入角点坐标值（250,200,0），然后依次输入长方体的长度、宽度和高度值分别为 40、500、40，绘制椅座的横条。

（19）在命令行中输入"3darray"，选择刚绘制的椅座横条为阵列对象，设置阵列的行数、列数和层数分别为 1、3、1，列间距离为 50，生成另外两条椅座横条，阵列结果如图 12-58 所示。

（20）单击"默认"选项卡"修改"面板中的"圆角"按钮，选择椅座右侧主横条为倒圆角对象，执行倒圆角操作，为椅座右侧主横条倒角。

长椅椅座主横条倒圆角后的消隐结果如图 12-59 所示。

图 12-57　旋转椅背　　　　图 12-58　阵列椅座横条　　　　图 12-59　倒圆角

（21）单击"可视化"选项卡"材质"面板中的"材质浏览器"按钮，在"材质浏览器"对话框中选择适当的材质赋予图形。

（22）单击"可视化"选项卡"渲染"面板中的"渲染到尺寸"按钮，对图形进行渲染，渲染结果如图 12-60 所示。

> 📢 **注意：** 有关渲染材质等渲染条件的选择以及"渲染"对话框中参数的设置，可以参阅前面实例。

（23）渲染结果不是很清晰。执行"三维旋转"命令，将长椅绕 Z 轴旋转-10°，然后再次渲染，得到如图 12-61 所示的效果。

图 12-60　渲染效果　　　　　　　图 12-61　长椅旋转后的渲染效果

Note

> 提示：调整实体的位置实质上和调整视点方向一样，可以改善渲染效果。

12.1.5 对齐对象

1. 执行方式

☑ 命令行：ALIGN 或 AL。

☑ 菜单栏："修改"→"三维操作"→"对齐"。

2. 操作步骤

命令：ALIGN↙
选择对象：（选择要对齐的对象）
选择对象：（选择下一个对象或按 Enter 键）
指定第一个源点：（选择点 1）
指定第一个目标点：（选择点 2）
指定第二个源点：

对齐结果如图 12-62 所示。两对点和三对点与一对点的对齐情形类似。

（a）对齐前 　　　　　　　　　　（b）对齐后

图 12-62　一点对齐

12.1.6 三维移动

1. 执行方式

☑ 命令行：3DMOVE。

☑ 菜单栏："修改"→"三维操作"→"三维移动"。

☑ 工具栏："建模"→"三维移动" ⊕。

2. 操作步骤

命令：3DMOVE↙
选择对象：（选择要移动的对象）
选择对象：
指定基点或[位移(D)] <位移>：（指定基点）
指定第二点或<使用第一个点作为位移>：（指定第二点）

其操作方法与二维移动命令类似。

12.1.7　三维旋转

1. 执行方式

☑ 命令行：3DROTATE。

☑ 菜单栏："修改"→"三维操作"→"三维旋转"。

☑ 工具栏："建模"→"三维旋转" 。

2. 操作步骤

```
命令：3DROTATE↙
UCS 当前的正角方向：ANGDIR=逆时针　ANGBASE=0
选择对象：（选择旋转的对象）
选择对象：
指定基点：（指定基点）
拾取旋转轴：（选择旋转轴）
指定角的起点或键入角度：（指定起点）
指定角的端点：（指定另一点）
```

系统将按要求旋转对象。

12.1.8　实例——脚手架

本实例运用"圆柱体""长方体""三维阵列""三维镜像""渲染"命令绘制脚手架，使读者进一步掌握三维实体的绘制和编辑，绘制流程如图 12-63 所示。

图 12-63　脚手架

操作步骤

（1）将视图切换到西南等轴测视图。单击"三维工具"选项卡"建模"面板中的"圆柱体"按钮，绘制圆柱体。命令行提示与操作如下：

```
命令：_cylinder↙
指定底面的中心点或 [三点(3P)/两点(2P)/切点、切点、半径(T)/椭圆(E)]：0,0,0↙
指定底面半径或 [直径(D)]：20↙
指定高度或 [两点(2P)/轴端点(A)] <-5.0000>：1000↙
命令：CYLINDER↙
指定底面的中心点或 [三点(3P)/两点(2P)/切点、切点、半径(T)/椭圆(E)]：0,200,0↙
```

```
指定底面半径或 [直径(D)] <20.0000>: 20↵
指定高度或 [两点(2P)/轴端点(A)] <1000.0000>: 1000↵
```

绘制结果如图 12-64 所示。

（2）单击"三维工具"选项卡"建模"面板中的"长方体"按钮⬜，绘制长方体。命令行提示与操作如下：

```
命令: _box↵
指定第一个角点或 [中心(C)]: -100,-100,1000↵
指定其他角点或 [立方体(C)/长度(L)]: @150,400,20↵
命令: BOX
指定第一个角点或 [中心(C)]: -15,0,150↵
指定其他角点或 [立方体(C)/长度(L)]: @30,200,20↵
```

绘制结果如图 12-65 所示。

（3）在命令行中输入"3darray"，阵列步骤（2）中绘制的第二个长方体。命令行提示与操作如下：

```
命令: 3darray↵
正在初始化... 已加载 3DARRAY
选择对象:（选择步骤（2）中绘制的第二个长方体）
选择对象:
输入阵列类型 [矩形(R)/环形(P)] <矩形>:↵
输入行数 (---) <1>:↵
输入列数 (|||) <1>:↵
输入层数 (...) <1>: 5↵
指定层间距 (...): 180↵
```

绘制结果如图 12-66 所示。

图 12-64　绘制圆柱

图 12-65　绘制长方体

图 12-66　阵列处理

（4）在命令行中输入"ROTATE3D"，对图形进行三维旋转操作。命令行提示与操作如下：

```
命令: ROTATE3D↵
当前正向角度: ANGDIR=逆时针 ANGBASE=0
选择对象: all（选取所有图形）
找到 8 个
选择对象: ↵
指定轴上的第一个点或定义轴依据 [对象(O)/最近的(L)/视图(V)/X 轴(X)/Y 轴(Y)/Z 轴(Z)/
两点(2)]: 50,-100,1020↵
指定轴上的第二点: @0,400,0↵
指定旋转角度或 [参照(R)]: 10↵
```

绘制结果如图 12-67 所示。

（5）在命令行中输入"MIRROR3D"，将所有图形进行镜像。命令行提示与操作如下：

```
命令：MIRROR3D↙
选择对象：all（选取所有图形）
选择对象：↙
指定镜像平面（三点）的第一个点或[对象(O)/最近的(L)/Z 轴(Z)/视图(V)/XY 平面(XY)/YZ
平面(YZ)/ZX 平面(ZX)/三点(3)] <三点>：50,300,1020↙
在镜像平面上指定第二点：@0,0,1000↙
在镜像平面上指定第三点：@0,200,0↙
是否删除源对象？[是(Y)/否(N)] <否>：↙
```

绘制结果如图 12-68 所示。

（6）单击"可视化"选项卡"材质"面板中的"材质浏览器"按钮 ，选择合适的材质赋予图形。

（7）单击"可视化"选项卡"渲染"面板中的"渲染到尺寸"按钮 ，渲染效果如图 12-69 所示。

图 12-67　三维旋转　　　　图 12-68　三维镜像处理　　　　图 12-69　脚手架

12.2　特殊视图

利用假想的平面对实体进行剖切，是实体编辑的一种基本方法。读者注意体会其具体操作方法。

12.2.1　剖切

1. 执行方式

☑ 命令行：SLICE 或 SL。
☑ 菜单栏："修改"→"三维操作"→"剖切"。
☑ 功能区："三维工具"→"实体编辑"→"剖切" 。

2. 操作步骤

```
命令：SLICE↙
选择要剖切的对象：选择要剖切的实体
选择要剖切的对象：继续选择或按 Enter 键结束选择
指定切面的起点或[平面对象(O)/曲面(S)/Z 轴(Z)/视图(V)/XY(XY)/YZ(YZ)/ZX(ZX)/三点
(3)] <三点>：
```

3. 选项说明

（1）平面对象（O）：将所选对象的所在平面作为剖切面。

（2）曲面（S）：将剪切平面与曲面对齐。

（3）Z 轴（Z）：通过平面指定一点与在平面的 Z 轴（法线）上指定另一点来定义剖切平面。

（4）视图（V）：以平行于当前视图的平面作为剖切面。

（5）XY（XY）/YZ（YZ）/ZX（ZX）：将剖切平面与当前用户坐标系（UCS）的 XY 平面/YZ 平面/ZX 平面对齐。

（6）三点（3）：根据空间的 3 个点确定的平面作为剖切面。确定剖切面后，系统会提示保留一侧或两侧。

如图 12-70 所示为剖切三维实体图。

（a）剖切前的三维实体　　（b）剖切后的实体

图 12-70　剖切三维实体

12.2.2　断面

1. 执行方式

☑ 命令行：SECTION 或 SEC。

2. 操作步骤

```
命令：SECTION↙
选择对象：（选择要剖切的实体）
指定截面平面上的第一个点，依照 [对象(O)/Z 轴(Z)/视图(V)/XY(XY)/YZ(YZ)/ZX(ZX)/三点
(3)>：（指定一点或输入一个选项）
```

如图 12-71 所示为断面图形。

（a）剖切平面与断面　　（b）移出的断面图形　　（c）填充剖面线的断面图形

图 12-71　断面图形

12.2.3　截面平面

通过"截面平面"功能可以创建实体对象的二维截面平面或三维截面实体。

1. 执行方式

☑ 命令行：SECTIONPLANE。

☑ 菜单栏："绘图" → "建模" → "截面平面"。

☑ 功能区："三维工具" → "截面" → "截面平面" 。

2. 操作步骤

命令：SECTIONPLANE↙

选择面或任意点以定位截面线或 [绘制截面(D)/正交(O)/类型(T)]:

3. 选项说明

（1）选择面或任意点以定位截面线。选择绘图区的任意点（不在面上）可以创建独立于实体的截面对象。第一点可创建截面对象旋转所围绕的点，第二点可创建截面对象。如图 12-72 所示为在手柄主视图上指定两点创建一个截面平面，如图 12-73 所示为转换到西南等轴测视图的情形，图中半透明的平面为活动截面，实线为截面控制线。

图 12-72　创建截面　　　　　　　图 12-73　西南等轴测视图

单击活动截面平面，显示编辑夹点，如图 12-74 所示，其功能分别介绍如下。

图 12-74　截面编辑夹点

① 截面实体方向箭头：表示生成截面实体时所要保留的一侧，单击该箭头，则反向。

② 截面平移编辑夹点：选中并拖曳该夹点，截面沿其法向平移。

③ 宽度编辑夹点：选中并拖曳该夹点，可以调节截面宽度。

④ 截面属性下拉菜单按钮：单击该按钮，显示当前截面的属性，包括平面（如图 12-74 所示）、切片、边界（如图 12-75 所示）、体积（如图 12-76 所示）4 种，分别显示截面平面相关操作的作用范围，调节相关夹点，可以调整范围。

图 12-75 边界

图 12-76 体积

（2）绘制截面（D）。定义具有多个点的截面对象以创建带有折弯的截面线。选择该选项，命令行提示与操作如下：

> 指定起点：（指定点 1）
> 指定下一点：（指定点 2）
> 指定下一个点或按 Enter 键完成：指定点 3 或按 Enter 键
> 按截面视图的方向指定点：指定点以指示剪切平面的方向

该选项将创建处于"边界"状态的截面对象，并且活动截面会关闭，该截面线可以带有折弯，如图 12-77 所示。

如图 12-78 所示为按图 12-77 设置截面生成的三维截面对象，如图 12-79 所示为对应的二维截面。

图 12-77 折弯截面

图 12-78 三维截面

图 12-79 二维截面

（3）正交（O）。将截面对象与相对于 UCS 的正交方向对齐。选择该选项，命令行提示与操作如下：

> 将截面对齐至 [前(F)/后(B)/顶部(T)/底部(B)/左(L)/右(R)]：

选择该选项后，将以相对于 UCS（不是当前视图）的指定方向创建截面对象，并且该对象将包含所有三维对象。该选项将创建处于"截面边界"状态的截面对象，并且活动截面会打开。

选择该选项，可以很方便地创建工程制图中的剖视图。UCS 处于如图 12-80 所示的位置，如图 12-81 所示为对应的左向截面。

图 12-80 UCS 位置

图 12-81 左向截面

（4）类型（T）。在创建截面平面时，指定平面、切片、边界或体积作为参数。选择该选项，命令行提示与操作如下：

输入截面平面类型 [平面(P)/切片(S)/边界(B)/体积(V)] <平面(P)>：

① 平面（P）：指定三维实体的平面线段、曲面、网格或点云并放置截面平面。
② 切片（S）：选择具有三维实体深度的平面线段、曲面、网格或点云以放置截面平面。
③ 边界（B）：选择三维实体的边界、曲面、网格或点云以放置截面平面。
④ 体积（V）：创建有边界的体积截面平面。

12.2.4　实例——饮水机

本实例将详细介绍饮水机的绘制方法，首先利用"长方体""圆角""布尔运算"等命令绘制饮水机主体及水龙头放置口，利用"平移网格"和"楔形表面"等命令绘制放置台，然后利用"长方体""圆柱体""剖切""拉伸""三维镜像"等命令绘制水龙头，再利用"锥面"命令绘制水桶接口，利用"旋转网格"命令绘制水桶，最后进行渲染，绘制流程如图 12-82 所示。

图 12-82　饮水机

操作步骤

1. 绘制饮水机主体

（1）启动 AutoCAD，新建一个空图形文件，在命令行中输入"LIMITS"。输入图纸的左下角和右下角的坐标（0,0）和（1200,1200）。

（2）单击"三维工具"选项卡"建模"面板中的"长方体"按钮，输入起始点（100,100,0）。在命令行中输入"L"，然后输入长方体的长、宽和高分别为 450、350 和 1000。

（3）单击"可视化"选项卡"视图"面板中的"西南等轴测"按钮，将视图方向设定为西南等轴测视图。然后单击"视图"选项卡"视口工具"面板中的"UCS 图标"按钮，隐藏坐标轴，饮水机主体的外形如图 12-83 所示。

（4）单击"三维工具"选项卡"实体编辑"面板中的"圆角边"按钮，设置圆角半径为 40，然后选择除地面 4 条棱之外要倒圆角的各条棱，倒角完成后如图 12-84 所示。

（5）单击"可视化"选项卡"视觉样式"面板中的"隐藏"按钮，将已绘制的图形消隐，消隐后的效果如图 12-85 所示。

图 12-83　生成饮水机主体　　　　图 12-84　倒圆角　　　　图 12-85　消隐后的效果

2. 绘制接水区域

（1）单击"三维工具"选项卡"建模"面板中的"长方体"按钮◻，绘制一个长、宽、高分别为 220、20 和 300 的长方体。

（2）单击"三维工具"选项卡"实体编辑"面板中的"圆角边"按钮◻，设置圆角半径为 10，然后选择需要倒圆角的各条棱，完成后如图 12-86 所示。

（3）打开状态栏上的"对象捕捉"按钮◻，切换视图方向，单击"默认"选项卡"修改"面板中的"移动"按钮✥，用"对象捕捉"命令选择刚生成的长方体的一个顶点为移动的基点，将长方体移动至如图 12-87 所示位置。

（4）单击"三维工具"选项卡"实体编辑"面板中的"差集"按钮◻，选择大长方体为"从中减去的对象"，小长方体为"减去对象"，生成饮水机放置水龙头的空间。

（5）单击"可视化"选项卡"视觉样式"面板中的"隐藏"按钮◻，将已绘制的图形消隐，消隐后的效果如图 12-88 所示。

图 12-86　生成长方体　　　图 12-87　移动长方体到合适位置　　　图 12-88　生成放置水龙头的空间

（6）单击"可视化"选项卡"视图"面板中的"仰视"按钮◻，显示仰视图。单击"默认"选项卡"绘图"面板中的"多段线"按钮⌐，绘制长度分别为 64、260 和 64 的 3 段直线。

（7）单击"可视化"选项卡"视图"面板中的"前视"按钮◻，显示前视图。单击"默认"选项卡"绘图"面板中的"直线"按钮╱，绘制长度为 75 的直线。单击"可视化"选项卡"视图"面板中的"西南等轴测"按钮◆，显示西南等轴测视图，如图 12-89 所示。

（8）单击"三维工具"选项卡"建模"面板中的"平移曲面"按钮◻。命令行提示与操作如下：

```
命令：TABSURF↙
当前线框密度：SURFTAB1=6
选择用作轮廓曲线的对象：（选择用 pline 命令生成的图形）
选择用作方向矢量的对象：（选择用 line 命令生成的直线）
```

平移后的效果如图 12-90 所示。

（9）单击"默认"选项卡"修改"面板中的"删除"按钮 ，删除作为平移方向矢量的直线。

（10）单击"三维工具"选项卡"建模"面板中的"楔体"按钮 ，绘制楔体。命令行提示与操作如下：

```
命令：_WEDGE↙
指定第一个角点或[中心(C)]：（适当指定一点）
指定其他角点或[立方体(C)/长度(L)]：L↙
指定长度：150↙
指定宽度：260↙
指定高度或[两点(2P)]：64↙
```

然后再对图形进行抽壳处理，抽壳距离为 1。

（11）单击"默认"选项卡"修改"面板中的"移动"按钮 ，将楔形表面移至如图 12-91 所示的位置。

图 12-89　绘制直线

图 12-90　平移曲面

图 12-91　生成楔体表面

（12）单击"默认"选项卡"修改"面板中的"移动"按钮 ，将图 12-91 所示的图形移至如图 12-92 所示的位置。

（13）单击"可视化"选项卡"视觉样式"面板中的"隐藏"按钮 ，将已绘制的图形消隐，消隐后的效果如图 12-93 所示。

（14）单击"三维工具"选项卡"建模"面板中的"圆柱体"按钮 ，绘制直径为 25、高度为 12 的圆柱体作为饮水机水龙头开关。

（15）单击"三维工具"选项卡"建模"面板中的"长方体"按钮 ，绘制一个长、宽、高分别为 80、30 和 30 的长方体作为水管，如图 12-94 所示。

图 12-92　安装生成的表面　　　图 12-93　消隐效果　　　图 12-94　生成水管

（16）单击"默认"选项卡"修改"面板中的"移动"按钮 ，将圆柱体移动至如图 12-95 所示位置。在移动圆柱体时，可以选择移动的基点为上表面或下表面的圆心。

Note

（17）单击"三维工具"选项卡"实体编辑"面板中的"剖切"按钮，选择长方体为被剖切对象，指定三点确定剖切面，使剖切面与长方体表面角度为45°，并且剖切面经过长方体的一条棱。用鼠标选择保留一侧的任一点，剖切后的效果如图12-96所示。

（18）将水管左侧面所在的平面设置为当前UCS所在平面，单击"默认"选项卡"绘图"面板中的"多段线"按钮，绘制多边形，其中多边形一条边与水管斜棱重合，如图12-97所示。

图 12-95　生成水管开关　　　　图 12-96　剖切水管　　　　图 12-97　绘制多边形

（19）单击"三维工具"选项卡"建模"面板中的"拉伸"按钮，指定拉伸高度为30，也可以使用拉伸路径，用鼠标在垂直于多边形所在平面的方向上指定距离为30的两点。指定拉伸的倾斜角度为0°，生成水龙头的嘴，如图12-98所示。

（20）单击"默认"选项卡"修改"面板中的"移动"按钮，选择整个水龙头作为移动对象，水管的一个顶点为基点，将水龙头移至如图12-99所示的位置。

（21）单击"可视化"选项卡"视觉样式"面板中的"隐藏"按钮，将已绘制的图形消隐，消隐后的效果如图12-100所示。

图 12-98　生成水龙头的嘴　　　图 12-99　安装水龙头后的效果　　　图 12-100　消隐后的效果

（22）单击"视图"选项卡"坐标"面板中的"世界"按钮，将当前UCS转换到原来的UCS。

（23）在命令行中输入"MIRROR3D"，选择水龙头作为镜像的对象，指定镜像平面为YZ平面，打开对象捕捉功能，捕捉中点，作为YZ平面上的一点。保留镜像的源对象。

（24）将视图切换至前视图，单击"默认"选项卡"绘图"面板中的"圆"按钮，在水龙头上方绘制一个半径为12的圆，作为饮水机水开的指示灯。

（25）单击"默认"选项卡"修改"面板中的"镜像"按钮，选择指示灯作为镜像对象，选择饮水机前面两条棱的中点所在的直线为镜像线。生成一个表示饮水机正在加热的指示灯，如图12-101所示。

3. 绘制水桶

（1）将视图切换至西南等轴测视图。在命令行中输入"ISOLINES"，设置线密度为12。

（2）将坐标系恢复到世界坐标系，单击"三维工具"选项卡"建模"面板中的"圆锥体"按钮，绘制水桶接口。命令行提示与操作如下：

```
命令：_CONE↙
指定底面的中心点或[三点(3P)/两点(2P)/切点、切点、半径(T)/椭圆(E)]：（适当指定一点）
指定底面半径或[直径(D)]：50↙
指定高度或[两点(2P)/轴端点(A)/顶面半径(T)]：T↙
指定顶面半径：100↙
指定高度或[两点(2P)/轴端点(A)]：64↙
```

（3）单击"三维工具"选项卡"实体编辑"面板中的"抽壳"按钮，进行抽壳处理，抽壳距离为1。

（4）单击"默认"选项卡"修改"面板中的"移动"按钮✥，选择圆锥作为移动对象，将圆锥移到饮水机上，使圆锥底面与饮水机上表面的垂直距离为50，如图 12-102 所示。

（5）将视图切换至前视图，单击"默认"选项卡"绘图"面板中的"直线"按钮╱，绘制一条垂直于 XY 平面的直线。单击"默认"选项卡"绘图"面板中的"多段线"按钮，绘制一条多段线，使多段线上的水平线段长度为140，垂直线段长度为340，下面的水平线段为25，绘制结果如图 12-103 所示。

图 12-101　镜像指示灯　　　　图 12-102　生成饮水机与水桶的接口　　　图 12-103　要生成水桶的多段线

（6）在命令行中输入"SURFTAB1"，设置参数为 12，执行菜单栏中的"绘图"→"建模"→"网格"→"旋转网格"命令，指定多段线为旋转对象，指定直线为旋转轴对象。指定起点角度为0°，夹角为360°，旋转生成水桶，如图 12-104 所示。

（7）将视图切换至西南等轴测视图。单击"默认"选项卡"修改"面板中的"移动"按钮✥，选择水桶作为移动对象，选择水桶的下底面中点为基点，将其移动至水桶接口锥面下底中点位置。

（8）单击"可视化"选项卡"视觉样式"面板中的"隐藏"按钮，将已绘制的图形消隐，消隐后的效果如图 12-105 所示。

图 12-104　旋转曲面生成水桶　　　　　　　图 12-105　饮水机的消隐效果

（9）单击"可视化"选项卡"材质"面板中的"材质浏览器"按钮 ，系统弹出"材质浏览器"对话框，选择适当的材质赋予饮水机。

（10）单击"可视化"选项卡"渲染"面板中的"渲染到尺寸"按钮 ，进行渲染，渲染效果如图 12-82 所示。

12.3　编辑实体

对象编辑是指对单个三维实体本身的某些部分或某些要素进行编辑，从而改变三维实体造型。

12.3.1　拉伸面

1. 执行方式

☑ 命令行：SOLIDEDIT。
☑ 菜单栏："修改"→"实体编辑"→"拉伸面"。
☑ 工具栏："实体编辑"→"拉伸面" 。
☑ 功能区："三维工具"→"实体编辑"→"拉伸面" 。

2. 操作步骤

```
命令：SOLIDEDIT↙
实体编辑自动检查：SOLIDCHECK=1
输入实体编辑选项 [面(F)/边(E)/体(B)/放弃(U)/退出(X)] <退出>：_face↙
输入面编辑选项[拉伸(E)/移动(M)/旋转(R)/偏移(O)/倾斜(T)/删除(D)/复制(C)/颜色(L)/材质(A)/放弃(U)/退出(X)] <退出>：_extrude↙
选择面或[放弃(U)/删除(R)]：（选择要进行拉伸的面）
选择面或[放弃(U)/删除(R)/全部(ALL)]：（继续选择要拉伸的面或按Enter键结束选择）
指定拉伸高度或[路径(P)]：(输入拉伸高度值或选择拉伸路径)
```

3. 选项说明

（1）指定拉伸高度：按指定的高度值来拉伸面。指定拉伸的倾斜角度后，完成拉伸操作。

（2）路径（P）：沿指定的路径曲线拉伸面。如图 12-106 所示为拉伸长方体顶面和侧面的结果。

（a）拉伸前的长方体　　　　　　　　　　　　（b）拉伸后的三维实体

图 12-106　拉伸长方体

12.3.2　移动面

1. 执行方式

☑ 命令行：SOLIDEDIT。

☑ 菜单栏："修改"→"实体编辑"→"移动面"。
☑ 工具栏："实体编辑"→"移动面" 。
☑ 功能区："三维工具"→"实体编辑"→"移动面" ⊹。

2. 操作步骤

```
命令：SOLIDEDIT↙
实体编辑自动检查：SOLIDCHECK=1
输入实体编辑选项 [面(F)/边(E)/体(B)/放弃(U)/退出(X)] <退出>：_face↙
输入面编辑选项[拉伸(E)/移动(M)/旋转(R)/偏移(O)/倾斜(T)/删除(D)/复制(C)/颜色(L)/材
质(A)/放弃(U)/ 退出(X)] <退出>：_move↙
选择面或[放弃(U)/删除(R)]：（选择要进行移动的面）
选择面或[放弃(U)/删除(R)/全部(ALL)]：（继续选择移动面或按Enter键结束选择）
指定基点或位移：（输入具体的坐标值或选择关键点）
指定位移的第二点：（输入具体的坐标值或选择关键点）
```

各选项的含义在前面介绍的命令中都有涉及，如有问题，请查询相关命令（如"拉伸面"和"移动面"等）。如图 12-107 所示为移动三维实体的结果。

（a）移动前的图形　　　　　　　（b）移动后的图形

图 12-107　移动三维实体

12.3.3　偏移面

1. 执行方式

☑ 命令行：SOLIDEDIT。
☑ 菜单栏："修改"→"实体编辑"→"偏移面"。
☑ 工具栏："实体编辑"→"偏移面" ▣。
☑ 功能区："三维工具"→"实体编辑"→"偏移面" ▣。

2. 操作步骤

```
命令：SOLIDEDIT↙
实体编辑自动检查：SOLIDCHECK=1
输入实体编辑选项 [面(F)/边(E)/体(B)/放弃(U)/退出(X)] <退出>：_face↙
输入面编辑选项[拉伸(E)/移动(M)/旋转(R)/偏移(O)/倾斜(T)/删除(D)/复制(C)/颜色(L)/材
质(A)/放弃(U)/ 退出(X)] <退出>：_offset↙
选择面或[放弃(U)/删除(R)]：（选择要进行偏移的面）
指定偏移距离：（输入要偏移的距离值）
```

如图 12-108 所示为使用"偏移面"命令改变哑铃手柄粗细的结果。

（a）偏移面前   （b）偏移面后

图 12-108　偏移哑铃手柄面前后的图形

12.3.4　删除面

1. 执行方式

☑ 命令行：SOLIDEDIT。
☑ 菜单栏："修改"→"实体编辑"→"删除面"。
☑ 工具栏："实体编辑"→"删除面" 📷ˣ。
☑ 功能区："三维工具"→"实体编辑"→"删除面" 📷ˣ。

2. 操作步骤

> 命令：SOLIDEDIT✔
> 实体编辑自动检查：SOLIDCHECK=1
> 输入实体编辑选项 [面(F)/边(E)/体(B)/放弃(U)/退出(X)] <退出>：_face✔
> 输入面编辑选项[拉伸(E)/移动(M)/旋转(R)/偏移(O)/倾斜(T)/删除(D)/复制(C)/颜色(L)/材质(A)/放弃(U)/ 退出(X)] <退出>：_delete✔
> 选择面或[放弃(U)/删除(R)]：（选择要删除的面）
> 选择面或[放弃(U)/删除(R)/全部(ALL)]：（继续选择或按 Enter 键结束选择）

如图 12-109 所示为删除长方体的一个圆角面后的结果。

（a）倒圆角后的长方体   （b）删除倒角面后的图形

图 12-109　删除圆角面

12.3.5　旋转面

1. 执行方式

☑ 命令行：SOLIDEDIT。
☑ 菜单栏："修改"→"实体编辑"→"旋转面"。
☑ 工具栏："实体编辑"→"旋转面" ᶜ🔲。
☑ 功能区："三维工具"→"实体编辑"→"旋转面" ᶜ🔲。

2. 操作步骤

```
命令：SOLIDEDIT✓
实体编辑自动检查：SOLIDCHECK=1
输入实体编辑选项 [面(F)/边(E)/体(B)/放弃(U)/退出(X)] <退出>：_face✓
输入面编辑选项[拉伸(E)/移动(M)/旋转(R)/偏移(O)/倾斜(T)/删除(D)/复制(C)/颜色(L)/材
质(A)/放弃(U)/ 退出(X)] <退出>：_rotate✓
选择面或[放弃(U)/删除(R)]：（选择要旋转的面）
选择面或[放弃(U)/删除(R)/全部(ALL)]：（继续选择或按 Enter 键结束选择）
指定轴点或[经过对象的轴(A)/视图(V)/X 轴(X)/Y 轴(Y)/Z 轴(Z)] <两点>：（选择一种确定轴
线的方式）
指定旋转角度或 [参照(R)]：（输入旋转角度）
```

如图 12-110 所示为将开口槽的方向旋转 90°前后的结果。

（a）旋转前　　　　　　　　（b）旋转后

图 12-110　　开口槽旋转 90°前后的图形

12.3.6　倾斜面

1. 执行方式

☑ 命令行：SOLIDEDIT。
☑ 菜单栏："修改" → "实体编辑" → "倾斜面"。
☑ 工具栏："实体编辑" → "倾斜面" 📐。
☑ 功能区："三维工具" → "实体编辑" → "倾斜面" 📐。

2. 操作步骤

```
命令：SOLIDEDIT✓
实体编辑自动检查：SOLIDCHECK=1
输入实体编辑选项 [面(F)/边(E)/体(B)/放弃(U)/退出(X)] <退出>：_face✓
输入面编辑选项[拉伸(E)/移动(M)/旋转(R)/偏移(O)/倾斜(T)/删除(D)/复制(C)/颜色(L)/材
质(A)/放弃(U)/ 退出(X)] <退出>：_taper✓
选择面或[放弃(U)/删除(R)]：（选择要倾斜的面）
选择面或[放弃(U)/删除(R)/全部(ALL)]：（继续选择或按 Enter 键结束选择）
指定基点：（选择倾斜的基点（倾斜后不动的点））
指定沿倾斜轴的另一个点：（选择另一点（倾斜后改变方向的点））
指定倾斜角度：（输入倾斜角度）
```

12.3.7　实例——小水桶

　　分析如图 12-111 所示的小水桶，它主要由储水部分、提手孔和提手 3 部分组成。小水桶的绘制难点是提手孔和提手。提手孔的实体可通过布尔运算获得，位置由小水桶的结构决定。绘制提手则需先绘制出路径曲线，然后通过拉伸截面圆生成。确定提手的尺寸时要确保它能够在提手孔中旋转，绘制流程如图 12-111 所示。

视频讲解

图 12-111　　小水桶

操作步骤

1. 绘制水桶主体

（1）单击"可视化"选项卡"视图"面板中的"西南等轴测"按钮◈，将当前视图设置为西南等轴测视图。

（2）单击"三维工具"选项卡"建模"面板中的"圆柱体"按钮▯，绘制底面中心点为原点、半径为125、高度为-300的圆柱体。

（3）单击"三维工具"选项卡"实体编辑"面板中的"倾斜面"按钮◣，将刚绘制的直径为250的圆柱体外表面倾斜8°。命令行提示与操作如下：

```
命令：_solidedit✓
实体编辑自动检查：SOLIDCHECK=1
输入实体编辑选项 [面(F)/边(E)/体(B)/放弃(U)/退出(X)] <退出>：_face✓
输入面编辑选项[拉伸(E)/移动(M)/旋转(R)/偏移(O)/倾斜(T)/删除(D)/复制(C)/颜色(L)/材质(A)/放弃(U)/退出(X)] <退出>：_taper✓
选择面或 [放弃(U)/删除(R)]：（选择圆柱体）
选择面或 [放弃(U)/删除(R)/全部(ALL)]：✓
指定基点：（选择圆柱体的顶面圆心）
指定沿倾斜轴的另一个点：（选择圆柱体的底面圆心）
指定倾斜角度：8✓
已开始实体校验
已完成实体校验
输入面编辑选项[拉伸(E)/移动(M)/旋转(R)/偏移(O)/倾斜(T)/删除(D)/复制(C)/颜色(L)/材质(A)/放弃(U)/退出(X)] <退出>：X✓
实体编辑自动检查：SOLIDCHECK=1
输入实体编辑选项 [面(F)/边(E)/体(B)/放弃(U)/退出(X)] <退出>：X✓
```

（4）单击"可视化"选项卡"视觉样式"面板中的"隐藏"按钮⬡，对实体进行消隐，结果如图 12-112 所示。

（5）单击"三维工具"选项卡"实体编辑"面板中的"抽壳"按钮▤，对倾斜后的实体进行抽壳，抽壳距离是5。命令行提示与操作如下：

```
命令：_solidedit✓
实体编辑自动检查：SOLIDCHECK=1
输入实体编辑选项 [面(F)/边(E)/体(B)/放弃(U)/退出(X)] <退出>：_body✓
输入体编辑选项
[压印(I)/分割实体(P)/抽壳(S)/清除(L)/检查(C)/放弃(U)/退出(X)] <退出>：_shell✓
选择三维实体：
删除面或 [放弃(U)/添加(A)/全部(ALL)]：（选取实体的上表面）找到一个面，已删除 1 个。
```

> 删除面或 [放弃(U)/添加(A)/全部(ALL)]：↙
> 输入抽壳偏移距离：5↙
> 已开始实体校验。
> 已完成实体校验。
> 输入体编辑选项[压印(I)/分割实体(P)/抽壳(S)/清除(L)/检查(C)/放弃(U)/退出(X)] <退出>:↙
>
> 实体编辑自动检查：SOLIDCHECK=1
> 输入实体编辑选项 [面(F)/边(E)/体(B)/放弃(U)/退出(X)] <退出>:X↙

（6）单击"可视化"选项卡"视觉样式"面板中的"隐藏"按钮 ⬛，对实体进行消隐，结果如图 12-113 所示。

（7）单击"三维工具"选项卡"建模"面板中的"圆柱体"按钮 ⬛，在原点分别绘制直径为 240 和 300、高均为 10 的两个圆柱体。

（8）单击"三维工具"选项卡"实体编辑"面板中的"差集"按钮 ⬛，求直径为 240 和 300 的两个圆柱体的差集。

（9）单击"可视化"选项卡"视觉样式"面板中的"隐藏"按钮 ⬛，对实体进行消隐，结果如图 12-114 所示。

图 12-112　圆柱体倾斜　　　　图 12-113　抽壳后的实体　　　　图 12-114　水桶边缘

（10）单击"三维工具"选项卡"建模"面板中的"长方体"按钮 ⬛，以原点为中心点，绘制长度为 18、宽度为 20、高度为 30 的长方体。

（11）单击"三维工具"选项卡"建模"面板中的"圆柱体"按钮 ⬛，绘制底面中心点为（2,0,0）、半径为 5、顶圆圆心为（-10,0,0）的圆柱体。

（12）单击"三维工具"选项卡"实体编辑"面板中的"差集"按钮 ⬛，对长方体和直径为 10 的圆柱体求差集，此时窗口中的图形如图 12-115 所示。

（13）单击"默认"选项卡"修改"面板中的"移动"按钮 ✛，将求差集所得的实体从（0,0,0）移动到（-130,0,-10）。

（14）单击"可视化"选项卡"视图"面板中的"前视"按钮 ⬛，将当前视图设置为前视，如图 12-116 所示。

（15）单击"默认"选项卡"修改"面板中的"镜像"按钮 ⚖，镜像刚移动的实体。命令行提示与操作如下：

> 命令：MIRROR↙
> 选择对象：（选择刚移动的小孔实体）
> 选择对象:↙
> 指定镜像线的第一点：0,0↙
> 指定镜像线的第二点:0,-40↙
> 是否删除源对象？[是(Y)/否(N)] <否>:N↙

（16）单击"可视化"选项卡"视图"面板中的"西南等轴测"按钮❖，将当前视图设置为西南等轴测视图。

（17）单击"三维工具"选项卡"实体编辑"面板中的"并集"按钮🗖，将上面所有的实体合并在一起。

（18）单击"可视化"选项卡"视觉样式"面板中的"隐藏"按钮🗖，对实体进行消隐，结果如图 12-117 所示。

图 12-115　求差集后的实体

图 12-116　前视图

图 12-117　合并后的实体

2. 绘制提手

（1）单击"可视化"选项卡"视图"面板中的"前视"按钮🗔，将当前视图设置为前视。

（2）单击"默认"选项卡"绘图"面板中的"多段线"按钮⤴，绘制提手的路径曲线。命令行提示与操作如下：

```
命令：PLINE↙
指定起点：-130,-10↙
当前线宽为 0.0000
指定下一个点或 [圆弧(A)/半宽(H)/长度(L)/放弃(U)/宽度(W)]：@-30,0↙
指定下一点或 [圆弧(A)/闭合(C)/半宽(H)/长度(L)/放弃(U)/宽度(W)]：@0,-10↙
指定下一点或 [圆弧(A)/闭合(C)/半宽(H)/长度(L)/放弃(U)/宽度(W)]：A↙
指定圆弧的端点(按住 Ctrl 键以切换方向)或[角度(A)/圆心(CE)/闭合(CL)/方向(D)/半宽(H)/
直线(L)/半径(R)/第二个点(S)/放弃(U)/宽度(W)]：CE↙
指定圆弧的圆心：0,-20↙
指定圆弧的端点(按住 Ctrl 键以切换方向)或 [角度(A)/长度(L)]：A↙
指定夹角(按住 Ctrl 键以切换方向)：180↙
指定圆弧的端点(按住 Ctrl 键以切换方向)或[角度(A)/圆心(CE)/闭合(CL)/方向(D)/半宽(H)/
直线(L)/半径(R)/第二个点(S)/放弃(U)/宽度(W)]：L↙
指定下一点或 [圆弧(A)/闭合(C)/半宽(H)/长度(L)/放弃(U)/宽度(W)]：@0,10↙
指定下一点或 [圆弧(A)/闭合(C)/半宽(H)/长度(L)/放弃(U)/宽度(W)]：@-30,0↙
指定下一点或 [圆弧(A)/闭合(C)/半宽(H)/长度(L)/放弃(U)/宽度(W)]：
```

结果如图 12-118 所示。

（3）单击"可视化"选项卡"视图"面板中的"左视"按钮🗗，将当前视图设置为左视图。

（4）单击"默认"选项卡"绘图"面板中的"圆"按钮⊙，在左视图的（0,-10）点处画一个半径为 4 的圆。

（5）单击"可视化"选项卡"视图"面板中的"西南等轴测"按钮❖，将当前视图设置为西南等轴测视图。

（6）单击"默认"选项卡"修改"面板中的"移动"按钮✛，将半径为 4 的圆移动到提手左端端点处。

（7）单击"三维工具"选项卡"建模"面板中的"拉伸"按钮，拉伸半径为 4 的圆。命令行提示与操作如下：

```
命令：EXTRUDE↙
当前线框密度：ISOLINES=4，闭合轮廓创建模式 = 实体
选择要拉伸的对象或 [模式(MO)]：（选择半径为 4mm 的圆）
选择要拉伸的对象或 [模式(MO)]：↙
指定拉伸的高度或 [方向(D)/路径(P)/倾斜角(T)/表达式(E)]：P↙
选择拉伸路径或 [倾斜角(T)]：（选择路径曲线）
```

（8）单击"可视化"选项卡"视图"面板中的"左视"按钮，将当前视图设置为左视图。

（9）单击"默认"选项卡"修改"面板中的"旋转"按钮，旋转提手。命令行提示与操作如下：

```
命令：ROTATE
UCS 当前的正角方向：ANGDIR=逆时针  ANGBASE=0
选择对象：（选择提手）
选择对象：↙
指定基点：（选择提手孔的中心点）
指定旋转角度，或 [复制(C)/参照(R)] <0>：50↙
```

消隐后的结果如图 12-119 所示。

图 12-118　提手路径曲线

图 12-119　旋转提手

3. 倒圆角和颜色处理

（1）单击"可视化"选项卡"视图"面板中的"西南等轴测"按钮，将当前视图设置为西南等轴测视图。

（2）单击"三维工具"选项卡"实体编辑"面板中的"圆角边"按钮，对小水桶的上边缘倒半径为 2 的圆角。

（3）将水桶的不同部分着上不同的颜色。单击"三维工具"选项卡"实体编辑"面板中的"着色面"按钮，将水桶的外表面着上红色，提手着上蓝色，其他面是系统默认色。

（4）单击"可视化"选项卡"渲染"面板中的"渲染到尺寸"按钮，对小水桶进行渲染，渲染结果如图 12-111 所示。

12.3.8　复制面

1. 执行方式

☑ 命令行：SOLIDEDIT。
☑ 菜单栏："修改"→"实体编辑"→"复制面"。
☑ 工具栏："实体编辑"→"复制面"。

☑ 功能区："三维工具"→"实体编辑"→"复制面" 📑。

2. 操作步骤

```
命令：_solidedit↙
实体编辑自动检查：SOLIDCHECK=1
输入实体编辑选项 [面(F)/边(E)/体(B)/放弃(U)/退出(X)] <退出>：_face↙
输入面编辑选项[拉伸(E)/移动(M)/旋转(R)/偏移(O)/倾斜(T)/删除(D)/复制(C)/颜色(L)/材
质(A)/放弃(U)/ 退出(X)] <退出>：_copy↙
选择面或[放弃(U)/删除(R)]：（选择要复制的面）
选择面或[放弃(U)/删除(R)/全部(ALL)]：（继续选择移动面或按Enter键结束选择）
指定基点或位移：（输入基点的坐标）
指定位移的第二点：（输入第二点的坐标）
```

12.3.9 着色面

1. 执行方式

☑ 命令行：SOLIDEDIT。
☑ 菜单栏："修改"→"实体编辑"→"着色面"。
☑ 工具栏："实体编辑"→"着色面" 📑。
☑ 功能区："三维工具"→"实体编辑"→"着色面" 📑。

2. 操作步骤

```
命令：_solidedit↙
实体编辑自动检查：SOLIDCHECK=1
输入实体编辑选项 [面(F)/边(E)/体(B)/放弃(U)/退出(X)] <退出>：_face↙
输入面编辑选项[拉伸(E)/移动(M)/旋转(R)/偏移(O)/倾斜(T)/删除(D)/复制(C)/颜色(L)/材
质(A)/放弃(U)/ 退出(X)] <退出>：_color↙
选择面或[放弃(U)/删除(R)]：（选择要着色的面）
选择面或[放弃(U)/删除(R)/全部(ALL)]：（继续选择移动面或按Enter键结束选择）
```

选择好着色的面后，AutoCAD 打开"选择颜色"对话框，根据需要选择合适的颜色作为要着色面的颜色。操作完成后，该表面将被相应的颜色覆盖。

12.3.10 复制边

1. 执行方式

☑ 命令行：SOLIDEDIT。
☑ 菜单栏："修改"→"实体编辑"→"复制边"。
☑ 工具栏："实体编辑"→"复制边" 📖。
☑ 功能区："三维工具"→"实体编辑"→"复制边" 📖。

2. 操作步骤

```
命令：_solidedit↙
实体编辑自动检查：SOLIDCHECK=1
输入实体编辑选项 [面(F)/边(E)/体(B)/放弃(U)/退出(X)] <退出>：_edge↙
输入边编辑选项[复制(C)/ 着色(L)/放弃(U)/退出(X)] <退出>：_copy↙
选择边或[放弃(U)/删除(R)]：（选择曲线边）
```

选择边或[放弃(U)/删除(R)]：（按 Enter 键）
指定基点或位移：（单击确定复制基准点）
指定位移的第二点：（单击确定复制目标点）

如图 12-120 所示为复制边的图形结果。

（a）选择边　　　　　　　　　　　（b）复制边

图 12-120　复制边

视 频 讲 解

12.3.11　实例——办公椅

本实例将详细介绍办公椅的绘制方法，首先绘制支架，然后绘制球体，再绘制底座，最后绘制椅背，绘制流程如图 12-121 所示。

图 12-121　办公椅

操作步骤

1. 绘制支架和底座

（1）单击"默认"选项卡"绘图"面板中的"多边形"按钮⬠，绘制以（0,0）为中心点，外切圆半径为 30 的五边形。

（2）单击"三维工具"选项卡"建模"面板中的"拉伸"按钮，拉伸五边形，设置拉伸高度为 50。

（3）单击"可视化"选项卡"视图"面板中的"西南等轴测"按钮◇，将当前视图设为西南等轴测视图，绘制结果如图 12-122 所示。

（4）单击"三维工具"选项卡"实体编辑"面板中的"拉伸面"按钮，拉伸五边形的一个面，如图 12-123 所示。

图 12-122　绘制五边形并拉伸

图 12-123　拉伸面对象

命令行提示与操作如下：

```
命令：_solidedit↙
实体编辑自动检查：SOLIDCHECK=1
输入实体编辑选项 [面(F)/边(E)/体(B)/放弃(U)/退出(X)] <退出>：_face↙
输入面编辑选项
[拉伸(E)/移动(M)/旋转(R)/偏移(O)/倾斜(T)/删除(D)/复制(C)/颜色(L)/材质(A)/放弃
(U)/退出(X)] <退出>：_extrude↙
选择面或 [放弃(U)/删除(R)]：找到一个面。（选择五边形的一个面）
选择面或 [放弃(U)/删除(R)/全部(ALL)]：↙
指定拉伸高度或 [路径(P)]：200↙
指定拉伸的倾斜角度 <3>：3↙
```

绘制结果如图 12-124 所示。

重复上述操作，将其他 5 个面也进行拉伸，如图 12-125 所示。

（5）在命令行中输入"UCS"，将坐标系旋转 90°。命令行提示与操作如下：

```
命令：_ucs↙
当前 UCS 名称：*世界*
指定 UCS 的原点或 [面(F)/命名(NA)/对象(OB)/上一个(P)/视图(V)/世界(W)/X/Y/Z/Z 轴
(ZA)] <世界>：_x↙
指定绕 X 轴的旋转角度 <90>：90↙
```

（6）单击"默认"功能区"绘图"面板中"圆弧"下拉列表中的"圆心、起点、端点"按钮 ，
捕捉办公室底座一个支架界面上一条边的中点作为圆心，捕捉其端点为半径，绘制一段圆弧，绘制结
果如图 12-126 所示。

图 12-124　拉伸面

图 12-125　拉伸其他面

图 12-126　绘制圆弧

（7）单击"默认"选项卡"绘图"面板中的"直线"按钮 ，选择如图 12-127 所示的两个端点

绘制直线。

（8）单击"三维工具"选项卡"建模"面板中的"直纹曲面"按钮，绘制直纹曲面。命令行提示与操作如下：

```
命令：rulesurf↙
当前线框密度：SURFTAB1=6
选择第一条定义曲线：（选择圆弧）
选择第二条定义曲线：（选择由图 12-127 所示的两点决定的直线）
```

绘制结果如图 12-128 所示。

图 12-127　绘制直线

图 12-128　绘制直纹曲面

（9）单击"视图"选项卡"坐标"面板中的"世界"按钮，将坐标系还原为原坐标系。

（10）单击"三维工具"选项卡"建模"面板中的"球体"按钮，绘制一个球体，如图 12-129 所示。命令行提示与操作如下：

```
命令：_sphere↙
指定中心点或 [三点(3P)/两点(2P)/切点、切点、半径(T)]：0,-230,-19↙
指定半径或 [直径(D)]：30↙
```

（11）单击"默认"选项卡"修改"面板中的"环形阵列"按钮，选择上述直纹曲面与球体为阵列对象，阵列总数为 5，中心点为（0,0），绘制结果如图 12-130 所示。

图 12-129　绘制球体

图 12-130　阵列处理

（12）单击"三维工具"选项卡"建模"面板中的"圆柱体"按钮，绘制两个圆柱体。命令行提示与操作如下：

```
命令：_cylinder↙
指定底面的中心点或 [三点(3P)/两点(2P)/切点、切点、半径(T)/椭圆(E)]：0,0,50↙
指定底面半径或 [直径(D)] <30.0000>：30↙
指定高度或 [两点(2P)/轴端点(A)] <50.0000>：200↙
```

Note

```
命令: CYLINDER↙
指定底面的中心点或 [三点(3P)/两点(2P)/切点、切点、半径(T)/椭圆(E)]: 0,0,250↙
指定底面半径或 [直径(D)] <30.0000>: 20↙
指定高度或 [两点(2P)/轴端点(A)] <200.0000>: 80↙
```

绘制结果如图 12-131 所示。

2. 椅面和椅背

（1）单击"三维工具"选项卡"建模"面板中的"长方体"按钮，以（0,0,350）为中心点，绘制长为 350、宽为 350、高为 40 的长方体，如图 12-132 所示。

图 12-131　绘制圆柱

图 12-132　绘制长方体

（2）在命令行中输入"UCS"，将坐标系绕 X 轴旋转 90°。命令行提示与操作如下：

```
命令: _ucs↙
当前 UCS 名称: *世界*
指定 UCS 的原点或 [面(F)/命名(NA)/对象(OB)/上一个(P)/视图(V)/世界(W)/X/Y/Z/Z 轴
(ZA)] <世界>: _x↙
指定绕 X 轴的旋转角度 <90>:90↙
```

（3）单击"默认"选项卡"绘图"面板中的"多段线"按钮，绘制多段线。命令行提示与操作如下：

```
命令: _pline↙
指定起点: 0,330,0↙
当前线宽为 0.0000↙
指定下一个点或 [圆弧(A)/半宽(H)/长度(L)/放弃(U)/宽度(W)]: @175,0↙
指定下一点或 [圆弧(A)/闭合(C)/半宽(H)/长度(L)/放弃(U)/宽度(W)]: @0,300↙
指定下一点或 [圆弧(A)/闭合(C)/半宽(H)/长度(L)/放弃(U)/宽度(W)]:
```

（4）在命令行中输入"UCS"，将坐标系绕 Y 轴旋转 90°。命令行提示与操作如下：

```
命令: _ucs↙
当前 UCS 名称: *世界*
指定 UCS 的原点或 [面(F)/命名(NA)/对象(OB)/上一个(P)/视图(V)/世界(W)/X/Y/Z/Z 轴
(ZA)] <世界>: _y↙
指定绕 Y 轴的旋转角度 <90>:90↙
```

（5）单击"默认"选项卡"绘图"面板中的"圆"按钮，以（0,330,0）为圆心，绘制半径为 25 的圆。

（6）单击"三维工具"选项卡"建模"面板中的"拉伸"按钮，将圆沿多段线路径拉伸图形，绘制结果如图 12-133 所示。

（7）单击"三维工具"选项卡"建模"面板中的"长方体"按钮，以（0,630,175）为中心点，绘制长为 200、宽为 200、高为 50 的长方体。

（8）单击"三维工具"选项卡"实体编辑"面板中的"圆角边"按钮，将长度为 50 的棱边进行圆角处理，圆角半径为 50。再将座椅的椅面做圆角处理，圆角半径为 10，绘制结果如图 12-134 所示。

图 12-133　拉伸图形　　　　　　　图 12-134　圆角处理

3. 渲染

（1）单击"可视化"选项卡"材质"面板中的"材质浏览器"按钮，选择合适的材质，将红色塑料材质赋予椅面和椅背，将白色塑料材质赋予支架和底座，将蓝色塑料材质赋予球体。

（2）单击"可视化"选项卡"渲染"面板中的"渲染到尺寸"按钮，渲染图形，最终效果如图 12-121 所示。

12.3.12　着色边

1. 执行方式

- ☑ 命令行：SOLIDEDIT。
- ☑ 菜单栏："修改"→"实体编辑"→"着色边"。
- ☑ 工具栏："实体编辑"→"着色边"。
- ☑ 功能区："三维工具"→"实体编辑"→"着色边"。

2. 操作步骤

```
命令: _solidedit↙
实体编辑自动检查: SOLIDCHECK=1
输入实体编辑选项 [面(F)/边(E)/体(B)/放弃(U)/退出(X)] <退出>: _edge↙
输入边编辑选项[复制(C)/ 着色(L)/放弃(U)/退出(X)] <退出>: L↙
选择边或[放弃(U)/删除(R)]:（选择要着色的边）
```

选择好边后，AutoCAD 将打开"选择颜色"对话框。根据需要选择合适的颜色作为要着色边的颜色。

12.3.13 压印边

1. 执行方式

☑ 命令行：IMPRINT。
☑ 菜单栏："修改"→"实体编辑"→"压印边"。
☑ 工具栏："实体编辑"→"压印边" 回。
☑ 功能区："三维工具"→"实体编辑"→"压印边" 回。

2. 操作步骤

```
命令: imprint✔
选择三维实体或曲面:
选择要压印的对象
是否删除源对象[是(Y)/否(N)] <N>:
```

依次选择三维实体、要压印的对象和设置是否删除源对象。如图 12-135 所示为将五角星压印在长方体上的图形。

（a）五角星

（b）压印后的长方体和五角星

图 12-135 压印对象

12.3.14 清除

1. 执行方式

☑ 命令行：SOLIDEDIT。
☑ 菜单栏："修改"→"实体编辑"→"清除"。
☑ 工具栏："实体编辑"→"清除" 。
☑ 功能区："三维工具"→"实体编辑"→"清除" 。

2. 操作步骤

```
命令: _solidedit✔
实体编辑自动检查: SOLIDCHECK=1
输入实体编辑选项 [面(F)/边(E)/体(B)/放弃(U)/退出(X)] <退出>: _body✔
输入体编辑选项[压印(I)/分割实体(P)/抽壳(S)/清除(L)/检查(C)/放弃(U)/退出(X)] <退出>: _clean✔
选择三维实体:（选择要删除的对象）
```

12.3.15 分割

1. 执行方式

☑ 命令行：SOLIDEDIT。

☑ 菜单栏："修改"→"实体编辑"→"分割"。

☑ 工具栏："实体编辑"→"分割" ⬚。

☑ 功能区："三维工具"→"实体编辑"→"分割" ⬚。

2. 操作步骤

命令：_solidedit↙
实体编辑自动检查：SOLIDCHECK=1
输入实体编辑选项 [面(F)/边(E)/体(B)/放弃(U)/退出(X)] <退出>：_body↙
输入体编辑选项[压印(I)/分割实体(P)/抽壳(S)/清除(L)/检查(C)/放弃(U)/退出(X)] <退出>：
_sperate↙
选择三维实体：（选择要分割的对象）

12.3.16 抽壳

1. 执行方式

☑ 命令行：SOLIDEDIT。

☑ 菜单栏："修改"→"实体编辑"→"抽壳"。

☑ 工具栏："实体编辑"→"抽壳" ⬚。

☑ 功能区："三维工具"→"实体编辑"→"抽壳" ⬚。

2. 操作步骤

命令：_solidedit↙
实体编辑自动检查：SOLIDCHECK=1
输入实体编辑选项 [面(F)/边(E)/体(B)/放弃(U)/退出(X)] <退出>：_body↙
输入体编辑选项[压印(I)/分割实体(P)/抽壳(S)/清除(L)/检查(C)/放弃(U)/退出(X)] <退出>：_shell↙
选择三维实体：选择三维实体
删除面或[放弃(U)/添加(A)/全部(ALL)]：选择开口面，然后按 Enter 键结束选择
输入抽壳偏移距离：输入壳体的厚度值

如图 12-136 所示为利用"抽壳"命令创建的花盆。

（a）创建初步轮廓　　　　　　（b）完成创建　　　　　　　（c）消隐结果

图 12-136　花盆

注意：抽壳是用指定的厚度创建一个空的薄层。可以为所有面指定一个固定的薄层厚度，通过选择面可以将这些面排除在壳外。一个三维实体只能有一个壳，通过将现有面偏移出其原位置来创建新的面。

12.3.17 实例——石桌

本实例将详细介绍石桌的绘制方法，首先利用"球"命令绘制球体，并将其剖切并抽壳得到石桌

视频讲解

的主体，然后利用"圆柱体"命令绘制桌面。本例的难点在于"剖切"命令和实体编辑中抽壳的综合使用，绘制流程如图 12-137 所示。

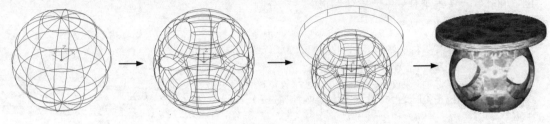

图 12-137　石桌

操作步骤

（1）用 LIMITS 命令设置图幅为 297×210。用 ISOLINES 命令设置对象上每个曲面的轮廓线数目为 10。

（2）将视图切换至西南等轴测视图。单击"三维工具"选项卡"建模"面板中的"球体"按钮◯，绘制半径为 50 的球体。命令行提示与操作如下：

> 命令：SPHERE↙
> 指定中心点或 [三点(3P)/两点(2P)/切点、切点、半径(T)]：0,0,0↙
> 指定半径或 [直径(D)]：50↙

绘制结果如图 12-138 所示。

（3）单击"默认"选项卡"绘图"面板中的"矩形"按钮 ▢，以（-60,-60,-40）和（@120,120）为角点绘制矩形；再以（-60,-60,40）和（@120,120）为角点绘制矩形，绘制结果如图 12-139 所示。

（4）单击"三维工具"选项卡"实体编辑"面板中的"剖切"按钮▤，分别选择两个矩形作为剖切面，保留球体中间部分。命令行提示与操作如下：

> 命令：_slice↙
> 选择要剖切的对象：（选取球体）
> 选择要剖切的对象：↙
> 指定切面的起点或 [平面对象(O)/曲面(S)/z 轴(Z)/视图(V)/xy(XY)/yz(YZ)/zx(ZX)/三点(3)] <三点>：O↙
> 选择用于定义剖切平面的圆、椭圆、圆弧、二维样条线或二维多段线：（选取上方的矩形）
> 在所需的侧面上指定点或 [保留两个侧面(B)] <保留两个侧面>：在矩形下方单击，保留球体下半部分
> 命令：SLICE↙
> 选择要剖切的对象：（选取球体）
> 选择要剖切的对象：↙
> 指定切面的起点或 [平面对象(O)/曲面(S)/z 轴(Z)/视图(V)/xy(XY)/yz(YZ)/zx(ZX)/三点(3)] <三点>：O↙
> 选择用于定义剖切平面的圆、椭圆、圆弧、二维样条线或二维多段线：（选取下方的矩形）
> 在所需的侧面上指定点或 [保留两个侧面(B)] <保留两个侧面>：在矩形上方单击，保留球体下半部分

绘制结果如图 12-140 所示。

图 12-138　创建球体

图 12-139　绘制矩形

图 12-140　剖切处理

（5）单击"默认"选项卡"修改"面板中的"删除"按钮 ，将矩形删除，结果如图 12-141 所示。

（6）单击"三维工具"选项卡"实体编辑"面板中的"抽壳"按钮 ，将步骤（5）中剖切后的球体进行抽壳处理。命令行提示与操作如下：

```
命令：_solidedit↙
实体编辑自动检查：SOLIDCHECK=1
输入实体编辑选项 [面(F)/边(E)/体(B)/放弃(U)/退出(X)] <退出>：_body↙
输入体编辑选项[压印(I)/分割实体(P)/抽壳(S)/清除(L)/检查(C)/放弃(U)/退出(X)] <退出>：
_shell↙
    选择三维实体：(选择剖切后的球体)
    删除面或 [放弃(U)/添加(A)/全部(ALL)]：↙
    输入抽壳偏移距离：5↙
    输入体编辑选项
    [压印(I)/分割实体(P)/抽壳(S)/清除(L)/检查(C)/放弃(U)/退出(X)] <退出>：x↙
    实体编辑自动检查：SOLIDCHECK=1
    输入实体编辑选项 [面(F)/边(E)/体(B)/放弃(U)/退出(X)] <退出>：x↙
```

绘制结果如图 12-142 所示。

（7）在命令行中输入"UCS"，创建新坐标系，绕 X 轴旋转-90°。

（8）单击"三维工具"选项卡"建模"面板中的"圆柱体"按钮 ，以（0,0,-50）和（@0,0,100）为底面圆心，创建半径为 25 的圆柱体；在命令行中输入"UCS"，将坐标系切换到 WCS 坐标系，绕 Y 轴旋转 90°，再以（0,0,-50）和（@0,0,100）为底面圆心，创建半径为 25 的圆柱体，结果如图 12-143 所示。

图 12-141　删除矩形

图 12-142　抽壳处理

图 12-143　创建圆柱体

（9）单击"三维工具"选项卡"实体编辑"面板中的"差集"按钮 ，从实体中减去两个圆柱体。在命令行中输入"UCS"，将坐标系恢复到世界坐标系，结果如图 12-144 所示。

（10）单击"三维工具"选项卡"建模"面板中的"圆柱体"按钮，以（0,0,40）为底面圆心，创建半径为65、高为10的圆柱体，结果如图12-145所示。

（11）单击"三维工具"选项卡"实体编辑"面板中的"圆角边"按钮，将圆柱体的棱边进行圆角处理，圆角半径为2，结果如图12-146所示。

图 12-144　差集运算　　　　图 12-145　创建圆柱体　　　　图 12-146　圆角处理

（12）单击"可视化"选项卡"材质"面板中的"材质浏览器"按钮，在"材质浏览器"对话框中选择适当的材质赋予图形。单击"可视化"选项卡"渲染"面板中的"渲染到尺寸"按钮，对实体进行渲染，渲染后的效果如图12-137所示。

12.3.18　检查

1. 执行方式

☑ 命令行：SOLIDEDIT。
☑ 菜单栏："修改"→"实体编辑"→"检查"。
☑ 工具栏："实体编辑"→"检查"。
☑ 功能区："三维工具"→"实体编辑"→"检查"。

2. 操作步骤

```
命令：_solidedit↙
实体编辑自动检查：SOLIDCHECK=1
输入实体编辑选项 [面(F)/边(E)/体(B)/放弃(U)/退出(X)] <退出>：_body↙
输入体编辑选项[压印(I)/分割实体(P)/抽壳(S)/清除(L)/检查(C)/放弃(U)/退出(X)] <退出>：
_check↙
选择三维实体：（选择要检查的三维实体）
```

选择实体后，AutoCAD 将在命令行中显示该对象是否是有效的 ACIS 实体。

12.3.19　夹点编辑

利用夹点编辑功能，可以很方便地对三维实体进行编辑，与二维对象夹点编辑功能相似。

其方法很简单，单击要编辑的对象，系统显示编辑夹点，选择某个夹点，按住鼠标左键并拖曳，三维对象随之改变，选择不同的夹点，可以编辑对象的不同参数，红色夹点为当前编辑夹点，如图12-147所示。

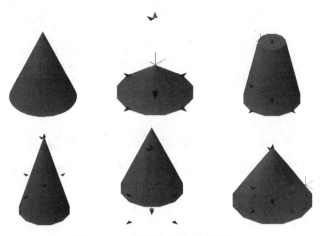

图 12-147　圆锥体及其夹点编辑

12.3.20　实例——靠背椅

本实例将详细介绍靠背椅的绘制方法，首先绘制底座和靠背，然后绘制扶手，最后镜像扶手，绘制流程如图 12-148 所示。

图 12-148　靠背椅

视频讲解

操作步骤

（1）将视图切换至西南等轴测视图。单击"三维工具"选项卡"建模"面板中的"长方体"按钮，绘制长方体。命令行提示与操作如下：

```
命令: _box↙
指定第一个角点或 [中心(C)]: 0,0,0↙
指定其他角点或 [立方体(C)/长度(L)]: 100,100,10↙
命令: BOX↙
指定第一个角点或 [中心(C)]: 100,0,0↙
指定其他角点或 [立方体(C)/长度(L)]: @-5,100,110↙
```

绘制结果如图 12-149 所示。

（2）在命令行中输入"rotate3d"，进行三维旋转操作。命令行提示与操作如下：

```
命令: rotate3d↙
当前正向角度: ANGDIR=逆时针 ANGBASE=0
```

Note

```
选择对象：找到 1 个（选择椅背）
选择对象：↙
指定轴上的第一个点或定义轴依据[对象(O)/最近的(L)/视图(V)/X 轴(X)/Y 轴(Y)/Z 轴(Z)/两
点(2)]：100,0,0↙
指定轴上的第二点：@0,100,0↙
指定旋转角度或 [参照(R)]：10↙
```

绘制结果如图 12-150 所示。

（3）单击"三维工具"选项卡"建模"面板中的"长方体"按钮🔲，绘制角点分别为{（110,0,40），
（35,-5,45）}、{（35,0,45），（@5,-5,-100）}和{（72,0,45），（@5,-5,-100）}的 3 个长方体，结果如
图 12-151 所示。

图 12-149　绘制长方体　　　　图 12-150　三维旋转　　　　图 12-151　绘制长方体

（4）在命令行中输入"ROTATE3D"，进行三维旋转操作。命令行提示与操作如下：

```
命令：ROTATE3D↙
当前正向角度：ANGDIR=逆时针 ANGBASE=0
选择对象：找到 1 个（选择左边的椅腿）
选择对象：↙
指定轴上的第一个点或定义轴依据
[对象(O)/最近的(L)/视图(V)/X 轴(X)/Y 轴(Y)/Z 轴(Z)/两点(2)]：35,0,45↙
指定轴上的第二点：@0,-5,0↙
指定旋转角度或 [参照(R)]：-20↙
命令：ROTATE3D↙
当前正向角度： ANGDIR=逆时针 ANGBASE=0
选择对象：找到 1 个（选择右边的椅腿）
选择对象：↙
指定轴上的第一个点或定义轴依据
[对象(O)/最近的(L)/视图(V)/X 轴(X)/Y 轴(Y)/Z 轴(Z)/两点(2)]：77,0,45↙
指定轴上的第二点：@0,-5,0↙
指定旋转角度或 [参照(R)]：20↙
```

绘制结果如图 12-152 所示。

（5）单击"三维工具"选项卡"实体编辑"面板中的"并集"按钮🔲，将组成椅腿的 3 个长方
体合并。

（6）在命令行中输入"mirror3d"，镜像椅腿。命令行提示与操作如下：

```
命令：mirror3d↙
选择对象：找到 1 个（选择椅腿）
选择对象：↙
指定镜像平面 (三点) 的第一个点或
[对象(O)/最近的(L)/Z 轴(Z)/视图(V)/XY 平面(XY)/YZ 平面(YZ)/ZX 平面(ZX)/三点(3)]
<三点>：0,50,0↙
```

在镜像平面上指定第二点：10,50,0↙
在镜像平面上指定第三点：0,50,10↙
是否删除源对象？[是(Y)/否(N)] <否>:N↙

绘制结果如图 12-153 所示。

（7）单击"三维工具"选项卡"实体编辑"面板中的"圆角边"按钮，圆角半径为 2，对椅子主体的各边进行圆角处理。

（8）单击"可视化"选项卡"视觉样式"面板中的"隐藏"按钮，对实体进行消隐，处理结果如图 12-154 所示。

图 12-152　旋转图形　　　　　图 12-153　三维镜像　　　　　图 12-154　圆角与消隐处理

（9）单击"可视化"选项卡"材质"面板中的"材质浏览器"按钮，选择合适的材质，将红色塑料材质赋予椅子坐垫和靠背，将扶手赋上木质材质。

（10）单击"可视化"选项卡"渲染"面板中的"渲染到尺寸"按钮，渲染图形，渲染效果如图 12-148 所示。

12.4　综合实例——沙发

本实例将详细介绍沙发的绘制方法，首先绘制长方体作为主体，然后绘制多段线拉伸得到扶手，再绘制长方体并将其旋转，得到沙发的靠背，绘制流程如图 12-155 所示。

图 12-155　沙发

12.4.1 绘制沙发的主体结构

（1）设置绘图环境。用 LIMITS 命令设置图幅为 297×210，设置线框密度（ISOLINES），设置对象上每个曲面的轮廓线数目为 10。

（2）单击"三维工具"选项卡"建模"面板中的"长方体"按钮▱，以（0,0,5）为角点，创建长为 150、宽为 60、高为 10 的长方体；以（0,0,15）和（@75,60,20）为角点创建长方体；以（75,0,15）和（@75,60,20）为角点创建长方体，绘制结果如图 12-156 所示。

12.4.2 绘制沙发的扶手和靠背

（1）单击"三维工具"选项卡"建模"面板中的"长方体"按钮▱，以（0,0,5）和（@-10,60,40）为角点绘制长方体；重复"长方体"命令，以（0,0,45）和（@-20,60,10）为角点绘制长方体，结果如图 12-157 所示。

（2）单击"三维工具"选项卡"实体编辑"面板中的"并集"按钮 ➡，将步骤（1）创建的长方体合并，结果如图 12-158 所示。

图 12-156　创建长方体

图 12-157　创建长方体

图 12-158　合并处理

（3）单击"默认"选项卡"修改"面板中的"圆角"按钮▱，将拉伸实体的棱边倒圆角，圆角半径为 5，绘制结果如图 12-159 所示。

（4）单击"三维工具"选项卡"建模"面板中的"长方体"按钮▱，以（0,60,5）和（@75,-10,75）为角点创建长方体，绘制结果如图 12-160 所示。

（5）在命令行中输入"3DROTATE"，将步骤（4）中绘制的长方体旋转-10°。命令行提示与操作如下：

```
命令：3DROTATE↙
选择对象：（选择长方体）
选择对象：↙
指定基点：长方体左前下端点
拾取旋转轴：拾取 x 轴
指定角的起点或键入角度：-10↙
```

结果如图 12-161 所示。

图 12-159　圆角处理　　　　　图 12-160　创建长方体　　　　　图 12-161　三维旋转处理

（6）在命令行中输入"3DMIRROR"，将拉伸的实体和最后创建的矩形以过（75,0,15）、（75,0,35）、（75,60,35）3 点的平面为镜像面，进行镜像处理，结果如图 12-162 所示。

（7）单击"默认"选项卡"修改"面板中的"圆角"按钮，进行圆角处理。坐垫的圆角半径为 10，靠背的圆角半径为 3，其他边的圆角半径为 1，结果如图 12-163 所示。

图 12-162　三维镜像处理　　　　　　　　　　图 12-163　圆角处理

12.4.3　绘制沙发脚

（1）单击"三维工具"选项卡"建模"面板中的"圆锥体"按钮，以坐标点（11,9,−9）为底面圆心，绘制底面半径为 5、顶面半径为 3、高度为 15 的圆锥体，结果如图 12-164 所示。

（2）在命令行中输入"3DARRAY"，将拉伸后的实体进行矩形阵列，阵列行数为 2，列数为 2，行偏移为 42，列偏移为 128，结果如图 12-165 所示。

图 12-164　绘制圆锥体　　　　　　　　　　图 12-165　三维阵列处理

12.4.4 渲染

单击"可视化"选项卡"材质"面板中的"材质浏览器"按钮 ⊗，在"材质浏览器"对话框中选择适当的材质赋予图形。单击"可视化"选项卡"渲染"面板中的"渲染到尺寸"按钮 🖫，对实体进行渲染，渲染后的效果如图 12-155 所示。

12.5 实践与操作

通过前面的学习，相信读者对本章知识有了大体的了解，本节将通过几个操作练习使读者进一步掌握本章知识要点。

12.5.1 绘制台灯

1. 目的要求

三维图形具有形象逼真的优点，但是三维图形的创建比较复杂，需要读者掌握的知识比较多。本实践绘制的是如图 12-166 所示的台灯，要求读者熟悉三维模型创建的步骤，掌握三维模型的创建技巧。

2. 操作提示

（1）利用"圆柱体""移动""倒圆角""差集"命令创建台灯底座。

（2）利用"圆柱体"和"倾斜面"命令创建旋钮。

（3）利用"多段线"和"拉伸"命令创建支撑杆。

（4）利用"圆柱体"和"差集"命令创建壳体孔。

（5）利用"多段线""抽壳""三维旋转"命令创建灯头。

（6）渲染处理。

图 12-166　台灯

12.5.2 绘制小闹钟

1. 目的要求

本实践绘制的是如图 12-167 所示的小闹钟，涉及的命令主要有"长方体""圆柱体""剖切""阵列""差集"，要求读者通过本实践的学习，熟练掌握三维造型的绘制和编辑。

图 12-167　小闹钟

2. 操作提示

（1）利用"长方体""圆柱体""剖切""差集"命令创建闹钟主体。

（2）利用"长方体""圆柱体""阵列""差集"命令创建刻度和指针。

（3）利用"长方体""圆柱体""复制""差集"命令创建底座。

（4）渲染处理。

12.5.3 绘制回形窗

1. 目的要求

本实践绘制的是如图 12-168 所示的回形窗，要求读者熟悉三维模型创建的步骤，掌握三维模型的创建技巧。

图 12-168 回形窗

2. 操作提示

（1）利用矩形拉伸出两个长方体并进行差集处理。

（2）进行倾斜边处理。

（3）重复上面的步骤绘制另外两个不同尺寸的倾斜长方体。

（4）绘制两个细长长方体并做旋转和移动处理作为窗棂。

（5）渲染处理。

书 目 推 荐（一）

◎ 面向初学者，分为标准版、CAXA、UG、SOLIDWORKS、Creo 等不同方向。

◎ 提供 AutoCAD、UG 命令合集，工程师案头常备的工具书。根据功能用途分类，即时查询，快速方便。

◎ 资深 3D 打印工程师工作经验总结，产品造型与 3D 打印实操手册。

◎ 选材+建模+打印+处理，快速掌握 3D 打印全过程。

◎ 涵盖小家电、电子、电器、机械装备、航空器材等各类综合案例。

书 目 推 荐 （二）

◎ 视频演示：高清教学微视频，扫码学习效率更高。

◎ 典型实例：经典中小型实例，用实例学习更专业。

◎ 综合演练：不同类型综合练习实例，实战才是硬道理。

◎ 实践练习：上级操作与实践，动手会做才是真学会。